建筑工程造价快速上手

U0243806

王琳玲 编著

化学工业出版社
·北京·

内容简介

本书根据《建设工程工程量清单计价规范》（GB 50500—2013）以及全国统一定额编写而成，主要介绍了工程造价的各种定义、现场施工图的识读、建筑工程工程量计算规则与实例、预算定额的应用、工程量清单计价与实例、建筑工程招投标、建筑工程预算编制与实例、工程价款结算与竣工决算、影响工程造价的因素、工程签证等内容。全书内容从理论了解到实际操作，循序渐进地全面讲解现场工程造价各方面的实际工作，本书还配有相关案例与视频，力求让读者能够通过本书的学习，快速掌握现场工程造价工作。

本书内容简明实用，图文并茂，实用性和实际操作性较强，可作为建筑工程预算人员和管理人员的参考用书，也可作为土建类相关专业大中专院校师生的参考教材。

图书在版编目（CIP）数据

建筑工程造价快速上手/王琳玲编著. —北京：化学工业出版社，2022.3

（建筑工程施工现场速成系列）

ISBN 978-7-122-40507-4

Ⅰ.①建… Ⅱ.①王… Ⅲ.①建筑造价管理-教材 Ⅳ.①TU723.3

中国版本图书馆CIP数据核字（2021）第273026号

责任编辑：彭明兰　　文字编辑：徐照阳　王　硕

责任校对：李雨晴　　装帧设计：刘丽华

出版发行：化学工业出版社（北京市东城区青年湖南街13号　邮政编码100011）

印　　刷：北京京华铭诚工贸有限公司

装　　订：三河市振勇印装有限公司

787mm×1092mm　1/16　印张17¼　字数461千字　2022年5月北京第1版第1次印刷

购书咨询：010-64518888　　售后服务：010-64518899

网　　址：http://www.cip.com.cn

凡购买本书，如有缺损质量问题，本社销售中心负责调换。

定　　价：78.00元

版权所有　违者必究

前言

作为一个实践性、操作性很强的专业技术领域，建筑工程行业在很多方面在要有理论依据的同时，更需要以实践经验为指导。如果对于现场实际操作缺乏一定的了解，即便理论知识再丰富，进入建筑施工现场后，往往也是“丈二和尚摸不着头脑”，无从下手。尤其对于刚参加工作的新手来说，理论知识与实际施工现场的差异，是阻碍他们快速适应工作岗位的第一道障碍。因此，如何快速了解并“学会”工作，是每个进入建筑行业的新人所必须解决的首要问题。为了解决如何快速上手工作这一问题，我们针对建筑工程领域最关键的几个基础能力和岗位，即图纸识图、现场测量、现场施工、工程造价这四个方面，力求通过简洁的文字、直观的图表，分别将这四个核心岗位应掌握的技能讲述得清楚明白，力求指导初学者顺利进入相关工作岗位。

本书根据《建设工程工程量清单计价规范》（GB 50500—2013）以及全国统一定额编写而成，主要介绍了工程造价的各种定义、现场施工图的识读、建筑工程工程量计算规则与实例、预算定额的应用、工程量清单计价与实例、建筑工程招投标、建筑工程预算编制与实例、工程价款结算与竣工决算、影响工程造价的因素、工程签证等内容。全书内容从理论了解到实际操作，循序渐进地全面讲解现场工程造价各方面的实际工作，本书还配有相关案例与视频，力求让读者能够通过本书的学习，快速掌握现场工程造价工作。

本书在编写过程中参考了有关文献和一些项目施工管理经验性文件，并且得到了许多专家和相关单位的关心与大力支持，在此表示衷心的感谢。

由于编写时间仓促且水平有限，尽管编者尽心尽力，反复推敲核实，但难免有疏漏或不妥之处，恳请广大读者批评指正，以便做进一步的修改和完善。

编著者

2021 年 10 月

目录

第一章

建筑工程造价基础知识

第一节　建筑工程造价简述

一、工程造价基本分类

（一）工程造价基本概念

工程造价是建设工程造价的简称，其含义有广义与狭义之分。广义上讲，它是指完成一个建设项目从筹建到竣工验收、交付使用全过程的全部建设费用，可以指预期费用，也可以指实际费用。狭义上讲，建设项目各组成部分的造价，均可用工程造价一词，如某单位工程的造价、某分包工程造价（合同价）等。这样，在整个基本建设程序中，确定工程造价的工作与文件就有投资估算、设计概算、修正概算、施工图预算、施工预算、工程结算、竣工决算、标底与投标报价、承发包合同价的确定等。此外，进行工程造价工作还会涉及静态投资与动态投资等几个概念。

知识拓展

广义的工程造价

它是该项目有计划地进行固定资产再生产和形成相应的无形资产和铺底流动资金的一次性费用总和，所以也称为总投资。它包括建筑工程、设备安装工程、设备与工器具购置、其他工程和费用等。

（二）工程造价的分类

建筑工程造价按其建设阶段计价可分为：估算造价、设计概算造价、施工图预算造价以及竣工结算与决算造价等。按其构成的分部可分为：建设项目总概预决算造价、单项工程的综合概预结算造价和单位工程概预结算造价。

建筑工程造价的分类如图 1-1 所示。

二、工程造价的构成

我国现行的工程造价构成包括设备及工具、器具购置费用，建筑安装工程费用，工程建设其他费用，预备费，建设期贷款利息，固定资产投资方向调节税等。

设备及工具、器具购置费用是指按照工程项目设计文件要求，建设单位购置或自制达到固定资产标准的设备和扩建项目配置的首套工具、器具及生产家具所需的费用。它由设备、工具、器具原价和包括设备成套公司服务费在内的运杂费组成。

工程建设其他费用是指未纳入以上两项的，由项目投资支付的，为保证工程建设顺利完

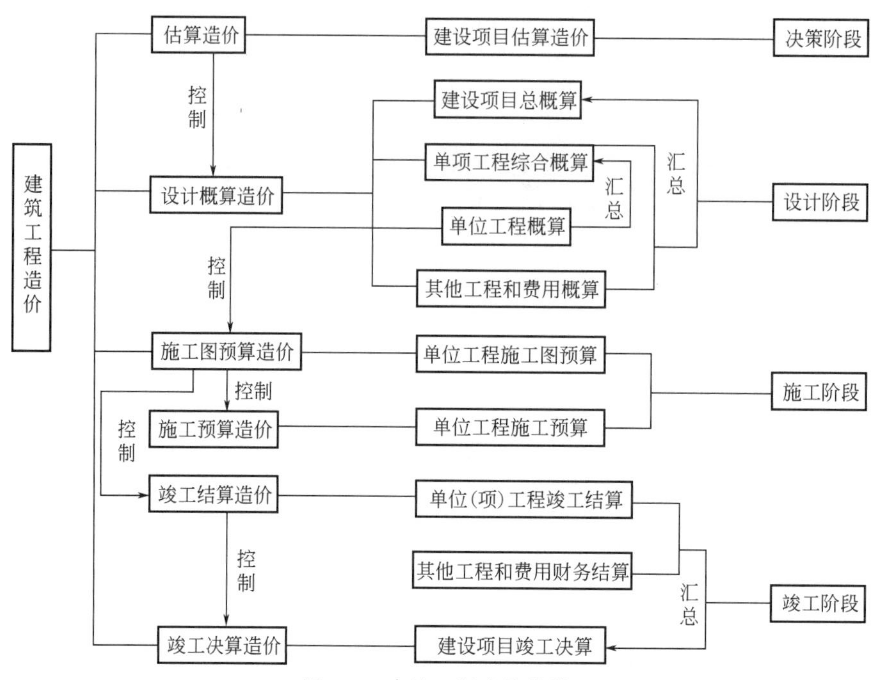

图 1-1 建筑工程造价分类

成和交付使用后能够正常发挥效用而发生的各项费用的总和。工程建设其他费用可分为三类：①土地使用费；②与工程建设有关的费用；③与未来企业生产经营有关的费用。

另外，工程造价中还包括预备费、建设期贷款利息和固定资产投资方向调节税。

知识拓展

建筑安装工程费用

建筑安装工程费用是指建设单位支付给从事建筑安装工程施工单位的全部生产费用，包括用于建筑物的建造及有关的准备、清理等工程的投资，用于需要安装设备的安装、装配工程的投资。它是以货币表现的建筑安装工程的价值，其特点是必须通过兴工动料、追加活劳动才能实现。

我国现行工程造价的具体构成如图 1-2 所示。

（一）设备及工具、器具购置费用

设备及工具、器具购置费用是由设备购置费和工具、器具及生产家具购置费用组成的。

设备购置费是指为建设项目购置或自制的达到固定资产标准的各种国产或进口设备、工具、器具的购置费用。它由设备原价和设备运杂费构成。设备原价指国产设备或进口设备的原价；设备运杂费指除设备原价之外的关于设备采购运输、途中包装及仓库保管等方面支出费用的总和。

国产设备原价一般指的是设备制造厂的交货价，即出厂价或订货合同价。国产设备原价分为国产标准设备原价和国产非标准设备原价。国产标准设备是指按照主管部门颁布的标准图纸和技术要求，由我国设备生产厂批量生产的，符合国家质量检测标准的设备。国产标准设备原价有两种，即带有备件的原价和不带有备件的原价。在计算时，一般采用带有备件的原价。国产非标准设备是指国家尚无定型标准，各设备生产厂不可能在工艺过程中采用批量

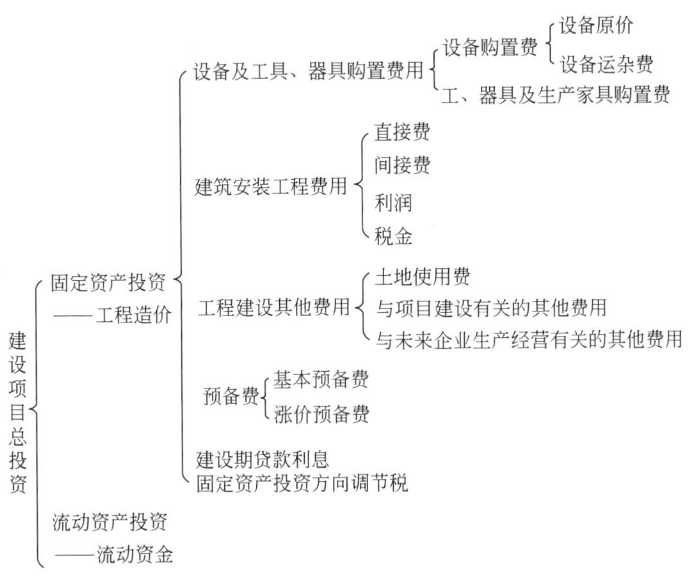

图 1-2　我国现行工程造价构成

生产，只能按一次订货，并根据具体的设计图纸制造的设备。非标准设备原价有多种不同的计算方法，主要有成本计算估价法、系列设备插入估价法、分部组合估价法、定额估价法等。

进口设备原价是指进口设备的抵岸价，即抵达买方边境港口或边境车站，且交完关税为止形成的价格。

进口设备抵岸价＝货价＋国际运费＋运输保险费＋银行财务费＋外贸手续费＋关税＋增值税＋消费税＋海关监管手续费＋车辆购置附加费。

货价一般指装运港船上交货价（FOB）。国际运费即从装运港（站）到达我国抵达港（站）的运费。运输保险费是交付议定的货物运输保险费用。银行财务费一般是指中国的银行手续费，银行财务费＝人民币货价（FOB价）×银行财务费率（一般为0.4%～0.5%）。外贸手续费指按贸易部规定的外贸手续费率计取的费用，外贸手续费率一般取15%，外贸手续费＝(FOB价＋国际运费＋运输保险费)×外贸手续费率。关税是由海关对进出国境或关境的货物和物品征收的一种税，关税＝到岸价格（CIF价）×进口关税税率。到岸价格（CIF价）包括离岸价格（FOB价）、国际运费、运输保险等费用。增值税是对从事进口贸易的单位和个人，在进口商品报关进口后征收的税种。进口产品增值税额＝组成计税价格×增值税税率。组成计税价格＝关税完税价格＋关税＋消费税。海关监管手续费指海关对进口减税、免税、保税货物实施监督、管理、提供服务的手续费。对于全额征收进口关税的货物不计本项费用。海关监管手续费＝到岸价×海关监管手续费率（一般为0.3%）。车辆购置附加费：进口车辆需缴进口车辆购置附加费，进口车辆购置附加费＝(到岸价＋关税＋消费税＋增值税)×进口车辆购置附加费率。

设备运杂费的构成通常包括：运费和装卸费、包装费、设备供销部门手续费、采购与仓库保管费。国产设备的运费和装卸费是指国产设备由设备制造厂交货地点起至工地仓库（或施工组织设计指定的需要安装设备的堆放地点）止所发生的运费和装卸费；进口设备的运费和装卸费则是由我国到岸港口或边境车站起至工地仓库（或施工组织设计指定的需安装设备的堆放地点）止所发生的运费和装卸费。包装费是指在设备原价中没有包含的，为运输而进行的包装支出的各种费用。设备供销部门的手续费按有关部门规定的统一费率计算。采购与仓库保管费指采购、验收、保管和收发设备所发生的各种费用。设备运杂费=设备原价×设备运杂费率。

工具、器具及生产家具购置费，是指新建或扩建项目初步设计规定的，保证初期正常生产必须购置的没有达到固定资产标准的设备、仪器、工卡模具、器具、生产家具和备品备件等的购置费用。工具、器具及生产家具购置费=设备购置费×定额费率。

（二）建筑安装工程费用

1. 建筑安装工程费用构成

我国现行建筑安装工程费用的构成如图1-3所示。

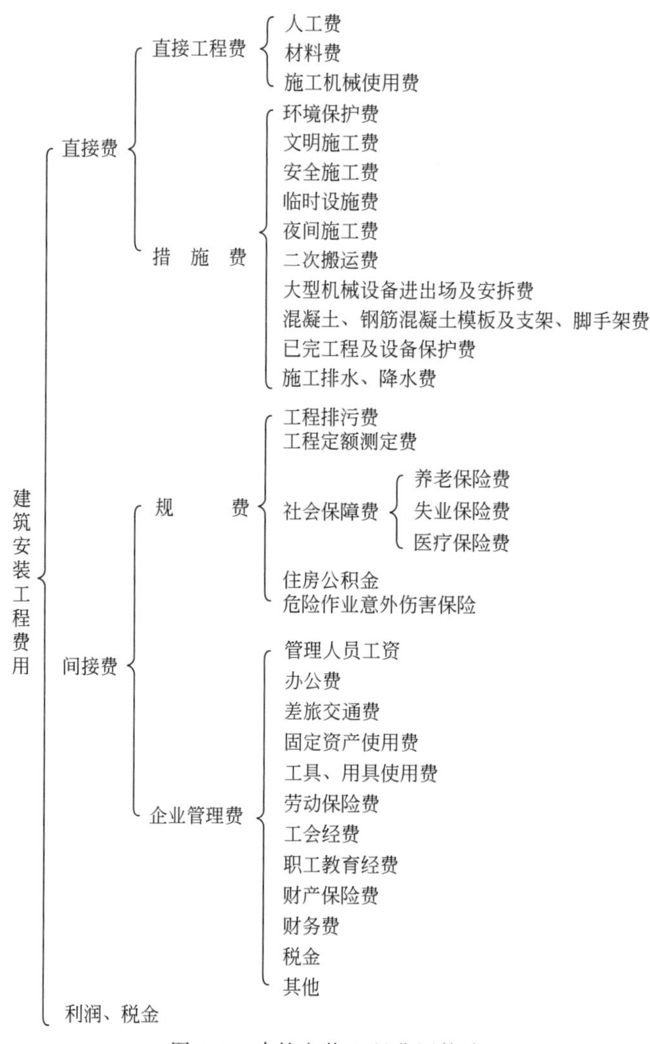

图1-3 建筑安装工程费用构成

2. 直接费的构成与计算

直接费由直接工程费和措施费组成。

(1) 直接工程费　直接工程费是指施工过程中耗费的构成工程实体的各项费用，包括以下几种费用。

① 人工费。人工费是指直接从事建筑安装工程施工的生产工人开支的各项费用。

$$人工费=\sum(工日消耗量\times日工资单价)$$

其内容包括基本工资、工资性补贴、生产工人辅助工资、职工福利费和生产工人劳动保护费等。

② 材料费。材料费是施工过程中耗费的构成工程实体的原材料、辅助材料、构配件、零件、半成品的费用。内容包括材料原价、材料运杂费、运输损耗费、采购及保管费和检验试验费。其中，检验试验费包括自设试验室进行试验所耗用的材料和化学药品等费用，不包括新结构、新材料的试验费和建设单位对具有出厂合格证明的材料进行检验、对构件做破坏性试验及其他特殊要求检验试验的费用。

$$材料费=\sum(材料消耗量\times材料基价)+检验试验费$$

$$材料基价=[(供应价格+运杂费)\times(1+运输损耗率)]\times(1+采购保管费率)$$

$$检验试验费=\sum(单位材料量检验试验费\times材料消耗量)$$

③ 施工机械使用费。施工机械使用费是施工机械作业所发生的机械使用费以及机械安拆费和场外运费。施工机械台班单价应由折旧费、大修理费、经常修理费、安拆费及场外运费、人工费、燃料动力费和养路费及车船使用税组成。其中，人工费是指机上司机（司炉）和其他操作人员的工作日人工费及上述人员在施工机械规定的年工作台班以外的人工费。

$$施工机械使用费=\sum(施工机械台班消耗量\times机械台班单价)$$

式中，台班单价由台班折旧费、台班大修费、台班经常修理费、台班安拆费及场外运费、台班人工费、台班燃料动力费和台班养路费及车船使用税构成。

（2）措施费　措施费是指为完成工程项目施工，在施工前和施工过程中非工程实体项目的费用。内容包括以下几方面。

① 环境保护费，是指施工现场为达到环保部门要求所需要的各项费用，计算公式如下：

$$环境保护费=直接工程费\times环境保护费费率(\%)$$

② 文明施工费，是指施工现场文明施工所需要的各项费用，计算公式如下：

$$文明施工费=直接工程费\times文明施工费费率(\%)$$

③ 安全施工费，是指施工现场安全施工所需要的各项费用，计算公式如下：

$$安全施工费=直接工程费\times安全施工费费率(\%)$$

④ 临时设施费，是指施工企业为进行建筑工程施工所必须搭设的生活和生产用的临时建筑物、构筑物和其他临时设施费用等。临时设施费用包括临时设施的搭设、维修、拆除费或摊销费，计算公式如下：

$$临时设施费=(周转使用临建费+一次性使用临建费)\times[1+其他临时设施所占比例(\%)]$$

⑤ 夜间施工增加费，是指因夜间施工所发生的夜班补助费、夜间施工降效、夜间施工照明设备摊销及照明用电等费用，其计算公式为：

$$夜间施工增加费=\left(1-\frac{合同工期}{定额工期}\right)\times\frac{直接工程费中的人工费合计}{平均日工资单价}\times每工日夜间施工费开支$$

⑥ 二次搬运费，是指因施工场地狭小等特殊情况而发生的二次搬运费用，其计算公式为：

$$二次搬运费=直接工程费\times二次搬运费费率(\%)$$

⑦ 大型机械设备进出场及安拆费，计算公式如下：

$$大型机械设备进出场及安拆费=\frac{一次进出场及安拆费\times年平均安拆次数}{年工作台班}$$

⑧ 混凝土、钢筋混凝土模板及支架费，是指混凝土施工过程中需要的各种钢模板、木模板、支架等的支、拆、运输费用及模板、支架的摊销（或租赁）费用。计算公式如下：

$$模板及支架费=模板摊销量\times模板价格+支、拆、运输费$$

$$租赁费=模板使用量\times使用日期\times租赁价格+支、拆、运输费$$

⑨ 脚手架费，包括脚手架搭拆费和摊销（或租赁）费用，计算公式如下：

脚手架搭拆费＝脚手架摊销量×脚手架价格＋搭、拆、运输费

租赁费＝脚手架每日租金×搭设周期＋搭、拆、运输费

⑩ 已完工程及设备保护费，由成品保护所需机械费、材料费和人工费构成。

⑪ 施工排水、降水费，计算公式如下：

排水降水费＝∑排水降水机械台班费×排水降水周期＋排水降水使用材料费、人工费

对于措施费的计算，这里只列出通用措施费项目的计算方法，各专业工程的专用措施费项目的计算方法由各地区或国家有关专业主管部门的工程造价管理机构自行制定。

3. 间接费的构成与计算

间接费包括规费和企业管理费这两部分。

（1）规费　规费是指政府和有关权力部门规定必须缴纳的费用。它包括：工程排污费、工程定额测定费、社会保障费、住房公积金、危险作业意外伤害保险。工程排污费是指施工现场按规定缴纳的工程排污费。工程定额测定费是指按规定支付给工程造价（定额）管理部门的定额测定费。社会保障费包括养老保险费、失业保险费、医疗保险费，其中：养老保险费是指企业按规定标准为职工缴纳的基本养老保险费；失业保险费是指企业按照国家规定标准为职工缴纳的失业保险费；医疗保险费是指企业按照规定标准为职工缴纳的基本医疗保险费。住房公积金是指企业按规定标准为职工缴纳的住房公积金。危险作业意外伤害保险是指企业为从事危险作业的建筑安装施工人员支付的意外伤害保险费。

（2）企业管理费　企业管理费是指建筑安装企业组织施工生产和经营管理所需费用。它包括：管理人员工资、办公费、差旅交通费、固定资产使用费、工具用具使用费、劳动保险费、工会经费、职工教育经费、财产保险费、财务费、税金、其他。管理人员工资是指管理人员的基本工资、工资性补贴、职工福利费和劳动保护费等。办公费是指企业管理办公用的文具、纸张、账表、印刷、邮电、书报、会议、水电、烧水和集体取暖（包括现场临时宿舍取暖）用煤等费用。差旅交通费是指职工因公出差、调动工作的差旅费，住勤补助费，市内交通费和误餐补助费，职工探亲路费，劳动力招募费，职工离退休、退职一次性路费，工伤人员就医路费和工地转移费，以及管理部门使用的交通工具的油料、燃料、养路费及牌照费。固定资产使用费是指管理和试验部门及附属生产单位使用的属于固定资产的房屋、设备仪器等的折旧、大修、维修或租赁费。工具用具使用费是指管理使用的不属于固定资产的生产工具、器具、家具、交通工具，以及检验、试验、测绘、消防等用具的购置、维修和摊销费。劳动保险费是指由企业支付离退休职工的易地安家补助费、职工退职金、六个月以上的病假人员工资、职工死亡丧葬补助费、抚恤费、按规定支付给离休干部的各项经费。工会经费是指企业按职工工资总额计提的工会经费。职工教育经费指企业为职工学习先进技术和提高文化水平，按职工工资总额计提的费用。财产保险费是指企业管理用财产、车辆保险费。财务费是指企业为筹集资金而发生的各种费用。税金是指企业按规定缴纳的房产税、车船使用税、土地使用税、印花税等。其他包括技术转让费、技术开发费、业务招待费、绿化费、广告费、公证费、法律顾问费、审计费、咨询费等。

4. 利润、税金

① 利润是指施工企业完成所承包工程获得的盈利。在编制概算和预算时，依据不同投资来源、工程类别实行差别利润率。在投标报价时，企业可以根据工程的难易程度、市场竞争情况和自身的经营管理水平自行确定合理的利润率。

② 税金是国家税法规定的应计入建筑安装工程造价内的增值税、城市维护建设税及教育费附加等。增值税：一般纳税人和小规模纳税人按情况不同分别适用不同税率。城市维护建设税：按实际缴纳的增值税税额计算缴纳，适用税率分别为7%（城区）、5%（郊区）、

1%（农村）。教育费附加、地方教育附加：按实际缴纳增值税的税额计算缴纳。适用费率：教育费附加为3%；地方教育附加为2%。

（三）工程建设其他费用

1. 土地使用费

土地使用费是指通过划拨方式取得土地使用权而支付的土地征用及迁移补偿费，或者是通过土地使用权出让方式取得土地使用权而支付的土地使用权出让金。

（1）土地征用及迁移补偿费　土地征用及迁移补偿费，是指建设项目通过划拨方式取得无限期的土地使用权，依照《中华人民共和国土地管理法》等规定所支付的费用。其总和一般不得超过被征土地年产值的20倍，土地年产值则按该地被征用前3年的平均产量和国家规定的价格计算。其内容见表1-1。

表1-1　土地征用及迁移补偿费的内容

序号	内容
土地补偿费	是国家建设需要征用农民集体所有的土地时，用地单位依法向被征地单位支付的款项。其实质是国家对农民集体在被征用的土地上长期投工、投资的补偿。其标准为：征用耕地的补偿费标准为该耕地被征前之年均产值的3～6倍；征用其他土地的补偿费标准，由各地方参照耕地的补偿费标准规定，一般为该地被征前三年平均亩产值的3～5倍。土地补偿费属于专用款项，依法应由被征地单位统一掌握，主要用于发展生产，不得挪作他用
青苗补偿费和地上附着物补偿费	青苗补偿费是指国家征用土地时，农作物正处在生长阶段而未能收获，国家应给予土地承包者或土地使用者的经济补偿；地上附着物补偿费指国家建设依法征用土地时对被征地农民集体土地上的房屋、水井、道路等附着物造成损害而由用地单位支付的补偿数额
安置补助费	是指国家在征用土地时，为了安置以土地为主要生产资料并取得生活来源的农业人口的生活，所给予的补助费用。每一个需要安置的农业人口的安置补助费标准，为该耕地被征用前三年平均年产值的4～6倍。但是，每公顷被征用耕地的安置补助费，最高不得超过被征用前三年平均年产值的15倍
征地动迁费	包括征用土地上的房屋及附着构筑物、城市公共设施等拆除、迁建补偿费和搬迁运输费，企业单位因搬迁造成的减产、停工损失补贴费，拆迁管理费等
缴纳的耕地占用税或城镇土地使用税、土地登记费及征地管理费等	县市土地管理机关从征地费中提取土地管理费的比率，要按征地工作量大小，视不同情况，按1%～4%提取
水利水电工程水库淹没处理补偿费	包括农村移民安置迁建费，城市迁建补偿费，库区工矿企业、交通、电力、通信、广播、管网、水利等的恢复、迁建补偿费，库底清理费，防护工程费，环境影响补偿费等

（2）土地使用权出让金　土地使用权出让金是指建设项目通过土地使用权出让方式，取得有限期的土地使用权，依照《中华人民共和国城镇国有土地使用权出让和转让暂行条例》规定而支付的土地使用权出让金。

① 明确国家是城市土地的唯一所有者，可分层次、有偿、有限期地出让、转让城市土地。第一层次是城市政府将国有土地使用权出让给用地者，该层次由城市政府垄断经营。出让对象可以是有法人资格的企事业单位，也可以是外商。第二层次及以下层次的转让则发生在使用者之间。

② 城市土地的出让和转让可采用协议、招标、公开拍卖等方式，具体内容如下。

a. 协议方式是由用地单位申请，经市政府批准同意后双方洽谈具体地块及地价。该方式适用于市政工程、公益事业用地，以及需要减免地价的机关、部队用地和需要重点扶持、优先发展的产业用地。

b. 招标方式是在规定的期限内，由用地单位以书面形式投标，市政府根据投标报价、所提供的规划方案以及企业信誉综合考虑，择优而取。该方式适用于一般工程建设用地。

c. 公开拍卖是指在指定的地点和时间，由申请用地者叫价应价，价高者得。这完全由市场竞争决定，适用于盈利高的行业用地。

③ 在有偿出让和转让土地时，政府对地价不做统一规定，但应坚持以下原则：

a. 地价对目前的投资环境不产生大的影响；

b. 地价与当地的社会经济承受能力相适应；

c. 地价要考虑已投入的土地开发费用、土地市场供求关系、土地用途和使用年限。

④ 关于政府有偿出让土地使用权的年限，各地可根据时间、区位等各种条件做不同的规定，一般可在30～99年；按照地面附属建筑物的折旧年限来看，以50年为宜。

⑤ 土地有偿出让和转让中，土地使用者和所有者要签约，明确使用者对土地享有的权利和对土地所有者应承担的义务，具体内容如下：

a. 有偿出让和转让使用权，要向土地受让者征收契税；

b. 转让土地如有增值，要向转让者征收土地增值税；

c. 在土地转让期间，国家要区别不同地段、不同用途，向土地使用者收取土地占用费。

2. 与项目建设有关的其他费用

（1）建设单位管理费　建设单位管理费是指建设项目从立项、筹建、建设、联合试运转、竣工验收交付使用及后评估等全过程管理所需的费用。内容包括：建设单位开办费和建设单位经费。

① 建设单位开办费。它指新建项目为保证筹建和建设工作正常进行所需办公设备、生活家具、用具、交通工具等购置的费用。

② 建设单位经费。它包括工作人员的基本工资、工资性补贴、职工福利费、劳动保护费、劳动保险费、办公费、差旅交通费、工会经费、职工教育经费、固定资产使用费、工具用具使用费、技术图书资料费、生产人员招募费、工程招标费、合同契约公证费、工程质量监督检测费、工程咨询费、法律顾问费、审计费、业务招待费、排污费、竣工交付使用清理及竣工验收费、后评估费用等；不包括应计入设备、材料预算价格的建设单位采购及保管设备材料所需的费用。

建设单位管理费可以参考下面公式进行计算：

建设单位管理费＝单项工程费用之和(包括设备、工具、器具购置费和建筑安装工程费)
×建设单位管理费率

建设单位管理费率按照建设项目的不同性质及规模确定。有的建设项目按照建设工期和规定的金额计算建设单位管理费。

（2）勘察设计费　勘察设计费是指为本建设项目提供项目建议书、可行性研究报告及设计文件等所需的费用，具体内容如下。

① 编制项目建议书、可行性研究报告及投资估算、工程咨询、评价以及为编制上述文件进行勘察、设计、研究试验等所需的费用。

② 委托勘察、设计单位进行初步设计、施工图设计及概预算编制等所需的费用。

③ 在规定范围内由建设单位自行完成的勘察、设计工作所需的费用。

勘察设计费中，项目建议书、可行性研究报告按国家颁布的收费标准计算；设计费按国家颁布的工程设计收费标准计算。勘察费：一般民用建筑6层以下的按3～5元/m^2计算；高层建筑按8～10元/m^2计算；工业建筑按10～12元/m^2计算。

（3）研究试验费　研究试验费是指为建设项目提供和验证设计参数、数据、资料等所进行的必要的试验费用以及设计规定在施工中必须进行试验、验证所需的费用。研究试验费按照设计单位根据本工程项目的需要提出的研究试验内容和要求计算。

（4）建设单位临时设施费　建设单位临时设施费是指建设期间建设单位所需临时设施的搭设、维修、摊销费用或租赁费用。临时设施包括临时宿舍、文化福利及公用事业房屋与构筑物、仓库、办公室、加工厂以及规定范围内的道路、水、电、管线等临时设施和小型临时设施。

(5) 工程监理费 工程监理费是指建设单位委托工程监理单位对工程实施监理工作所需的费用。根据1992年国家物价局、建设部《关于发布工程建设监理费用有关规定的通知》等文件规定，选择下列方法之一计算：

① 一般情况应按工程建设监理收费标准计算，即按占所监理工程概算或预算的百分比计算；

② 对于单工种或临时性项目，可根据参与监理的年度平均人数，按（3.5～5）万元/（人·年）计算。

(6) 工程保险费 工程保险费是指建设项目在建设期间根据需要实施工程保险所需的费用。它包括以各种建筑工程及其在施工过程中的物料、机器设备为保险标的的建筑工程一切险，以安装工程中的各种机器、机械设备为保险标的的安装工程一切险，以及机器损坏保险等。工程保险费根据不同的工程类别，分别以其建筑、安装工程费乘以建筑、安装工程保险费率计算。民用建筑（住宅楼、综合性大楼、商场、旅馆、医院、学校）工程保险费占建筑工程费的0.2%～0.4%；其他建筑（工业厂房、仓库、道路、码头、水坝、隧道、桥梁、管道等）工程保险费占建筑工程费的0.3%～0.6%；安装工程（农业、工业、机械、电子、电器、纺织、矿山、石油、化学及钢铁工业、钢结构桥梁）工程保险费占建筑工程费的0.3%～0.6%。

(7) 引进技术和进口设备的其他费用 引进技术和进口设备的其他费用包括出国人员费用、国外工程技术人员来华费用、技术引进费、分期或延期付款利息、担保费以及进口设备检验鉴定费。

引进技术和进口设备的其他费用的具体内容如表1-2所示。

表1-2 引进技术和进口设备的其他费用

名称	内容
出国人员费用	指为引进技术和进口设备派出人员在国外培训和进行设计联络、设备检验等的差旅费、制装费、生活费等。这项费用根据设计规定的出国培训和工作的人数、时间及派往国家，按财政部、外交部规定的临时出国人员费用开支标准及中国民用航空公司现行国际航线票价等进行计算，其中使用外汇部分应计算银行财务费用
国外工程技术人员来华费用	指为安装进口设备、引进国外技术等聘用外国工程技术人员进行技术指导工作所发生的费用。包括技术服务费，外国技术人员的在华工资、生活补贴、差旅费、医药费、住宿费、交通费、宴请费、参观游览等招待费用。这项费用按每人每月费用指标计算
技术引进费	指为引进国外先进技术而支付的费用。包括专利费、专有技术费（技术保密费）、国外设计及技术资料费、计算机软件费等。这项费用根据合同或协议的价格计算
分期或延期付款利息	指利用出口信贷引进技术或进口设备时采取分期或延期付款的办法所支付的利息
担保费	指国内金融机构为买方出具保函的担保费。这项费用按有关金融机构规定的担保费率计算（一般可按承保金额的0.5%计算）
进口设备检验鉴定费	指进口设备按规定付给商品检验部门的进口设备检验鉴定费。这项费用按进口设备货价的0.3%～0.5%计算

(8) 工程承包费 工程承包费是指具有总承包条件的工程公司，对工程建设项目从开始建设至竣工投产全过程的总承包所需的管理费用。具体内容包括组织勘察设计、设备材料采购、非标准设备设计制造与销售、施工招标、发包、工程预决算、项目管理、施工质量监督、隐蔽工程检查、验收和试车直至竣工投产的各种管理费用。该费用按国家主管部门或省、自治区、直辖市协调规定的工程总承包费取费标准计算；无规定时，一般工业建设项目的工程承包费为投资估算的6%～8%，民用建筑和市政项目为4%～6%。不实行工程总承包的项目不计算本项费用。

3. 与企业未来生产经营有关的其他费用

(1) 联合试运转费 联合试运转费是指新建企业或新增加生产工艺过程的扩建企业在竣工验收前，按照设计规定的工程质量标准，进行整个车间的负荷或无负荷联合试运转发生的费用支出大于试运转收入的亏损部分。联合试运转费一般根据不同性质的项目，按需要试运转车间的工艺设备购置费的百分比计算。

（2）生产准备费　生产准备费是指新建企业或新增生产能力的企业，为保证竣工交付使用而进行必要的生产准备所发生的费用。费用内容包括：

① 生产人员培训费，包括自行培训、委托其他单位培训的人员工资、工资性补贴、职工福利费、差旅交通费、学习资料费、学习费、劳动保护费等；

② 生产单位提前进厂参加施工、设备安装、调试等以及熟悉工艺流程及设备性能等人员的工资、工资性补贴、职工福利费、差旅交通费、劳动保护费等。

生产准备费一般根据需要培训和提前进厂人员的人数及培训时间，按生产准备费指标进行估算。生产准备费在实际执行中是一笔在时间、人数、培训深度上很难划分、变化很大的支出，尤其要严格掌握。

（3）办公和生活家具购置费　办公和生活家具购置费是指为保证新建、改建、扩建项目初期正常生产、使用和管理所必须购置的办公和生活家具、用具的费用。改、扩建项目所需的办公和生活用具购置费应低于新建项目。其范围包括办公室、会议室、资料档案室、阅览室、文娱室、食堂、浴室、理发室、单身宿舍和设计规定必须建设的托儿所、卫生所、招待所、中小学校等家具用具购置费。这项费用按照设计定员人数乘以综合指标计算，一般为600～800元/人。

（四）建筑安装工程计价程序

1. 工料单价法计价程序

工料单价法是以分部分项工程量乘以单价后的合计为直接工程费，直接工程费以人工、材料、机械的消耗量及其相应价格确定。直接工程费汇总后另加措施费、间接费、利润、税金生成工程发承包价，其计算程序分为以下三种。

（1）以直接费为计算基础　以直接费为基础的工料单价法计价程序见表1-3。

表1-3　以直接费为基础的工料单价法计价

序号	费用项目	计算方法	备注
①	直接工程费	按预算表	
②	措施费	按规定标准计算	
③	小计	①+②	
④	间接费	③×相应费率	
⑤	利润	(③+④)×相应利润率	
⑥	合计	③+④+⑤	
⑦	含税造价	⑥×(1+相应税率)	

（2）以人工费和机械费为计算基础　以人工费和机械费为基础的工料单价法计价程序见表1-4。

表1-4　以人工费和机械费为基础的工料单价法计价

序号	费用项目	计算方法	备注
①	直接工程费	按预算表	
②	其中人工费和机械费	按预算表	
③	措施费	按规定标准计算	
④	其中人工费和机械费	按规定标准计算	

续表

序号	费用项目	计算方法	备注
⑤	小计	①+③	
⑥	人工费和机械费小计	②+④	
⑦	间接费	⑥×相应费率	
⑧	利润	⑥×相应利润率	
⑨	合计	⑤+⑦+⑧	
⑩	含税造价	⑨×(1+相应税率)	

(3) 以人工费为计算基础　以人工费为基础的工料单价法计价程序见表 1-5。

表 1-5　以人工费为基础的工料单价法计价

序号	费用项目	计算方法	备注
①	直接工程费	按预算表	
②	直接工程费中人工费	按预算表	
③	措施费	按规定标准计算	
④	措施费中人工费	按规定标准计算	
⑤	小计	①+③	
⑥	人工费小计	②+④	
⑦	间接费	⑥×相应费率	
⑧	利润	⑥×相应利润率	
⑨	合计	⑤+⑦+⑧	
⑩	含税造价	⑨×(1+相应税率)	

2. 综合单价法计价程序

综合单价法是指分部分项工程单价为全费用单价，全费用单价经综合计算后生成，其内容包括直接工程费、间接费、利润和税金（措施费也可按此方法生成全费用价格）。

各分项工程量乘以综合单价的合价汇总后，生成工程发承包价。

由于各分部分项工程中的人工、材料、机械含量的比例不同，各分项工程可根据其材料费占人工费、材料费、机械费合计的比例（以字母“C”代表该项比值）在以下三种计算程序中选择一种计算其综合单价。

① 当 $C>C_0$（C_0 为本地区原费用定额测算所选典型工程材料费占人工费、材料费和机械费合计的比例）时，可采用以人工费、材料费、机械费合计为基数计算该分项的间接费和利润，见表 1-6。

表 1-6　以直接费为基础的综合单价法计价

序号	费用项目	计算方法	备注
①	分项直接工程费	人工费+材料费+机械费	
②	间接费	①×相应费率	
③	利润	(①+②)×相应利润率	
④	合计	①+②+③	
⑤	含税造价	④×(1+相应税率)	

② 当 C 小于 C_0 值的下限时，可采用以人工费和机械费合计为基数计算该分项的间接费和利润，见表 1-7。

表 1-7　以人工费和机械费为基础的综合单价法计价

序号	费用项目	计算方法	备注
①	分项直接工程费	人工费＋材料费＋机械费	
②	其中人工费和机械费	人工费＋机械费	
③	间接费	②×相应费率	
④	利润	②×相应利润率	
⑤	合计	①＋③＋④	
⑥	含税造价	⑤×(1＋相应税率)	

③ 如该分项的直接费仅为人工费，无材料费和机械费时，可采用以人工费为基数计算该分项的间接费和利润，见表 1-8。

表 1-8　以人工费为基础的综合单价法计价

序号	费用项目	计算方法	备注
①	分项直接工程费	人工费＋材料费＋机械费	
②	直接工程费中人工费	人工费	
③	间接费	②×相应费率	
④	利润	②×相应利润率	
⑤	合计	①＋③＋④	
⑥	含税造价	⑤×(1＋相应税率)	

第二节　工程造价常见名词释义

工程造价中常见名词释义详见二维码文件。

扫码看文件

工程造价常见名词释义

第三节　建筑工程定额计价

一、建筑工程定额初识

(一) 建筑工程定额的概念

在社会生产中，为了生产某一合格产品，都要消耗一定数量的人工、材料、机具、机械台班和资金。这种消耗受各种生产条件的影响，各不相同。在某一种产品生产过程中，消耗越大则成本越高，价格一定时，盈利越低，对社会的贡献就越低。因此，降低产品生产过程中的消耗，有着十分重要的意义。但是这种消耗不可能无限地降低，它在一定的生产条件下有一个合理的数额。根据一定时期的生产水平和产品的质量要求，规定出一个大多数人经过努力可以达到的合理消耗标准，这种标准就称为定额。

建筑工程定额，是指在正常的施工条件下完成单位合格建筑产品所必须消耗的人工、材料、机械台班和资金的数量标准。这种量的规定，反映出完成建筑工程中某项产品与生产消耗之间特定的数量关系；也反映了在一定社会生产力水平的条件下建筑工程施工的管理水平和技术水平。

 **知识拓展**

建筑工程定额

建筑工程定额是建筑工程诸多定额中的一类，属于固定资产再生产过程中的生产消费定额。定额除规定资源和资金消耗数量标准外，还规定了其应完成的产品规格或工作内容，以及所要达到的质量标准和安全要求。

（二）建筑工程定额的作用

建筑工程定额确定了在现有生产力发展水平下，生产单位合格建筑产品所需的活化劳动和物化劳动的数量标准，以及用货币来表现某些必要费用的额度。建筑工程定额是国家控制基本建设规模，利用经济杠杆对建筑安装企业加强宏观管理，促进企业提高自身素质，加快技术进步，提高经济效益的技术文件。所以，无论是设计、计划、生产、分配、预算、结算、奖励、财务等各项工作，各个部门都应以其作为自己工作的主要依据。定额的作用主要表现在以下六个方面。

1. 计划管理的重要基础

建筑安装企业在计划管理中，为了组织和管理施工生产活动，必须编制各种计划，而计划的编制又依据各种定额和指标来计算人力、物力、财力等需用量，因此定额是计划管理的重要基础，是编制工程施工计划组织设计的依据。

2. 提高劳动生产率的重要手段

施工企业要提高劳动生产率，除了加强政治思想工作，提高群众积极性外，还要贯彻执行现行定额，把企业提高劳动生产率的任务具体落实到每个工人身上。促使他们采用新技术和新工艺，改进操作方法，改善劳动组织，降低劳动强度。使用更少的劳动量，创造更多的产品，从而提高劳动生产率。

3. 衡量设计方案的尺度和确定工程造价的依据

同一工程项目的投资多少，是使用定额和指标对不同设计方案进行技术经济分析与比较之后确定的，因此定额是衡量设计方案经济合理性的尺度。

工程造价是根据设计规定的工程标准和工程数量，并依据定额指标规定的劳动力、材料、机械台班数量，单位价值和各种费用标准来确定的，因此定额是确定工程造价的依据。

4. 推行经济责任制的重要环节

推行的投资包干和以招标承包为核心的经济责任制，其中签订投资包干协议，计算招标标底和投标标价，签订总包和分包合同协议，以及企业内部实行适合各自特点的各种形式的承包责任制等，都必须以各种定额为主要依据，因此定额是推行经济责任制的重要环节。

5. 科学组织和管理施工的有效工具

建筑安装是多工种、多部门组成一个有机整体而进行的施工活动。在安排各部门、各工种的活动计划中，要计算平衡资源需用量，组织材料供应，确定编制定员，合理配备劳动组织，调配劳动力，签发工程任务单和限额领料单，组织劳动竞赛，考核工料消耗，计算和分配工人劳动报酬等，都要以定额为依据，因此定额是科学组织和管理施工的有效工具。

6. 企业实行经济核算制的重要基础

企业为了分析、比较施工过程中的各种消耗，必须用各种定额为核算依据。因此工人完成定额的情况，是实行经济核算制的主要内容。用定额为标准，来分析、比较企业各种成本，并通过经济活动分析，肯定成绩，找出薄弱环节，提出改进措施，以不断降低单位工程成本，提高经济效益。所以定额是实行经济核算制的重要基础。

（三）建筑工程的定额分类

建筑工程定额是一个综合的概念，是建筑工程中生产消耗性定额的总称。在建筑施工生产中，根据需要而采用不同的定额。例如，用于企业内部管理的有劳动定额、材料消耗定额、施工定额等；又如，为了计算工程造价，要使用预算定额、间接费用定额等。因此，建筑工程定额可以从不同角度进行分类。建筑工程定额种类很多，一般按生产要素、编制程序进行分类。

1. 按生产要素分类

建筑工程定额按生产要素可以分为劳动定额、机械台班定额与材料消耗定额。

生产要素包括劳动者、劳动手段和劳动对象三部分，所以，与其相对应的定额是劳动定额、机械台班定额和材料消耗定额。按生产要素进行分类是最基本的分类方法，它直接反映出生产某种单位合格产品所必须具备的基本因素。因此，劳动定额、机械台班定额和材料消耗定额是施工定额、预算定额、概算定额等多种定额的最基本的重要组成部分，具体内容如表1-9所示。

表1-9　定额的内容（按生产要素分类）

名称	内容
劳动定额	又称人工定额。它规定了在正常施工条件下某工种的某一等级工人，为生产单位合格产品所必需消耗的劳动时间；或在一定的劳动时间中所生产合格产品的数量
机械台班定额	又称机械使用定额，简称机械定额。它是在正常施工条件下，利用某机械生产一定单位合格产品所必须消耗的机械工作时间；或在单位时间内，机械完成合格产品的数量
材料消耗定额	是在节约和合理使用材料的条件下，生产单位合格产品必须消耗的一定品种规格的原材料、燃料、半成品或构件的数量

2. 按编制程序分类

按编制程序，定额可以分为工序定额、施工定额、预算定额与概算定额（或概算指标），具体内容如表1-10所示。

表1-10　定额的内容（按编制程序分类）

名称	内容
工序定额	是以最基本的施工过程为标定对象，表示其生产产品数量与时间消耗关系的定额。由于工序定额比较细碎，所以一般不直接用于施工中，主要在标定施工定额时作为原始资料
施工定额	是直接用于基层施工管理中的定额。它一般由劳动定额、材料消耗定额和机械台班定额三部分组成。根据施工定额，可以计算不同工程项目的人工、材料和机械台班需用量

续表

名称	内容
预算定额	是确定一个计量单位的分项工程或结构构件的人工、材料（包括成品、半成品）和施工机械台班的需用量及费用标准的定额
概算定额	是预算定额的扩大和合并。它是确定一定计量单位扩大分项工程的人工、材料和机械台班的需用量及费用标准的定额

二、建筑工程预算定额手册的基本应用

（一）定额项目的选套方法

预算定额是编制施工图预算的基础资料，在选套定额项目时，一定要认真阅读定额的总说明、分部工程说明、分节说明和附注内容；要明确定额的适用范围、定额考虑的因素和有关问题的规定，以及定额中的用语和符号的含义，如定额中凡注有“×××以内”或“×××以下”者，均包括其本身在内，而“×××以外”或“×××以上”者，均不包括其本身在内，等等。要正确理解、熟记建筑面积和各分项工程量的计算规则，以便在熟悉施工图纸的基础上能够迅速准确地计算建筑面积和各分项工程的工程量，并注意分项工程（或结构构件）的工程量计量单位应与定额单位相一致，做到准确地套用相应的定额项目。如计算铁栏杆工程量时，其计量单位为“延长米”，但在套用金属栏杆工程相应定额确定其工料和费用时，定额计量单位为“吨”，因此必须将铁栏杆的计量单位“延长米”折算成“吨”，才能符合定额计量单位的要求。一定要明确定额换算范围，能够应用定额附录资料，熟练地进行定额换算和调整。在选套定额项目时，可能会遇到下列几种情况。

1. 直接套用定额项目

当施工图纸的分部分项工程内容与所选套的相应定额项目内容相一致时，应直接套用定额项目。要查阅、选套定额项目和确定单位预算价值时，绝大多数工程项目属于这种情况。其选套定额项目的步骤和方法如下。

① 根据设计的分部分项工程内容，从定额目录中查出该分部分项工程所在定额中的页数及其部位。

② 判断设计的分部分项工程内容与定额规定的工程内容是否相一致，当完全一致（或虽然不相一致，但定额规定不允许换算调整）时，即可直接套用定额基价。

③ 将定额编号和定额基价（其中包括人工费、材料费和机械使用费）填入预算表内，预算表的形式如表 1-11 所示。

④ 确定分项工程或结构构件预算价值，一般可按下面公式进行计算：分项工程（或结构构件）预算价值＝分项工程（或结构构件）工程量×相应定额基价。

表 1-11 建筑工程预算表

序号	定额编号	分部分项工程名称	工程量		价值/元		其中					
			单位	数量	基价	金额	人工费/元		材料费/元		机械费/元	
							单价	金额	单价	金额	单价	金额

2. 套用换算后定额项目

当施工图纸设计的分部分项工程内容，与所选套的相应定额项目内容不完全一致时，如定额规定允许换算，则应在定额规定范围内进行换算，套用换算后的定额基价。当采用换算后定额基价时，应在原定额编号右下角注明“换”字，以示区别。

3. 套用补充定额项目

当施工图纸中的某些分部分项工程，采用的是新材料、新工艺和新结构，这些项目还未列入建筑工程预算定额手册中或定额手册中缺少某类项目，也没有相似的定额供参照时，为了确定其预算价值，就必须制定补充定额。当采用补充定额时，应在原定额编号内编写一个“补”字，以示区别。

（二）补充定额

在编制定额时，虽然应尽可能地做到完善适用，但由于建筑产品的多样化和单一性的特点，在编制概预算时，有些项目在定额中没有，需要编制补充定额。由于缺少统一的计算依据，补充定额必须报经有关部门审定，使之尽可能地接近客观实际，以便正确确定工程造价。

第四节　建筑工程工程量清单计价

一、工程量清单初识

工程量清单是表现拟建工程的分部分项工程项目、措施项目、其他项目名称和相应数量的明细清单。工程量清单由招标人按照“计价规范”附录中统一的项目编码、项目名称、计量单位和工程量计算规则进行编制，包括分部分项工程量清单、措施项目清单和其他项目清单。

工程量清单计价，是指投标人完成由招标人提供的工程量清单所需的全部费用，包括分部分项工程费、措施项目费、其他项目费、规费和税金。

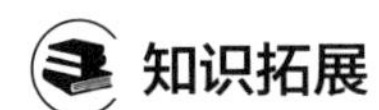

工程量清单计价方法

工程量清单计价方法，是建设工程招标投标中，招标人按照国家统一工程量计算规则提供工程数量，由投标人依据工程量清单自主报价，并按照经评审低价中标的规则实行的一种工程造价计价方式。它是与编制预算造价不同的另一种与国际接轨的计算工程造价的方法。

工程量清单计价采用综合单价计价。综合单价是指完成规定计量单位项目所需的人工费、材料费、机械使用费、管理费、利润，并考虑风险因素。

采用工程量清单计价是工程预算改革及与国际接轨的一项重大举措，它使工程招投标造价由政府调控转变为承包方自主报价，实现了真正意义上的公开、公平、合理竞争。

工程量清单计价与预算造价有着密切的联系，必须首先会编制预算才能学习清单计价，所以预算是清单计价的基础。

二、工程量清单计价

1. 工程量清单计价的构成

工程量清单计价就是计算出为完成招标文件规定的工程量清单所需的全部费用。工程量清单计价所需的全部费用，包括分部分项工程量清单费、措施项目清单费、其他项目清单费和规费、税金。

为了避免或减少经济纠纷，合理确定工程造价，《建设工程工程量清单计价规范》（GB 50500—2013）规定，工程量清单计价价款，应包括完成招标文件规定的工程量清单项目所需的全部费用。主要内容如下所示：

① 分部分项工程费、措施项目费、其他项目费和规费、税金；

② 完成每分项工程所含全部工程内容的费用；

③ 完成每项工程内容所需的全部费用（规费、税金除外）；

④ 工程量清单项目中没有体现的，施工中又必须发生的工程内容所需的费用；

⑤ 考虑风险因素而增加的费用。

2. 工程量清单计价的方式

《建设工程工程量清单计价规范》（GB 50500—2013）规定，工程量清单计价方式采用综合单价计价方式。采用综合单价计价方式，是为了简化计价程序，实现与国际接轨。

综合单价是指完成一个规定计量单位工程所需的人工费、材料费、机械使用费、管理费和利润，并考虑风险因素。理论上讲，综合单价应包括完成规定计量单位的合格产品所需的全部费用，但实际上，考虑到我国的现实情况，综合单价包括除规费、税金以外的全部费用。

综合单价不但适用于分部分项工程量清单，也适用于措施项目清单、其他项目清单等。

分部分项工程量清单的综合单价，应根据规范规定的综合单价组成，按设计文件或参照附录中的“工程内容”确定。由于受各种因素的影响，同一个分项工程设计可能不同，由此所含工程内容会发生差异。就某一个具体工程项目而言，确定综合单价时，应按设计文件确定，附录中的工程内容仅供参考。分部分项工程量清单的综合单价，不得包括招标人自行采购材料的价款。

措施项目清单的金额，应根据拟建工程的施工方案或施工组织设计，参照规范规定的综合单价组成确定。措施项目清单中所列的措施项目均以“一项”提出，所以计价时，首先应详细分析其所含工程内容，然后确定其综合单价。措施项目不同，其综合单价组成内容可能有差异，因此在确定措施项目综合单价时，规范规定的综合单价组成仅供参考。招标人提出的措施项目清单是根据一般情况确定的，没有考虑不同投标人的“个性”，因此投标人在报价时，可以根据本企业的实际情况增加措施项目内容报价。

其他项目清单招标人部分的金额按估算金额确定；投标人部分的总承包服务费应根据招标人提出要求所发生的费用确定，零星工作费应根据“零星工作费表”确定。其他项目清单中的预留金、材料购置费和零星工作项目费，均为估算、预测数量，虽在投标时计入投标人的报价中，但不应视为投标人所有。竣工结算时，应按承包人实际完成的工作内容结算，剩余部分仍归招标人所有。

3. 工程量清单计价的适用范围

工程量清单计价的适用范围包括：建设工程招标投标的招标标底的编制、投标报价的编制、合同价款确定与调整、工程结算。

招标工程如设标底，标底应根据招标文件中的工程量清单和有关要求、施工现场实际情况、合理的施工方法以及建设行政主管部门制定的有关工程造价计价办法进行编制。《招标投标法》规定，招标工程设有标底的，评标时应参考标底。标底的参考作用，决定了标底的编制要有一定的强制性。这种强制性主要体现在标底的编制应按建设行政主管部门制定的有关工程造价计价办法进行。

投标报价应根据招标文件中的工程量清单和有关要求、施工现场实际情况及拟定的施工方案或施工组织设计，依据企业定额和市场价格信息，或参照建设行政主管部门发布的社会平均消耗量定额进行编制。企业定额是施工企业根据本企业的施工技术和管理水平以及有关工程造价资料制定的，并供本企业使用的人工、材料和机械台班消耗量标准。社会平均消耗量定额简称消耗量定额，是指在合理的施工组织设计、正常施工条件下，生产一个规定计量单位工程合格产品，人工、材料、机械台班的社会平均消耗量标准。工程造价应在政府宏观调控下，由市场竞争形成。在这一原则指导下，投标人的报价应在满足招标文件要求的前提下实行人工、材料、机械消耗量自定，价格费用自选、全面竞争、自主报价的方式。

施工合同中综合单价因工程量变更需调整时，除合同另有约定外按照下列办法确定。

① 工程量清单漏项或由于设计变更引起新的工程量清单项目，其相应综合单价由承包方提出，经发包人确认后作为结算的依据。

② 设计变更引起工程量增减部分，属合同约定幅度以内的，应执行原有的综合单价；增减的工程量属合同约定幅度以外的，其综合单价由承包人提出，经发包人确认后作为结算的依据。

③ 若由于工程量的变更，实际发生了除以上两条以外的费用损失，承包人可提出索赔要求，与发包人协商确认后补偿。这主要指“措施项目费”或其他有关费用的损失。

为了合理减少工程承包人的风险，并遵照谁引起的风险谁承担责任的原则，规范对工程量的变更及其综合单价的确定做了规定。应注意以下几点事项：

① 不论由于工程量清单有误或漏项，还是由于设计变更，引起新的工程量清单项目或清单项目工程数量的增减，均应按实调整；

② 工程量变更后综合单价的确定应按规范执行；

③ 综合单价调整仅适用于分部分项工程量清单。

4. 工程量清单计价的公式

分部分项工程量清单费＝Σ分部分项工程量×分部分项工程综合单价

措施项目清单费＝Σ措施项目工程量×措施项目综合单价

单位工程计价＝分部分项工程量清单费＋措施项目清单费＋其他项目清单费＋规费＋税金

单项工程计价＝Σ单位工程计价

建设项目计价＝Σ单项工程计价

第五节 工程量清单计价与预算定额计价的联系和区别

一、工程量清单计价与预算定额计价的联系

（一）清单计价与定额计价之间的联系

从发展过程来看，可以把清单计价方式看成是在定额计价方式的基础上发展而来的，适合市场经济条件的新的计价方式。从这个角度讲，在掌握了定额计价方式的基础上再来学习清单计价方式比直接学习清单计价方式显得较为容易和简单。因为这两种计价方式之间具有

传承性。

1. 两种计价方式的编制程序主线基本相同

清单计价方式和定额计价方式都要经过识图、计算工程量、套用定额、计算费用、汇总工程造价等主要程序来确定工程造价。

知识拓展

两种计价方式计算工程量的不同点

两种计价方式计算工程量的不同点主要是项目划分的内容不同、采用的计算规则不同。清单工程量依据计价规范的附录进行列项和计算工程量；定额计价工程量依据预算定额来列项和计算工程量。应该指出，在清单计价方式下，也会产生上述两种不同的工程量计算，即清单工程量依据计价规范计算，计价工程量依据采用的定额计算。

2. 两种计价方式的重点都是要准确计算工程量

工程量计算是两种计价方式的共同重点。因为该项工作涉及的知识面较宽，计算的依据较多，所以花的时间较长，技术含量较高。

3. 两种计价方式发生的费用基本相同

不管是清单计价方式还是定额计价方式，都必然要计算直接费、间接费、利润和税金。其不同点是，两种计价方式划分费用的方法不一样，计算基数不一样，采用的费率不一样。

4. 两种计价方式的取费方法基本相同

通常，所谓取费方法就是指应该取哪些费、取费基数是什么、取费费率是多少等。在清单计价方式和定额计价方式中都存在如何取费、取费基数、取费费率的规定。不同的是各项费用的取费基数及费率有差别。

（二）通过定额计价方式来掌握清单计价

1. 两种计价方式的目标相同

不管是何种计价方式，其目标都是正确确定建筑工程造价。不管造价的计价形式、方法有什么变化，从理论上来讲，工程造价均由直接费、间接费、利润和税金构成。如果存在不同，只不过是具体的计价方式及费用的归类方法不同，或其各项费用计算的先后顺序不同，或其计算基础和费率不同而已。因此，只要掌握了定额计价方式，就能在短期内较好地掌握清单计价方式。两种计价方式费用划分对照见表1-12。

表1-12 两种计价方式费用划分对照

<table>
<tr><th colspan="2">清单计价方式</th><th>费用划分</th><th colspan="2">定额计价方式</th><th>费用划分</th></tr>
<tr><td rowspan="8">分部分项工程费</td><td rowspan="2">人工费</td><td rowspan="6">直接费</td><td>人工费</td><td rowspan="3">直接工程费</td><td rowspan="6">直接费</td></tr>
<tr><td>材料费</td></tr>
<tr><td rowspan="2">材料费</td><td>机械使用费</td></tr>
<tr><td>二次搬运费</td><td rowspan="3">措施费</td></tr>
<tr><td rowspan="2">机械使用费</td><td>脚手架费</td></tr>
<tr><td>……</td></tr>
<tr><td>管理费</td><td>间接费</td><td colspan="2">企业管理费</td><td>间接费</td></tr>
<tr><td>利润</td><td>利润</td><td colspan="2">利润</td><td>利润</td></tr>
</table>

续表

<table>
<tr><th colspan="2">清单计价方式</th><th>费用划分</th><th colspan="2">定额计价方式</th><th>费用划分</th></tr>
<tr><td rowspan="5">措施项目费</td><td>临时设施费</td><td rowspan="8">直接费</td><td colspan="2" rowspan="8"></td><td rowspan="8"></td></tr>
<tr><td>夜间施工费</td></tr>
<tr><td>二次搬运费</td></tr>
<tr><td>脚手架费</td></tr>
<tr><td>……</td></tr>
<tr><td rowspan="5">其他项目费</td><td>预留金</td></tr>
<tr><td>材料购置费</td></tr>
<tr><td>零星工作项目费</td></tr>
<tr><td>总承包服务费</td><td rowspan="6">间接费</td><td>工程排污费</td><td rowspan="6">规费</td><td rowspan="9">间接费</td></tr>
<tr><td>……</td><td>定额测定费</td></tr>
<tr><td rowspan="7">规费</td><td>工程排污费</td><td>社会保障费</td></tr>
<tr><td>定额测定费</td><td rowspan="3">……</td></tr>
<tr><td>社会保障费</td></tr>
<tr><td>……</td></tr>
<tr><td>增值税</td><td rowspan="3">税金</td><td colspan="2">增值税</td></tr>
<tr><td>城市维护建设税</td><td colspan="2">城市维护建设税</td></tr>
<tr><td>教育费附加</td><td colspan="2">教育费附加</td></tr>
</table>

熟悉工程内容和掌握计算规划是正确计算工程量的关键。我们知道，定额计价方式的工程量计算规划和工程内容的范围与清单计价方式的工程量计算规划和工程内容的范围是不相同的。由于定额计价方式在先，清单计价方式在后，其计算规划具有一定的传承性。了解了这一点，就可以通过在掌握定额计价方式的基础上分解清单计价方式的不同点，较快地掌握清单计价方式下的计算规划和立项方法。

2. 综合单价编制是清单计价方式的关键技术

定额计价方式，一般是先计算分项工程直接费，汇总后再计算间接费和利润。而清单计价方式将管理费和利润分别综合在每一个清单工程量项目中。这是清单计价方式的重要特点，也是清单报价的关键技术。所以必须在定额计价方式的基础上掌握综合单价的编制方法，如此就可以把握清单报价的关键技术。

之所以说综合单价编制是关键技术，主要是因为它有两个难点：一是要根据市场价和企业自身的特点确定人工、材料、机械台班单价及管理费费率和利润率；二是要根据清单工程量和所选定的定额计算计价工程量，以便准确报价。

3. 自主确定措施项目费

与施工有关和与工程有关的措施项目费是企业根据自己的施工生产水平和管理水平及工程具体情况自主确定的。因此清单计价方式在计算措施项目费上与定额计价方式相比，具有较大的灵活性，当然也有相当的难度。

二、工程量清单计价与预算定额计价的区别

预算定额计价（简称定额计价）与工程量清单计价（简称清单计价）是我国建设市场发展过程中不同阶段形成的两种计价方法，二者在表现形式、造价构成、项目划分、编制主

体、计价依据、计算规则以及价格调整等方面都存在差异，而最为本质的区别是：定额计价方式确定的工程造价具有计划价格的特征，而工程量清单计价方式确定的工程造价具有市场价格的特征。定额计价与清单计价的具体区别可以参考表1-13。

表1-13　定额计价与清单计价的区别

序号	区别项目	定额计价	清单计价
1	计价依据	统一的预算定额＋费用定额＋调价系数，由政府定价	企业定额，由市场竞争定价
2	定价原则	按工程造价管理机构发布的有关规定及定额中的基价定价	按照清单的要求，企业自主报价，反映的是市场决定价格
3	项目设置	现行预算基础定额的项目一般是按施工工序、工艺进行设置的，定额项目包括的工程内容一般是单一的	工程量清单项目的设置是以一个“综合实体”考虑的，“综合项目”一般包括多个子目工程内容
4	计价项目划分	定额计价模式中计价项目的划分以施工工序为主，内容单一（有一个工序即有一个计价项目）	清单计价模式中计价项目的划分分别以工程实体为对象，项目综合度较大，将形成某实体部位或构件必需的多项工序或工程内容并为一体，能直观地反映出该实体的基本价格
		定额计价模式中计价项目的工程实体与措施合二为一。即该项目既有实体因素又包含措施因素在内	清单计价模式工程量计算方法是将实体部分与措施部分分离，有利于业主、企业视工程实际自主组价，实现了个别成本控制
		定额计价模式的项目划分中着重考虑了施工方法因素，从而限制了企业优势的展现	清单计价模式的项目中不再与施工方法挂钩，而是将施工方法的因素放在组价中由计价人考虑
5	单价组成	定额计价模式中使用的单价为“工料单价法”，即人＋材＋机，将管理费、利润等在取费中考虑。定额计价采用定额子目基价，定额子目基价只包括定额编制时期的人工费、材料费、机械费、管理费，并不包括利润和各种风险因素带来的影响	清单计价模式中使用的单价为“综合单价法”，单价组成为：人工＋材料＋机械＋管理费＋利润＋风险。使用“综合单价法”更直观地反映了各计价项目（包括构成工程实体的分部分项工程项目和措施项目、其他项目）的实际价格，但现阶段当不包括“规费和税金”。各项费用均由投标人根据企业自身情况，考虑各种风险因素自行编制
6	价差调整	按工程承发包双方约定的价格与定额价对比，调整价差	按工程承发包双方约定的价格直接计算，除招标文件规定外，不存在价差调整问题
7	工程量计算规则	按定额工程量计算规则计算：定额计价模式按分部分项工程的实际发生量计量	按清单工程量计算规则计算：清单计价模式按分部分项实物工程量净量计量，当分部分项子目综合多个工程内容时，以主体工程内容的单位为该项目的计量单位
8	人工、材料、机械消耗量	定额计价的人工、材料、机械消耗量按《综合定额》标准计算，《综合定额》标准按社会平均水平编制	工程量清单计价的人工、材料、机械消耗量由投标人根据企业的自身情况或《企业定额》自定，它真正反映企业的自身水平
9	计价程序	定额计价的思路与程序是：直接费＋间接费＋利润＋差价＋规费＋税金	清单计价的思路与程序是：分部分项工程费＋措施项目费＋其他项目费＋规费＋税金
10	计价方法	根据施工工序计价，即将相同施工工序的工程量相加汇总，选套定额，计算出一个子项的定额分部分项工程费，每个项目独立计价	按一个综合实体计价，即子项目随主体项目计价，由于主体项目与组合项目是不同的施工工序，所以往往要计算多个子项才能完成一个清单项目的分部分项工程综合单价，每一个项目组合计价
11	计价过程	招标方只负责编写招标文件，不设置工程项目内容，也不计算工程量。工程计价的子目和相应的工程量是由投标方根据文件确定。项目设置、工程量计算、工程计价等工作在一个阶段内完成	招标方必须设置清单项目并计算清单工程量，同时在清单中对清单项目的特征和包括的工程内容必须清晰、完整地告诉投标人，以便投标人报价，清单计价模式由两个阶段组成：①招标方编制工程量清单；②投标方拿到工程量清单后根据清单报价

续表

序号	区别项目	定额计价	清单计价
12	计价价款构成	定额计价价款包括分部分项工程费、利润、措施项目费、其他项目费、规费和税金，而分部分项工程费中的子目基价是指为完成《综合定额》分部分项工程所需的人工费、材料费、机械费、管理费。子目基价是综合定额价，它没有反映企业的真正水平，没有考虑风险的因素	工程量清单计价价款是指完成招标文件规定的工程量清单项目所需的全部费用，即包括：分部分项工程费、措施项目费、其他项目费、规费和税金，完成每项工程内容所需的全部费用（规费、税金除外），工程量清单中没有体现而施工中又必须发生的工程内容所需的费用，考虑风险因素而增加的费用
13	使用范围	编审标底，设计概算、工程造价鉴定	全部使用国有资金投资或以国有资金为主投资的大中型建设工程和需招标的小型工程
14	工程风险	工程量由投标人计算和确定，差价一般可调整，故投标人一般只承担工程量计算风险，不承担材料价格风险	招标人编制工程量清单，计算工程量，数量不准会被投标人发现并利用，招标人要承担差量的风险；投标人报价应考虑多种因素，由于单价通常不调整，故投标人要承担组成价格的全部因素风险

第二章

快速识读施工图

第一节　施工图预算

施工图预算相关知识详见二维码文件。

扫码看文件

施工图预算

第二节　施工图的组成

一、初识建筑施工图

（一）房屋的基本构成

构成房屋的构配件主要有：基础、内（外）墙、柱、梁、楼板、地面、屋顶、楼梯、门窗以及阳台、雨篷、女儿墙、压顶、踢脚板、勒脚、明沟或散水、楼梯梁、楼梯平台、过梁、圈梁、构造柱等，如图 2-1 所示。

（二）施工图的组成

施工图是建筑工程实施过程中的通用“语言”，也是工程预算的基础，要读懂施工图，应当熟悉常用的规定、符号、表示方法和图例等。一套完整的施工图，一般分为以下几部分。

（1）图纸目录　图纸目录是施工图的明细和索引。

（2）设计总说明（即首页）　根据《建筑工程设计文件编制深度规定》的规定，建筑施工图设计说明应包括以下内容。

① 本子项工程施工图设计的依据性文件、批文和相关规范。

② 项目概况。内容一般应包括建筑名称、建设地点、建设单位、建筑面积、建筑基底面积、建筑工程等级、设计使用年限、建筑层数和建筑高度、防火设计建筑分类和耐火等级、人防工程防护等级、屋面防水等级、地下室防水等级、抗震设防烈度等，以及能反映建筑规模的主要技术经济指标，如住宅的套型和套数（包括每套的建筑面积、使用面积、阳台建筑面积。房间的使用面积可在平面图中标注）、旅馆的客房间数和床位数、医院的门诊人

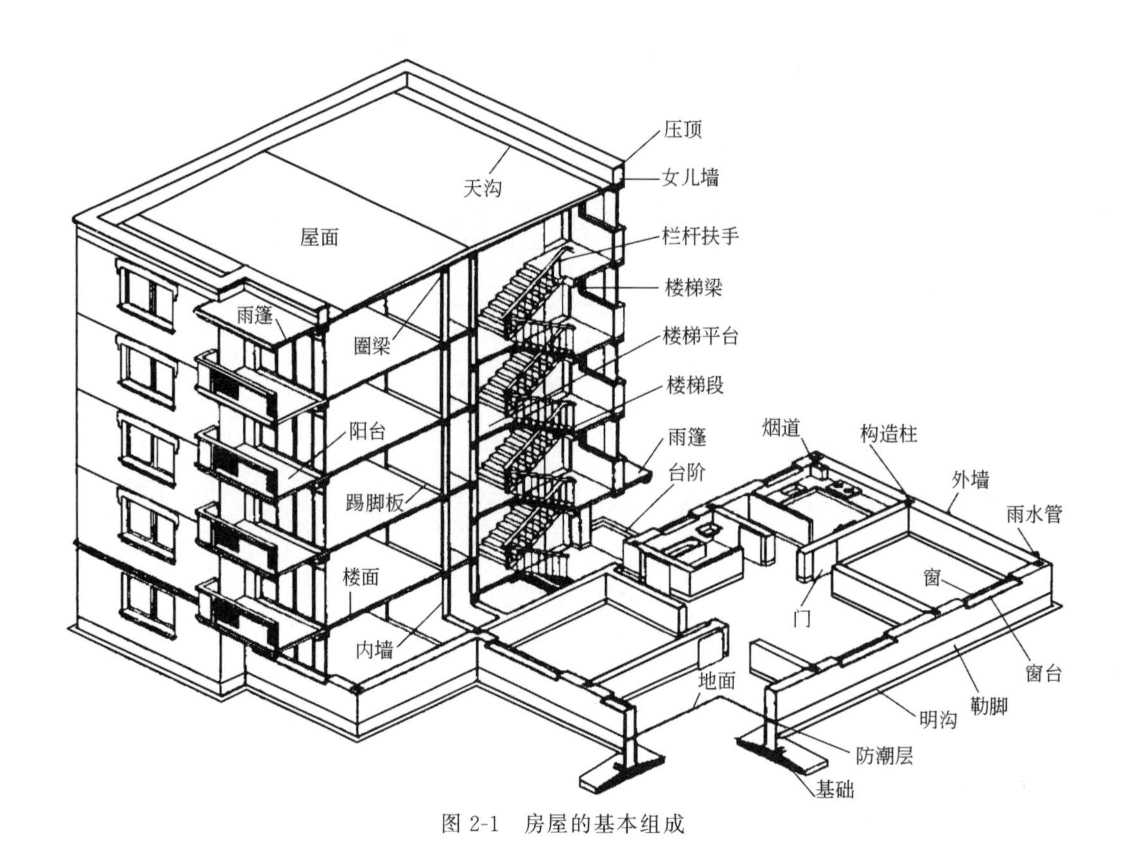

图 2-1 房屋的基本组成

次和住院部的床位数、车库的停车泊位数等。

③ 设计标高。本子项的相对标高与总图绝对标高的关系。

④ 用料说明和室内外装修。

⑤ 对采用新技术、新材料的做法说明及对特殊建筑造型和必要的建筑构造的说明。

⑥ 门窗表及门窗性能（防火、隔声、防护、抗风压、保温、空气渗透、雨水渗透等）、用料、颜色、玻璃、五金件等的设计要求。

⑦ 幕墙工程（包括玻璃、金属、石材等）及特殊的屋面工程（包括金属、玻璃、膜结构等）的性能及制作要求，平面图、预埋件安装图等以及防火、安全、隔声构造。

⑧ 电梯（自动扶梯）选择及性能说明（功能、载重量、速度、停站数、提升高度等）。

⑨ 墙体及楼板预留孔洞需封堵时的封堵方式说明。

（3）建筑施工图（简称建施） 建筑施工图主要表达建筑物的外部形状、内部布置、装饰构造、施工要求等。它包括总平面图、各层平面图、立面图、剖面图以及墙身、楼梯、门、窗等构造详图。

（4）结构施工图（简称结施） 结构施工图主要表达承重结构的构件类型、布置情况及构造做法等。它包括基础平面图、基础详图、结构布置图及各构件的结构详图。

（5）设备施工图（简称设施） 设备施工图一般包括各层上水、消防、下水、热水、空调等平面图，上水、消防、下水、热水、空调等各系统的透视图或各种管道立管详图，厕所、盥洗室、卫生间等局部房间平面详图或局部做法详图，主要设备或管件统计表和设计说明等；各层动力、照明、弱电平面图，动力、照明系统图，弱电系统图，防雷平面图，非标准的配电盘、配电箱、配电柜详图和设计说明等。

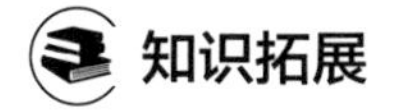

设备施工图

设备施工图又可详细分为给排水施工图（水施）、暖通空调施工图（暖施）、电气施工图（电施）以及燃气施工图（燃施）等不同专业。

（三）常用专业名词

常用名词如表 2-1 所示。

表 2-1 常用名词解释

名称	内容
横向	建筑物的宽度方向
纵向	建筑物的长度方向
横向轴线	平行于建筑物宽度方向设置的轴线，用以确定横向墙体、柱、梁、基础的位置
纵向轴线	平行于建筑物长度方向设置的轴线，用以确定纵向墙体、柱、梁、基础的位置
开间	两相邻横向定位轴线之间的距离
进深	两相邻纵向定位轴线之间的距离
层高	层间高度，即地面至楼面或楼面至楼面的高度
净高	房间的净空高度，即地面至顶棚下皮的高度。它等于层高减去楼地面厚度、楼板厚度和顶棚高度
建筑高度	室外地坪至檐口顶部的总高度
建筑模数	建筑设计中选定的标准尺寸单位。它是建筑物、建筑构配件、建筑制品以及有关设备尺寸相互间协调的基础
基本模数	建筑模数协调统一标准中的基本尺度单位，用符号 M 表示
标志尺寸	用以标注建筑物定位轴线之间的距离（跨度、柱距、层高等）以及建筑制品、建筑构配件、组合件、有关设备位置界限之间的尺寸
构造尺寸	生产、制造建筑构配件、建筑组合件、建筑制品等的设计尺寸。一般情况下，构造尺寸为标志尺寸减去缝隙或加上支承尺寸
实际尺寸	建筑构配件、建筑组合件、建筑制品等生产制作后的实有尺寸。实际尺寸与构造尺寸之间的差数应符合建筑公差的规定
定位轴线	用来确定建筑物主要结构构件位置及其标志尺寸的基准线，同时也是施工放线的基线。用于平面时称平面定位轴线；用于竖向时称为竖向定位轴线
建筑朝向	建筑的最长立面及主要开口部位的朝向
建筑面积	建筑物外包尺寸的乘积再乘以层数，由使用面积、交通面积和结构面积组成
使用面积	主要使用房间和辅助使用房间的净面积
交通面积	走道、楼梯间和门厅等交通设施的净面积
结构面积	墙体、柱子等所占的面积

二、建筑施工图基本要素

（一）标高

（1）绝对标高　在我国，把山东省青岛市黄海平均海平面定为绝对标高的零点，其他各地标高都以它作为基准。

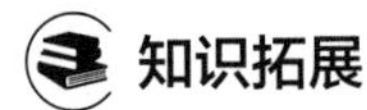

知识拓展

标高

标高是以某点为基准点的高度。数值注写到小数点后三位数字；总平面图中，可注至小数点后两位数字。尺寸单位标高及建筑总平面图以“m”为单位，其余一律以“mm”为单位。标高分为绝对标高和相对标高两种。

(2) 相对标高　除总平面图外，一般都用相对标高，即把房屋底层室内主要地面定为相对标高的零点，写作“±0.000”，读作正负零点零零零，简称正负零。高于它的为正，但一般不注“+”符号；低于它的为“负”，必须注明符号“-”。例如：“-0.150”，表示比底层室内主要地面标高低 0.150m；“6.400”，表示比底层室内主要地面标高高 6.400m。

(二) 尺寸标注

图形上的尺寸标注由尺寸界线、尺寸线、尺寸起止符号和尺寸数字组成（图 2-2）。图样上所标注的尺寸数字是物体的实际大小，与图形的大小无关。平面图中的尺寸，只能反映建筑物的长和宽。

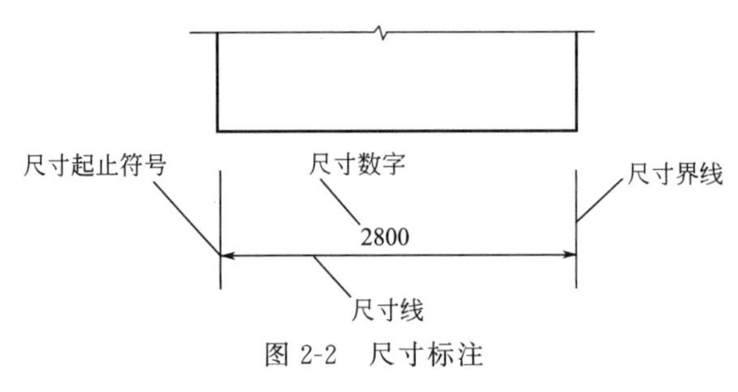

图 2-2　尺寸标注

(三) 索引符号及详图符号

图纸中的某一局部或配件详细尺寸如需另见详图，以表达细部的形状、材料、尺寸等时，以索引符号索引，另外画出详图，即在需要另画详图的部位编上索引符号。

图 2-3 中，“6”是详图编号，详图“6”是索引在 3 号图上，并在所画的详图上编详图编号“6”；皖 92J201 是标准图集编号，“18”是标准图集的第 18 页，“7”是第 18 页的 7 号图。图 2-4 是详图符号。

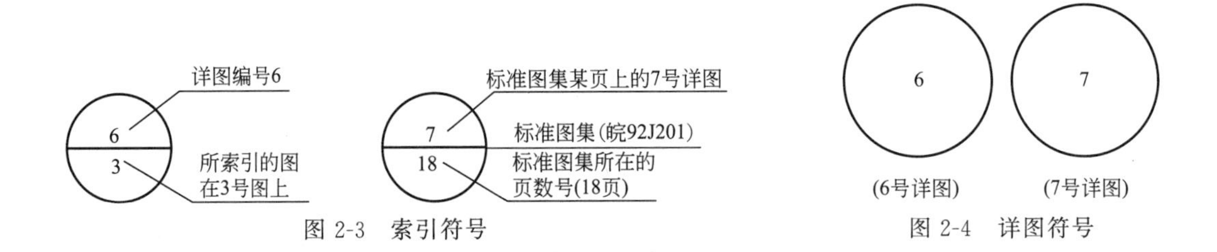

图 2-3　索引符号

图 2-4　详图符号

三、施工图识读流程

在工程造价的过程中，识图的程序是：了解拟建工程的功能→熟悉工程平面尺寸→熟悉工程立面尺寸。

(一) 熟悉拟建工程的功能

图纸到手后，首先了解本工程的功能是什么：是车间还是办公楼？是商场还是宿舍？了解功能之后，再联想一些基本尺寸和装修，例如：厕所地面一般会贴地砖、做块料墙裙，厕所、阳台楼地面标高一般会低几厘米；车间的尺寸一定满足生产的需要，特别是满足设备安装的需要等。最后识读建筑说明，熟悉工程装修情况。

（二）熟悉工程平面尺寸

建筑工程施工平面图一般有三道尺寸，第一道尺寸是细部尺寸，第二道尺寸是轴线间尺寸，第三道尺寸是总尺寸。检查第一道尺寸相加之和是否等于第二道尺寸、第二道尺寸相加之和是否等于第三道尺寸，并留意边轴线是否是墙中心线。识读工程平面图尺寸，先识读建施平面图，再识读本层结施平面图，最后识读水电空调安装、设备工艺、第二次装修施工图，检查它们是否一致。熟悉本层平面尺寸后，审查是否满足使用要求，例如检查房间平面布置是否方便使用、采光通风是否良好等。识读下一层平面图尺寸时，检查与上一层有无不一致的地方。

 **知识拓展**

识图的程序

工程量计算前的看图，要先从头到尾浏览整套图纸，待对其设计意图大概了解后，再选择重点详细看图。

a. 了解建筑物的层数和高度（包括层高和总高）、室内外高差、结构形式、纵向总长及跨度等。

b. 了解工程的材料做法，包括地面、屋面、门窗、内外墙装饰的材料做法。

c. 了解建筑物的墙厚、楼地面面层、门窗、顶棚、内墙饰面等在不同的楼层上有无变化（包括材料做法、尺寸、数量等变化），以便在相关工程量计算时采用不同的计算方法。

（三）熟悉工程立面尺寸

建筑工程建施图一般有正立面图、剖立面图、楼梯剖面图，这些图有工程立面尺寸信息；建施平面图、结施平面图上，一般也标有本层标高；梁表中，一般有梁表面标高；基础大样图、其他细部大样图，一般也有标高注明。通过这些施工图，可掌握工程的立面尺寸。

正立面图一般有三道尺寸，第一道是窗台、门窗的高度等细部尺寸，第二道是层高尺寸，并标注有标高，第三道是总高度。审查方法与审查平面各道尺寸一样，即检查第一道尺寸相加之和是否等于第二道尺寸，第二道尺寸相加之和是否等于第三道尺寸。检查立面图各楼层的标高是否与建施平面图相同，再检查建施的标高是否与结施标高相符。

建施图各楼层标高与结施图相应楼层的标高应不完全相同，因建施图的楼地面标高是工程完工后的标高，而结施图中楼地面标高仅指结构面标高，不包括装修面的高度，同一楼层建施图的标高应比结施图的标高高几厘米。这一点需特别注意，因有些施工图，把建施图标高标在了相应的结施图上，如果不留意，施工中会出错。

熟悉立面图后，主要检查门窗顶标高是否与其上一层的梁底标高相一致；检查楼梯踏步的水平尺寸和标高是否有错，检查梯梁下竖向净空尺寸是否大于 2.1m，是否出现碰头现象；当中间层出现露台时，检查露台标高是否比室内低；检查厕所、浴室楼地面是否低几厘米，若不是，检查有无防溢水措施；最后与水电空调安装、设备工艺、第二次装修施工图相结合，检查建筑高度是否满足功能需要。

第三节 建筑施工图快速识读

一、总平面图识读

总平面图（图 2-5）是用来反映一个工程的总体布局的图，其基本组成有房屋的位置、标高、道路布置、构筑物、地形、地貌等，可作为房屋定位、施工放线及施工总平面图布置的依据。

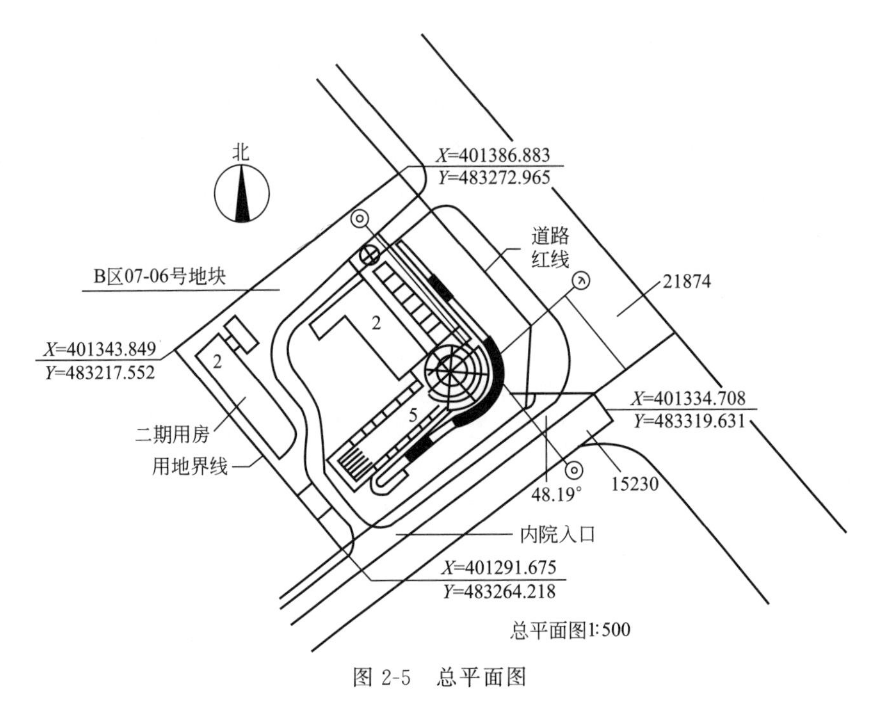

图 2-5　总平面图

（一）总平面图的基本内容

① 图名、比例。总平面图因包括的地方范围较大，所以绘制时一般都用较小的比例，如 1∶2000、1∶1000、1∶500 等。

② 新建建筑所处的地形。若建筑物建在起伏不平的地面上，应画上等高线并标注标高。

③ 新建建筑的具体位置。在总平面图中应详细地表达出新建建筑的定位方式。总平面图确定新建或扩建工程的具体位置，用定位尺寸或坐标确定。定位尺寸一般根据原有房屋或道路中心线来确定；当新建成片的建筑物和构筑物或较大的公共建筑或厂房时，往往用坐标来确定每一建筑物及道路转折点等的位置。施工坐标坐标代号宜用“A、B”表示，若标测量坐标则坐标代号用“X、Y”表示。总平面图上标注的尺寸一律以米为单位，并且标注到小数点后两位。

④ 注明新建房屋底层室内地面和室外整平地面的绝对标高。总平面图会注明新建房屋室内（底层）地面和室外整平地面的标高。总平面图中标高的数值以米为单位，一般注到小数点后两位。图中所注数值，均为绝对标高。

总平面图表明建筑物的层数，在单体建筑平面图角上，画有几个小黑点表示建筑物的层数。对于高层建筑可以用数字表示层数。

⑤ 相邻有关建筑、拆除建筑的大小、位置或范围。

⑥ 附近的地形、地物等，如道路、河流、水沟、池塘、土坡等。

⑦ 指北针或风向频率玫瑰图。总平面图会画上风向频率玫瑰图或指北针，表示该地区的常年风向频率和建筑物、构筑物等的朝向。风向频率玫瑰图是根据当地多年统计的各个方向吹风次数的百分数按一定比例绘制的。风吹方向是指从外面吹向中心。实线是全年风向频率，虚线是夏季风向频率。有的总平面图上也有只画上指北针而不画风向频率玫瑰图的。

⑧ 绿化规划和给排水、采暖管道和电线布置。

（二）总平面图的识读步骤

总平面图的识读步骤如下。

① 看图名、比例及有关文字说明。

② 了解新建工程的总体情况。了解新建工程的性质与总体布置；了解建筑物所在区域的大小和边界；了解各建筑物和构筑物的位置及层数；了解道路、场地和绿化等布置情况。

③ 明确工程具体位置。房屋的定位方法有两种：一种是参照物法，即根据已有房屋或道路定位；另一种是坐标定位法，即在地形图上绘制测量坐标网。

④ 确定新建房屋的标高。看新建房屋首层室内地面和室外整平地面的绝对标高，可知室内外地面的高差以及正负零与绝对标高的关系。

⑤ 明确新建房屋的朝向。看总平面图中的指北针和风向频率玫瑰图可明确新建房屋的朝向和该地区的常年风向频率。有些图纸上只画出单独的指北针。

（三）总平面图识读要点

总平面图的识读要点如下。

① 熟悉总平面图的图例，查阅图标及文字说明，了解工程性质、位置、规模及图纸比例。

② 查看建设基地的地形、地貌、用地范围及周围环境等，了解新建房屋和道路、绿化布置情况。

③ 了解新建房屋的具体位置和定位依据。

④ 了解新建房屋的室内、外高差，道路标高，坡度以及地表水排流情况。

二、建筑平面图识读

建筑平面图（图 2-6）：将房屋用一个假想的水平面，沿窗口（位于窗台稍高一点）的地方水平切开，这个切口下部的图形投影至所切的水平面上，从上往下看到的图形即为该房屋的平面图。

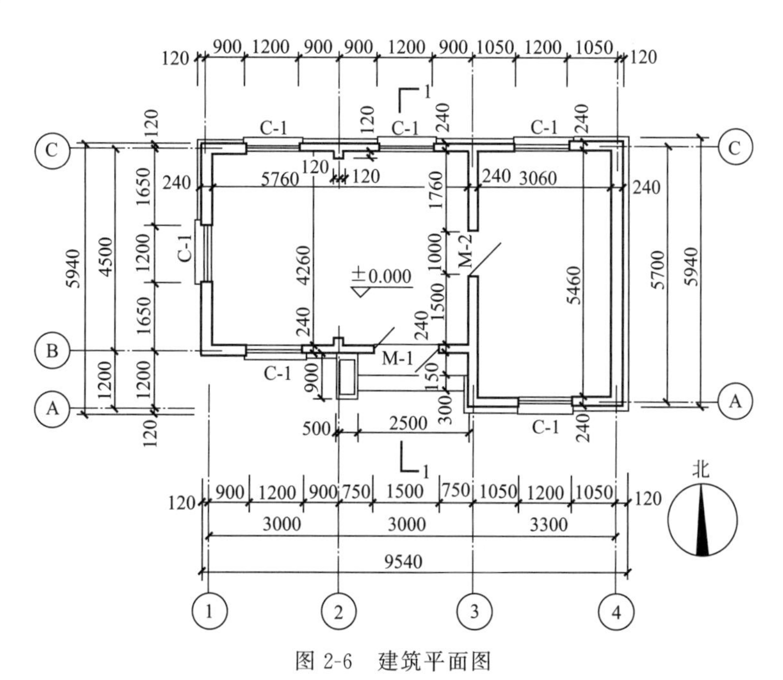

图 2-6　建筑平面图

(一) 平面图的基本内容

① 建筑物平面的形状及总长、总宽等尺寸，房间的位置、形状、大小、用途及相互关系。从平面图的形状与总长、总宽尺寸，可计算出房屋的用地面积。

② 承重墙和柱的位置、尺寸、材料、形状，墙的厚度，门窗的宽度等，以及走廊、楼梯（电梯）、出入口的位置、形式、走向等。

③ 门、窗的编号、位置、数量及尺寸。门窗均按比例画出。门的开启线为45°和90°，开启弧线应在平面图中表示出来。一般图纸上还有门窗数量表。门用M表示，窗用C表示，高窗用GC表示，并采用阿拉伯数字编号，如M1、M2、M3……，C1、C2、C3……，同一编号代表同一类型的门或窗。当门窗采用标准图时，注写标准图集编号及图号。从门窗编号中可知门窗共有多少种，一般情况下，在本页图纸上或前面图纸上附有一个门窗表，列出门窗的编号、名称、洞口尺寸及数量。

④ 室内空间以及顶棚、地面、各个墙面和构件细部做法。

⑤ 标注出建筑物及其各部分的平面尺寸和标高。在平面图中，一般标注三道外部尺寸。最外面的一道尺寸标出建筑物的总长和总宽，表示外轮廓的总尺寸，又称外包尺寸；中间的一道尺寸标出房间的开间及进深尺寸，表示轴线间的距离，称为轴线尺寸；里面的一道尺寸标出门窗洞口、墙厚等尺寸，表示各细部的位置及大小，称为细部尺寸，如图2-7所示。另外，还应标注出某些部位的局部尺寸，如门窗洞口定位尺寸及宽度，以及一些构配件的定位尺寸及形状，如楼梯、搁板、各种卫生设备等。

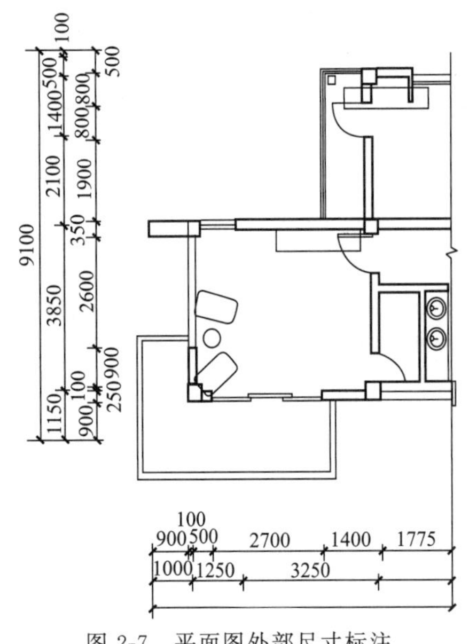

图2-7 平面图外部尺寸标注

⑥ 对于底层平面图，还应标注室外台阶、花池、散水等局部尺寸。

⑦ 室外台阶、花池、散水和雨水管的大小与位置。

⑧ 在底层平面图上画有指北针符号，以确定建筑物的朝向，另外还要画上剖面图的剖切位置，以便与剖面图对照查阅，在需要引出详图的细部处，应画出索引符号。对于用文字说明能表达更清楚的情况，可以在图纸上用文字来进行说明。

⑨ 屋顶平面图上一般应表示出屋顶形状及构配件，包括女儿墙、檐沟、屋面坡度、分水线与雨水口、变形缝、楼梯间、水箱间、天窗、上人孔、消防梯及其他构筑物、索引符号等。

(二) 建筑平面图识图步骤

1. 一层平面图的识读

一层平面图的识读步骤如下。

① 了解平面图的图名、比例及文字说明。

② 了解建筑的朝向、纵横定位轴线及编号。

③ 了解建筑的结构形式。

④ 了解建筑的平面布置、作用及交通联系。

⑤ 了解建筑平面图上的尺寸、平面形状和总尺寸。

⑥ 了解建筑中各组成部分的标高情况。

⑦ 了解房屋的开间、进深、细部尺寸。

⑧ 了解门窗的位置、编号、数量及型号。

⑨ 了解建筑剖面图的剖切位置、索引标志。

⑩ 了解各专业设备的布置情况。

2. 其他楼层平面图的识读

其他楼层平面图包括标准层平面图和顶层平面图，其形成与首层平面图的形成相同。在标准层平面图上，为了简化作图，已在首层平面图上表示过的内容不再表示。识读标准层平面图时，重点应与首层平面图对照异同。

3. 屋顶平面图的识读

屋顶平面图主要反映屋面上天窗、水箱、铁爬梯、通风道、女儿墙、变形缝等的位置以及采用标准图集的代号，屋面排水分区、排水方向、坡度，雨水口的位置、尺寸等内容。在屋顶平面图上，各种构件只用图例画出，用索引符号表示出详图的位置，用尺寸具体表示构件在屋顶上的位置。

（三）建筑平面图识读要点

建筑平面图的识读要点如下。

① 多层房屋的各层平面图，原则上从最下层平面图开始（有地下室时，从地下室平面图开始；无地下室时，从首层平面图开始）逐层读到顶层平面图，且不能忽视全部文字说明。

② 每层平面图，先从轴线间距尺寸开始，记住开间、进深尺寸，再看墙厚和柱的尺寸以及它们与轴线的关系，门窗尺寸和位置等。宜按先大后小、先粗后细、先主体后装修的步骤阅读，最后可按不同的房间，逐个掌握图纸上表达的内容。

③ 认真校核各处的尺寸和标高有无注错或遗漏的地方。

④ 细心核对门窗型号和数量。掌握内装修的各处做法。统计各层所需过梁型号、数量。

⑤ 将各层的做法综合起来考虑，了解上、下各层之间有无矛盾，以便从各层平面图中逐步建立起建筑物的整体概念，并为进一步阅读建筑专业的立面图、剖面图和详图，以及结构专业图打下基础。

三、建筑立面图识读

建筑立面图：建筑物的各个侧面，向它平行的竖直平面所作的正投影，这种投影得到的侧视图，称为立面图。它分为正立面、背立面和侧立面，有时又按朝向分为南立面、北立面、东立面、西立面等。

（一）建筑立面图的基本内容

1. 立面图图面包含的内容

① 注明图名和比例。

② 表明一栋建筑物的立面形状及外貌。

③ 反映立面上门窗的布置、外形以及开启方向。

由于立面图的比例小，因此，立面图上的门窗应按图例立面式样表示，并画出开启方向，如图 2-8 所示。开启线以人站在门窗外侧看，细实线表示外开，细虚线表示内开，线条相交一侧为合页安装边。相同类型的门窗只画出一个或两个完整的图形，其余的只画出单线图形。

2. 立面图的尺寸标注

沿立面图高度方向标注三道尺寸：细部尺寸、层高及总高度。具体内容见表 2-2。

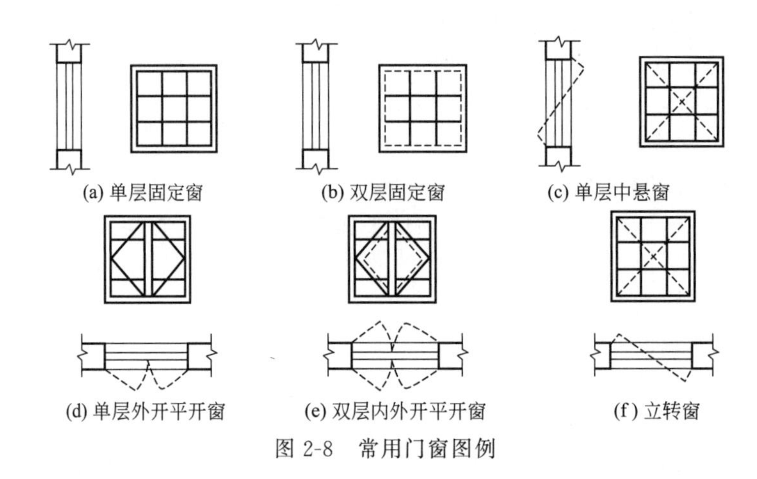

图 2-8 常用门窗图例

表 2-2 立面图标注的具体内容

名称	内容
细部尺寸	最里面一道是细部尺寸，表示室内外地面高差、防潮层位置、窗下墙高度、门窗洞口高度、洞口顶面到上一层楼面的高度、女儿墙或挑檐板高度
层高	中间一道表示层高尺寸，即上下相邻两层楼地面之间的距离
总高度	最外面一道表示建筑物总高，即从建筑物室外地坪至女儿墙压顶(或至檐口)的距离

3. 立面图的标高及文字说明

(1) 标高　标注房屋主要部分的相对标高。建筑立面图中标注标高的部位一般情况下有：室内外地面；出入口平台面；门窗洞的上下口表面；女儿墙压顶面；水箱顶面；雨篷底面；阳台底面或阳台栏杆顶面等。除了标注标高之外，有时还注出一些并无详图的局部尺寸，立面图中的长宽尺寸应该与平面图中的长宽尺寸对应。

(2) 索引符号及必要的文字说明　在立面图中凡是有详图的部位，都应该对应有详图索引符号，而立面面层装饰的主要做法，也可以在立面图中注写简要的文字说明。

(二) 建筑立面图的识读步骤

一般来说，建筑立面图的识读步骤如下。

① 了解图名、比例。

② 了解建筑的外貌。

③ 了解建筑的竖向标高。

④ 了解立面图与平面图的对应关系。

⑤ 了解建筑物的外装修。

⑥ 了解立面图上详图索引符号的位置与其作用。

(三) 建筑立面图识读要点

① 首先应根据图名及轴线编号对照平面图，明确各立面图所表示的内容是否正确。

② 在明确各立面图标明的做法基础上，进一步校核各立面图之间有无不交圈的地方，从而通过阅读立面图建立起房屋外形和外装修的全貌。

四、建筑剖面图识读

为了了解房屋竖向的内部构造，假想一个垂直的平面把房屋切开，移去一部分，对余下的部分向垂直平面作投影，从而得到的剖视图即为该建筑在某一切开处的剖面图。

（一）剖面图的基本内容

剖面图一般包括以下内容。

① 注明图名和比例。

② 表明建筑物从地面至屋面的内部构造及其空间组合情况。

③ 尺寸标注。剖面图的尺寸标注一般有外部尺寸和内部尺寸之分。外部尺寸沿剖面图高度方向标注三道尺寸，所表示的内容同立面图。内部尺寸应标注内门窗高度、内部设备等的高度。

④ 标高。在建筑剖面图中应标注室外地坪、室内地面、各层楼面、楼梯平台等处的建筑标高，屋顶的结构标高。

⑤ 表示各层楼地面、屋面、内墙面、顶棚、踢脚、散水、台阶等的构造做法。表示方法可以采用多层构造引出线标注。若为标准构造做法，则标注做法的编号。

剖面图的标高标注分建筑标高与结构标高两种形式。建筑标高是指各部位竣工后的上（或下）表面的标高；结构标高是指各结构构件不包括粉刷层时的下（或上）皮的标高，表示方法见图 2-9。

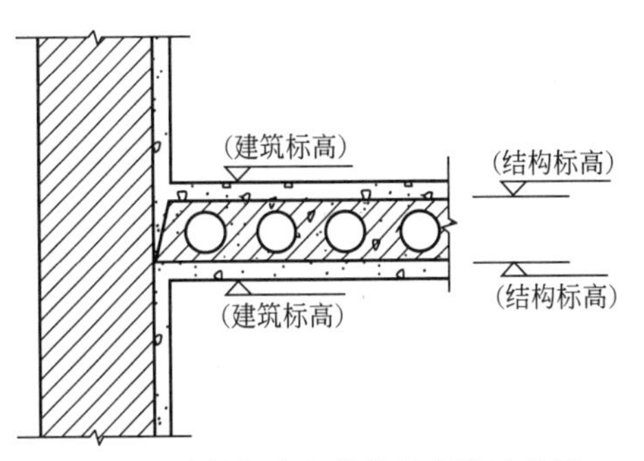

图 2-9　建筑标高与结构标高注法示例

⑥ 表示檐口的形式和排水坡度。檐口的形式有两种，一种是女儿墙，另一种是挑檐，如图 2-10 所示。

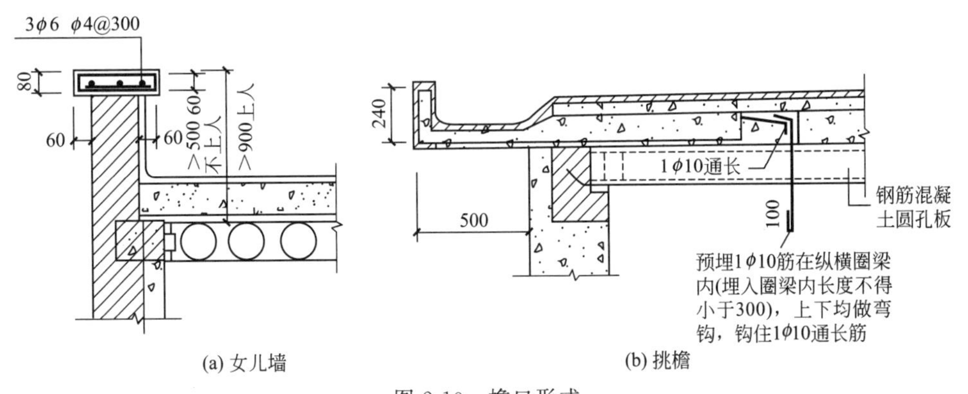

图 2-10　檐口形式

⑦ 在建筑剖面图上另画详图的部位标注索引符号，表明详图的编号及所在位置。

（二）剖面图的识读步骤

剖面图的识读步骤如下。

① 了解图名、比例。

② 了解剖面图与平面图的对应关系。

③ 了解被剖切到的墙体、楼板、楼梯和屋顶。

④ 了解屋面、楼面、地面的构造层次及做法。

⑤ 了解屋面的排水方式。

⑥ 了解可见的部分。

⑦ 了解剖面图上的尺寸标注。

⑧ 了解详图索引符号的位置和编号。

（三）剖面图识读要点

① 按照平面图中标明的剖切位置和剖切方向，校核剖面图所标明的轴线号、剖切的部位和内容与平面图是否一致。

② 校对尺寸、标高是否与平面图、立面图相一致；校对剖面图中内装修做法与材料做法表是否一致。在校对尺寸、标高和材料做法中，加深对房屋内部各处做法的整体概念。

五、建筑详图识读

建筑详图是把房屋的细部或构配件（如楼梯、门窗）的形状、大小、材料和做法等，按正投影原理，用较大比例绘制出的图样，故又叫大样图。它是对建筑平面图、立面图、剖面图的补充。

（一）建筑详图的基本内容

建筑详图所表现的内容相当广泛，可以不受任何限制。只要平、立、剖视图中没有表达清楚的地方都可用详图进行说明。因此，根据房屋的复杂程度、建筑标准的不同，详图的数量及内容也不尽相同。

一般来说，建筑详图包括外墙墙身详图、楼梯详图、卫生间详图、门窗详图以及阳台、雨篷和其他固定设施的详图。建筑详图中需要表明以下内容。

① 详图的名称、图例。

② 详图符号及其编号以及还需要另画详图时的索引符号。

③ 建筑构配件（如门、窗、楼梯、阳台）的形状、详细构造。

④ 细部尺寸等。

⑤ 详细说明建筑物细部及剖面节点（如檐口、窗台等）的形式、做法、用料、规格及详细尺寸。

⑥ 表示施工要求及制作方法。

⑦ 定位轴线及其编号。

⑧ 需要标注的标高等。

（二）外墙身详图识读

外墙身详图实际上是建筑剖面图的局部放大图。它主要表示房屋的屋顶、檐口、楼层、地面、窗台、门窗顶、勒脚、散水等处的构造，以及楼板与墙的连接关系。

外墙身详图的主要内容包括以下几方面。

① 标注墙身轴线编号和详图符号。

② 采用分层文字说明的方法表示屋面、楼面、地面的构造。

③ 表示各层梁、楼板的位置及与墙身的关系。

④ 表示檐口部分例如女儿墙的构造、防水及排水构造。

⑤ 表示窗台、窗过梁（或圈梁）的构造情况。

⑥ 表示勒脚部分例如房屋外墙的防潮、防水和排水的做法。外墙身的防潮层，一般在室内底层地面下 60mm 左右处。外墙面下部有 30mm 厚 1∶3 水泥砂浆，面层为褐色水刷石的勒脚。墙根处有坡度 5%的散水。

⑦ 标注各部位的标高及高度方向和墙身细部的大小尺寸。

⑧ 文字说明各装饰内、外表面的厚度及所用的材料。

（三）楼梯详图识读

楼梯详图一般包括平面图、剖面图及踏步栏杆详图等。它们表示出楼梯的形式，踏步、平台、栏杆的构造、尺寸、材料和做法。楼梯详图分为建筑详图与结构详图，并分别绘制。对于比较简单的楼梯，建筑详图和结构详图可以合并绘制，编入建筑施工图和结构施工图。

1. 楼梯平面图

一般每一层楼都要画一张楼梯平面图。三层以上的房屋，若中间各层的楼梯位置及其梯段数、踏步数和大小相同，通常只画底层、中间层和顶层三个平面图。

楼梯平面图实际是各层楼梯的水平剖面图，水平剖切位置应在每层上行第一梯段及门窗洞口的任一位置处。各层（除顶层外）被剖到的梯段，按《房屋建筑制图统一标准》规定，均在平面图中以一根45°折断线表示。

在各层楼梯平面图中应标注该楼梯间的轴线及编号，以确定其在建筑平面图中的位置。底层楼梯平面图还应注明楼梯剖面图的剖切符号。

平面图中要注出楼梯间的开间和进深尺寸、楼地面和平台面的标高及各细部的详细尺寸。通常把梯段长度尺寸与踏面数、踏面宽的尺寸合写在一起。

2. 楼梯剖面图

假想用一铅垂平面通过各层的一个梯段和门窗洞将楼梯剖开，向另一束剖到的梯段方向投影，所得到的剖面图即为楼梯剖面图。

楼梯剖面图表达出房屋的层数，楼梯梯段数，踏步级数以及楼梯形式，楼地面、平台的构造及与墙身的连接等。

若楼梯间的屋面没有特殊之处，一般可不画。

楼梯剖面图中还应标注地面、平台面、楼面等处的标高和梯段、楼层、门窗洞口的高度尺寸。楼梯高度尺寸注法与平面图梯段长度注法相同。例如16×150＝2400（mm），16为踏步级数，表示该梯段为16级，150mm为踏步高度。

楼梯剖面图中也应标注承重结构的定位轴线及编号。对需画详图的部位注出详图索引符号。

3. 节点详图

楼梯节点详图主要表示栏杆、扶手和踏步的细部构造。

此外，建筑详图还有门窗详图、厨房详图、卫生间详图等各种类型的详图，但是这些详图相对比较简单，一般人参照图纸都能够理解，所以在此不作另外介绍。

第四节　结构施工图快速识读

一、初识结构施工图

（一）结构施工图的内容与作用

1. 房屋结构与结构构件

建筑物的结构按所使用的材料可以分为木结构、砌体结构、混凝土结构、钢结构和混合结构等。建筑结构根据其结构形式，可以分为排架结构、框架结构、剪力墙结构、筒体结构和大跨结构等。其中框架又称为刚架，是目前多层房屋的主要结构形式；剪力墙结构和筒体结构主要用于高层建筑。图 2-11 为混凝土结构示意图。

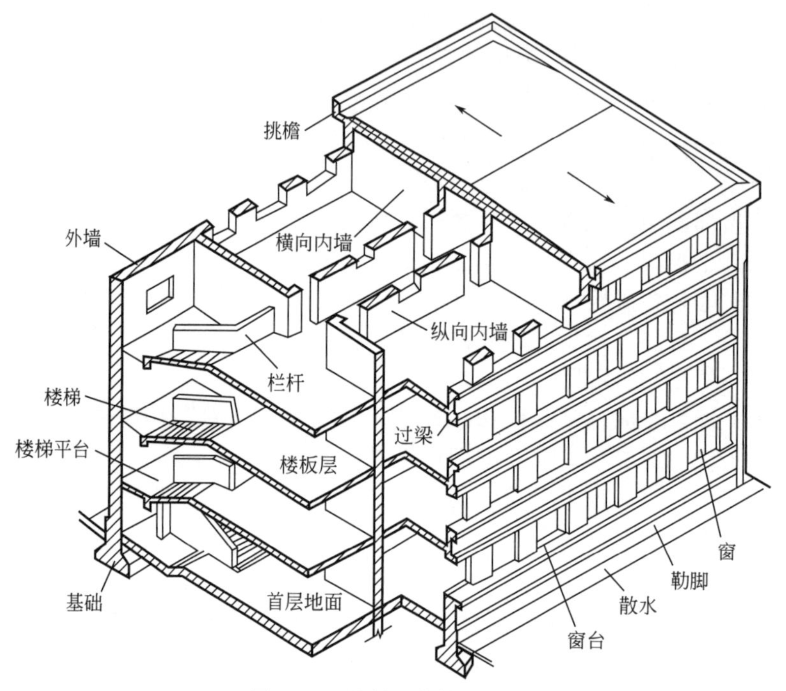

图 2-11 混凝土结构示意图

知识拓展

混合结构

混合结构是指不同部位的结构构件由两种或两种以上结构材料组成的结构，如砌体-混凝土结构、混凝土-钢结构。

2. 结构施工图的作用

房屋结构施工图是表达房屋承重构件（如基础、梁、板、柱及其他构件）的布置、形状、大小、材料、构造及其相互关系的图样，主要用来作为施工放线、开挖基槽、支模板、绑扎钢筋、设置预埋件、浇捣混凝土和安装梁、板、柱等构件及编制预算和施工组织计划等的依据。

3. 结构施工图内容

结构施工图的具体内容如表 2-3 所示。

表 2-3 结构施工图的具体内容

名称	内容
结构设计说明	结构设计说明是带全局性的文字说明，内容包括：抗震设计与防火要求，材料的选型、规格、强度等级，地基情况，施工注意事项，选用标准图集等
结构平面布置图	结构平面布置图包括基础平面图、楼层结构平面布置图、屋面结构平面图等
构件详图	构件详图内容包括梁、板、柱及基础结构详图、楼梯结构详图、屋架结构详图和其他详图（天窗、雨篷、过梁等）

(二) 结构施工图常用构件代号

为了图示简明扼要，便于查阅、施工，在结构施工图中，常用规定的代号来表示结构构件。构件的代号通常以构件名称的汉语拼音第一个大写字母表示，如表 2-4 所示。

表 2-4　结构施工图常用构件代号

序号	名称	代号	序号	名称	代号	序号	名称	代号
1	板	B	19	圈梁	QL	37	承台	CT
2	屋面板	WB	20	过梁	GL	38	设备基础	SJ
3	空心板	KB	21	连系梁	LL	39	桩	ZH
4	槽型板	CB	22	基础梁	JL	40	挡土墙	DQ
5	折板	ZB	23	楼梯梁	TL	41	地沟	DG
6	密肋板	MB	24	框架梁	KL	42	柱间支撑	ZC
7	楼梯板	TB	25	框支梁	KZL	43	垂直支撑	CC
8	盖板或沟盖板	GB	26	屋面框架梁	WKL	44	水平支撑	SC
9	挡雨板、檐口板	YB	27	檩条	LT	45	梯	T
10	吊车安全走道板	DB	28	屋架	WJ	46	雨篷	YP
11	墙板	QB	29	托架	TJ	47	阳台	YT
12	天沟板	TGB	30	天窗架	CJ	48	梁垫	LD
13	梁	L	31	框架	KJ	49	预埋件	M—
14	屋面梁	WL	32	刚架	GJ	50	天窗端壁	TD
15	吊车梁	DL	33	支架	ZJ	51	钢筋网	W
16	单轨吊车梁	DDL	34	柱	Z	52	钢筋骨架	G
17	轨道连接	DGL	35	框架柱	KZ	53	基础	J
18	车挡	CD	36	构造柱	GZ	54	暗柱	AZ

注：1. 预制钢筋混凝土构件、现浇钢筋混凝土构件、钢构件和木构件，一般可直接采用本表中的构件代号。在设计中，当需要区别上述构件种类时，应在图纸中加以说明。
2. 预应力钢筋混凝土构件代号，应在构件代号前加注“Y”，如 Y-KB 表示预应力钢筋混凝土空心板。

(三) 结构施工图中钢筋识读

1. 常用钢筋符号

常用钢筋符号表示如表 2-5 所示。

表 2-5　普通钢筋强度标准值

种类	符号	常用直径/mm	钢筋等级
HPB300(Q300)	Φ	8～20	Ⅰ
HRB335(20MnSi)	Φ	6～50	Ⅱ
HRB400(20MnSiV、20MnSiNb、20MnTi)	Φ	6～50	Ⅲ
RRB400(K20MnSi)	$Φ^R$	8～40	Ⅳ

2. 钢筋的标注

钢筋的直径、根数及相邻钢筋中心距在图样上一般采用引出线方式标注，其标注形式有下面两种。

① 标注钢筋的根数和直径，如图 2-12 所示。
② 标注钢筋的直径和相邻钢筋中心距，如图 2-13 所示。

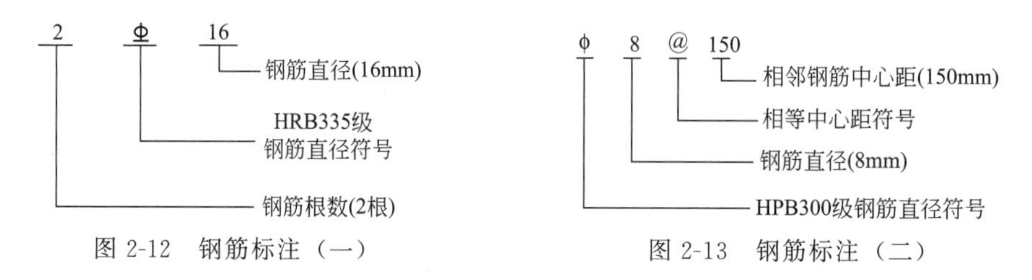

图 2-12　钢筋标注（一）　　图 2-13　钢筋标注（二）

3. 构件中钢筋的名称

配置在钢筋混凝土结构中的钢筋（图 2-14），按其作用可分为以下几种。

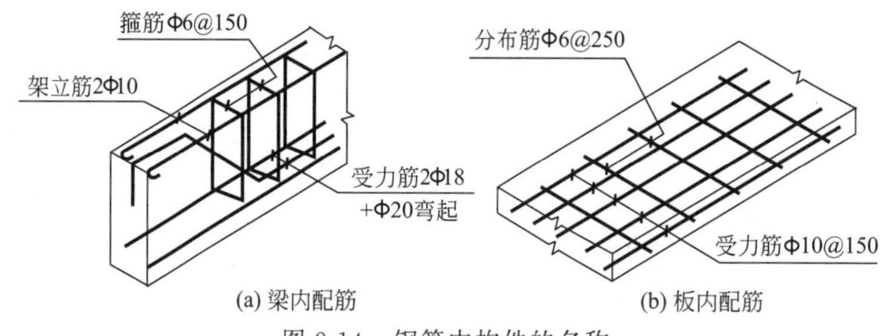

图 2-14　钢筋中构件的名称

（1）受力筋　承受拉、压应力的钢筋。配置在受拉区的称受拉钢筋；配置在受压区的称受压钢筋。受力筋还分为直筋和弯起筋两种。

（2）箍筋　承受部分斜拉应力，并固定受力筋的位置。

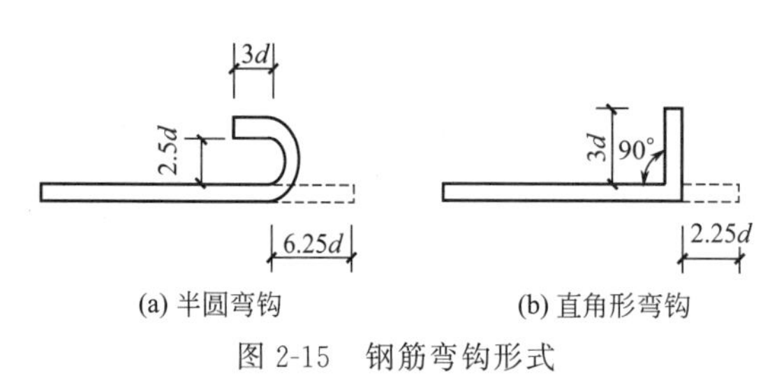

图 2-15　钢筋弯钩形式

（3）架立筋　用于固定梁内钢箍位置；与受力筋、钢箍一起构成钢筋骨架。

（4）分布筋　用于板内，与板的受力筋垂直布置，并固定受力筋的位置。

当受力钢筋为 HPB300 级钢筋时，钢筋的端部设弯钩，以加强与混凝土的握裹力，如图 2-15 所示；如果是带肋钢筋，端部不必设弯钩。

（5）构造筋　因构件构造要求或施工安装需要而配置的钢筋，如腰筋、预埋锚固筋、吊环等。

4. 钢筋与接头表示方法

钢筋的一般表示方法与接头见表 2-6～表 2-8。

表 2-6　普通钢筋的一般表示法

序号	名称	图例	说明
1	钢筋横断面	●	—
2	无弯钩的钢筋端部	[图例]	下图表示长、短钢筋投影重叠时，短钢筋的端部用 45°斜划线表示
3	带半圆形弯钩的钢筋端部	[图例]	—
4	带直钩的钢筋端部	[图例]	—

续表

序号	名称	图例	说明
5	带丝扣的钢筋端部		—
6	无弯钩的钢筋搭接		—
7	带半圆弯钩的钢筋搭接		—
8	带直钩的钢筋搭接		—
9	花篮螺丝钢筋接头		—
10	机械连接的钢筋接头		用文字说明机械连接的方式

表 2-7 预应力钢筋的表示方法

序号	名称	图例
1	预应力钢筋或钢绞线	
2	后张法预应力钢筋断面 无黏结预应力钢筋断面	
3	单根预应力钢筋断面	
4	张拉端锚具	
5	固定端锚具	
6	锚具的端视图	
7	可动联结件	
8	固定联结件	

表 2-8 钢筋焊接接头标注方法

名称	接头形式	标注方法	名称	接头形式	标注方法
单面焊接的钢筋接头			接触对焊(闪光焊)的钢筋接头		
双面焊接的钢筋接头			坡口平焊的钢筋接头	60° b	60° b
用帮条单面焊接的钢筋接头					
用帮条双面焊接的钢筋接头			坡口立焊的钢筋接头	b 45°	45° b

5. 钢筋的尺寸标注

受力钢筋的尺寸按外尺寸标注，箍筋的尺寸按内尺寸标注，如图 2-16 所示。

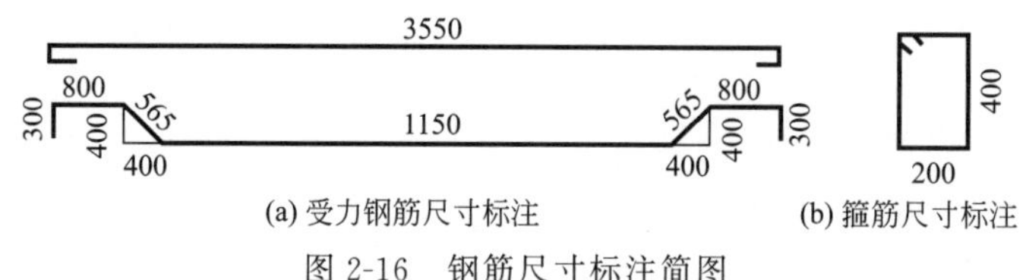

图 2-16　钢筋尺寸标注简图

6. 钢筋的混凝土保护层

为防止钢筋锈蚀，加强钢筋与混凝土的黏结力，在构件中的钢筋外缘到构件表面应保持一定的厚度，该厚度称为保护层。确定保护层的厚度应查阅设计说明。当设计无具体要求时，保护层厚度应不小于钢筋直径，并应符合表 2-9 的要求。

表 2-9　钢筋混凝土保护层厚度　　单位：mm

环境与条件	构件名称	混凝土强度等级		
		低于 C25	C25 及 C30	高于 C30
室内正常环境	板、墙、壳	15		
	梁和柱	25		
露天或室内高湿度环境	板、墙、壳	35	25	15
	梁和柱	45	35	25
有垫层	基础	35		
无垫层		70		

（四）结构施工图的识读要点

1. 方法和顺序

看图纸必须掌握正确的方法，如果没有掌握看图方法，往往抓不住要点，分不清主次，其结果必然收效甚微。看图的实践经验告诉我们，看图的方法一般是先要弄清楚图纸的特点。从看图经验归纳的顺口溜是：“从上往下看、从左往右看、从里向外看、由大到小看、由粗到细看，图样与说明对照看，建筑与结施图结合看。”有必要时还要把设备图拿来参照看，这样才能得到较好的看图效果。但是由于图面上的各种线条纵横交错，各种图例、符号繁多，对初学者来说，开始看图时必须要有耐心，认真细致，并要花费较长的时间，才能把图看明白。

看图顺序是，先看设计总说明，以了解建筑概况、技术要求等，然后看图。一般按目录的排列逐张往下看，如先看建筑总平面图，了解建筑物的地理位置、高程、坐标、朝向以及与建筑物有关的一些其他情况。

看完建筑总平面图之后，则一般先看建筑施工图中的建筑平面图，从而了解房屋的长度、宽度、轴线间尺寸、开间大小、内部一般布局等。看了平面图之后再看立面图和剖面图，从而达到对该建筑物有一个总体的了解。

在对每张图纸经过初步全面的看阅之后，在对建筑，结构，水、电设备大致了解之后，可以再回过头来根据施工程序的先后，从基础施工图开始一步步深入看图。

先从基础平面图、剖面图了解挖土的深度，从基础的构造、尺寸、轴线位置等开始仔细地看图。按照基础－结构－建筑－设备（包括各类详图）这个施工程序进行看图，遇到问题可以记下来，以便在继续看图中得到解决，或到设计交底时再提出问题。

在看基础施工图时，还应结合看地质勘探图，了解土质情况，以便施工中核对土质构造，保证地基土的质量。

在图纸全部看完之后，可按不同工种有关的施工部分，将图纸再细读，如：砌砖工序中要了解墙多厚、多高，门、窗洞口多大，是清水还是浑水墙，窗口有没有出檐，用什么过梁等。木工工序中就关心哪儿要支模板，如现浇钢筋混凝土梁、柱，就要了解梁、柱的断面尺寸、标高、长度、高度等；除结构之外，木工工序还要了解门窗的编号、数量、类型和建筑商有关的木装饰图纸。钢筋工序中则凡是有钢筋的地方，都要看细才能配料和绑扎。

通过看图纸，详细了解要施工的建筑物，在必要时边看图边做笔记，记下关键的内容，以免忘记时可以备查。这些关键的东西是轴线尺寸，开间尺寸，层高，楼高，主要梁、柱的截面尺寸、长度、高度，混凝土强度等级，砂浆强度等级等。当然在施工中无法看一次图就将建筑物全部记住，还要结合每个工序再仔细看与施工时有关的部分图纸。总之，能做到按图施工无差错，才算把图纸看懂了。

2. 看图的要点

看图要点的具体内容如下。

① 了解基础深度、开挖方式（图纸上未注明开挖方式的，结合施工方案确定）以及基础、墙体的材料做法。

② 了解结构设计说明中涉及工程量计算的条款内容，以便在工程量计算时，全面领会图纸的设计意图，避免重算或漏算。

③ 了解构件的平面布置及节点图的索引位置，以免在计算时乱翻图纸查找，浪费时间。

④ 对砖混结构要弄清圈梁有几种截面高度，具体分布在哪些墙体部位，内外墙圈梁宽度是否一致，以便在混凝土体积计算时，确定是否需要分别不同宽度计算。

⑤ 弄清挑檐、阳台、雨篷的墙内平衡梁与相交的连梁或圈梁的连接关系，以便在计算时做到心中有数。

二、基础图识读

基础是建筑物的重要组成部分，它承受建筑物的全部荷载，并将其传给地基。基础的构造形式一般包括条形基础、独立基础、桩基础、箱形基础、筏形基础等。图 2-17 为条形基础组成示意图。

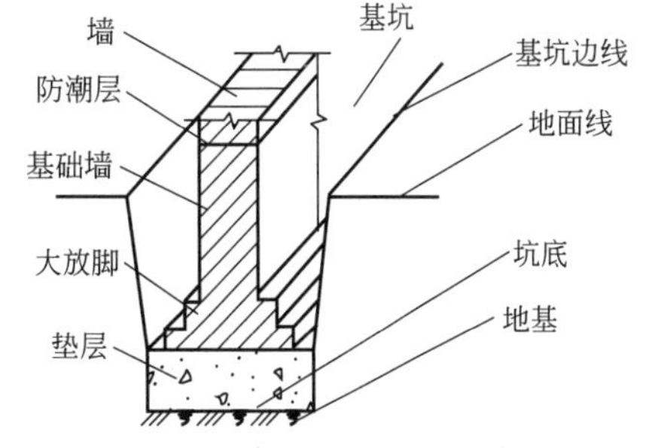

图 2-17 条形基础组成示意图

（一）基础图的基本内容

基础图是表示建筑物相对标高±0.000 以下基础的平面布置、类型和详细构造的图样。它是施工放线、开挖基槽或基坑、砌筑基础的依据。它一般包括基础平面图、基础详图和说明三部分。

知识拓展

基础平面图

在基础平面图中应表示出墙体轮廓线、基础轮廓线、基础的宽度和基础剖面图的位置，标注定位轴线和定位轴线之间的距离。基础剖面图应包括全部不同基础的剖面图。图中应正向反映剖切位置处基础的类型、构造和钢筋混凝土基础的配筋情况，所用材料的强度以及钢筋的种类、数量和布置方式等。应详尽标注各部分尺寸。

（二）基础图的识读步骤

阅读基础图时，首先看基础平面图，再看基础详图。

1. 识读基础平面图

识读基础平面图的步骤及方法如下。

① 轴线网。对照建筑平面图查阅轴线网，二者必须一致。

② 基础墙的厚度、柱的截面尺寸。识读它们与轴线的位置关系。

③ 基础底面尺寸。对于条形基础，基础底面尺寸就是指基础底面宽度；对于独立基础，基础底面尺寸就是指基础底面的长和宽。

④ 管沟的宽度及分布位置。

⑤ 墙体留洞位置。

⑥ 断面剖切符号。阅读剖切符号，明确基础详图的剖切位置及编号。

2. 识读基础详图

识读基础详图的步骤及方法如下。

① 看图名、比例。从基础的图名或代号和轴线编号，对照基础平面图，依次查阅，确定基础所在位置。

② 看基础的断面形式、大小、材料以及配筋。

③ 看基础断面图中基础梁的高、宽尺寸或标高以及配筋。

④ 看基础断面图的各部分详细尺寸。注意大放脚的做法、垫层厚度，圈梁的位置和尺寸、配筋情况等。

⑤ 看管线穿越洞口的详细做法。

⑥ 看防潮层位置及做法。了解防潮层与正负零之间的距离及所用材料。

⑦ 阅读标高尺寸。通过室内外地面标高及基础底面标高，可以计算出基础的高度和埋置深度。

（三）基础图识读要点

基础图识读的要点如下。

① 基础图的识读顺序一般是根据结构类型，从下到上看。

② 在识读基础图时，要注意基础所用的材料细节。

③ 在识读基础图时，要确认并核实基础埋置深度、基础底面标高，基础类型、轴线尺寸、基础配筋、圈梁的标高、基础预留空洞位置及标高等数据，并与其他结构施工图对应起来看。

④ 识读基础图时，要核实基础的标高是否与建筑图相矛盾，平面尺寸是否和建筑图相符，构造柱、独立柱等的位置是否与平面图、结构图相一致。

⑤ 确认基础埋置深度是否符合施工现场的实际情况等。

三、结构平面图识读

建筑物结构平面图（图 2-18）反映所有梁所形成的梁网，相关的墙、柱和板等构件的相对位置，以及板的类型、梁的位置和代号，钢筋混凝土现浇板的配筋方式和钢筋编号、数量，标注定位轴线及开间、进深、洞口尺寸和其他主要尺寸等。

（一）结构平面图内容

建筑物结构平面图一般包括结构平面布置图，局部剖面详图，构件统计表、构件钢筋配筋标注和设计说明等。

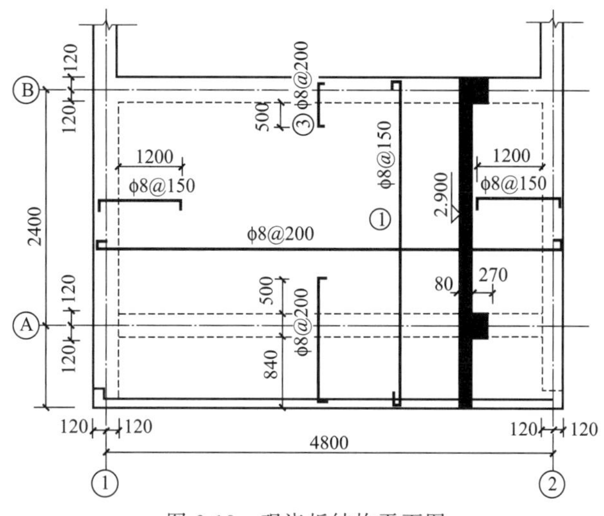

图 2-18 现浇板结构平面图

1. 楼层结构平面图

在楼层结构平面图中，应主要表示以下内容。

① 图名和比例。比例一般采用 1∶100，也可以用 1∶200。

② 轴线及其编号和轴线间尺寸。

③ 预制板的布置情况和板宽、板缝尺寸。

④ 现浇板的配筋情况。

⑤ 墙体、门窗洞口的位置，预留洞口的位置和尺寸。门窗洞口宽用虚线表示，在门窗洞口处，注明预制钢筋混凝土过梁的数量和代号，如 1GL10.3，或现浇过梁的编号 GL1、GL2 等。

⑥ 各节点详图的剖切位置。

⑦ 圈梁的平面布置。一般用粗点划线画出圈梁的平面位置，并用 QL1 等这样的编号标注，圈梁断面尺寸和配筋情况通常配以断面详图表示。

2. 平屋顶结构平面图

其表示方法与楼层结构平面图基本相同。不过有几个地方在识读时需要注意。

① 一般屋面板应有上人孔或设有出屋面的楼梯间和水箱间。

② 屋面上的檐口设计为挑檐时，应有挑檐板。

③ 屋面设有上人楼梯间时，原来的楼梯间位置应设计有屋面板，而不再是楼梯的梯段板。

④ 有烟道、通风管道等出屋面的构造时，应有预留孔洞。

⑤ 若采用结构找坡的平屋面，则平屋面上应有不同的标高，并且以分水线为最高处，天沟或檐沟内侧的轴线上为最低处。

3. 局部剖面详图

在结构平面图中，鉴于比例的关系，往往无法把所有结构内容全部表达清楚，尤其是局部较复杂或重点的部分更是如此。因此，必须采用较大比例的图形加以表述，这就是所谓的局部剖面详图。它主要用来表示砌体结构平面图中梁、板、墙、柱和圈梁等构件之间的关系及构造情况，例如板搁置于墙上或梁上的位置、尺寸，施工的方法等。

4. 构件统计表与设计说明

为了方便识图，在结构平面图中设置有构件表，在该表中列出所有构件的序号、构造尺寸、数量以及构件所采用的通用图集的编号、名称等。

在结构设计中，难以用图形表达，或根本不能用图形表达者，往往采用文字说明的方式表达；在结构局部详图设计说明中对施工方法和材料等提出具体要求。

(二) 结构平面图的识读步骤

这里以现浇板为例介绍结构平面图的识读步骤，具体内容如下。

① 查看图名、比例。

② 校核轴线编号及间距尺寸，与建筑平面图的定位轴线必须一致。

③ 阅读结构设计总说明或有关说明，确定现浇板的混凝土强度等级。

④ 明确现浇板的厚度和标高。

⑤ 明确板的配筋情况，并参阅说明，了解未标注分布筋的情况。

(三) 结构平面图识读要点

结构平面图识读要点如下。

① 建筑平面图主要表示建筑各部分功能布置情况，位置尺寸关系等情况；而结构平面图主要表示组成建筑内部的各个构件的结构尺寸、配筋情况、连接方式等。

② 对照建筑图，核实柱网、轴线号。

③ 弄清楚墙厚度、柱子尺寸与轴线的关系。

④ 注意墙、柱变截面。

⑤ 统计梁的编号，应标注齐全、准确；梁的截面尺寸、宽度，标明与轴线的关系，居中或偏心与柱齐一般不标注，只是做统一说明。

⑥ 看得见的构件边线一般用细实线，看不见的则用虚线。剖到的结构构件断面一般涂黑。

⑦ 楼板标高有变化处，一般有小剖面表示标高变化情况。

⑧ 注意特殊的板的厚度尺寸。当大部分板厚度相同时，一般只标出特殊的板厚，其余的用文字说明。

⑨ 掌握伸缩缝、沉降缝、防震缝后浇带的位置、尺寸。

⑩ 在结构平面图中，一定要弄清楚所有预留洞、预埋件的标注数据。在后期施工过程中不同工种的施工预留、预埋配合，往往在附注中或总说明中会有说明。

四、结构详图识读

钢筋混凝土构件结构详图主要是表明构件内部的形状、大小、材料、构造及连接关系等，它的图示特点是假定混凝土是透明体，构件内部的配筋则一目了然，因此，结构详图也叫配筋图。

(一) 结构详图内容

钢筋混凝土构件结构详图的主要内容有：

① 构件名称或代号、绘制比例；

② 构件定位轴线及其编号；

③ 构件的形状、尺寸、配筋和预埋件；

④ 钢筋的直径、尺寸和构件底面的结构标高；

⑤ 施工说明等。

(二) 结构详图识图要点

结构详图识图要点如下。

① 核实清楚构件编号，构件一般在剖面上有完整的表达。

② 弄清楚配筋种类和型号。

③ 确认每一个详图细部尺寸。

④ 弄清楚详图中标注的构造做法等。

⑤ 确认不同楼梯的形式（折板、平板等板式及梁式），核实净高。这里需要注意，有时候由于建筑考虑因素不全，净高不能满足。

⑥ 通过设计文字说明弄清楚混凝土等级及分布筋等情况。

第五节　建筑水暖电施工图快速识读

建筑水暖电施工图快速识读相关内容详见二维码中文件。

扫码看文件

建筑水暖电施工图快速识读

第三章

建筑工程工程量计算规则与实例

第一节　建筑工程工程量计算基础知识

一、工程量的含义

工程量是指以物理计量单位或自然计量单位所表示的分部分项工程项目和措施项目的数量。

 **知识拓展**

物理计量单位与自然计量单位

物理计量单位是指以公制度量表示的长度、面积、体积和重量等计量单位。自然计量单位指建筑成品表现在自然状态下的简单点数所表示的个、条、樘、块等计量单位。

二、工程量计算的依据、原则和顺序

1. 工程量计算的依据

① 经审定的施工设计图纸及其说明。

② 工程施工合同、招标文件的商务条款。

③ 经审定的施工组织设计（项目管理实施规划）或施工技术措施方案。施工图纸主要表现拟建工程的实体项目，分项工程的具体施工方法及措施，应按施工组织设计（项目管理实施规划）或施工技术措施方案确定。

④ 工程量计算规则。工程量计算规则是规定在计算工程实物数量时，从设计文件和图纸中摘取数值的取定原则的方法。

⑤ 经审定的其他有关技术经济文件。

2. 工程量计算的原则

① 列项要正确，要严格按照规范或有关定额规定的工程量计算规则计算工程量，避免错算。

② 工程量计量单位必须与工程量计算规范或有关定额中规定的计量单位相一致。

③ 根据施工图列出的工程量清单项目的口径必须与工程量计算规范中相应清单项目的口径相一致。

④ 按图纸，结合建筑物的具体情况进行计算。

⑤ 工程量计算精度要统一，要满足规范要求。

3. 工程量计算的顺序

（1）单位工程计算顺序　一般按计价规范清单列项顺序计算，即按照计价规范上的分章

或分部分项工程顺序计算工程量。

（2）单个分部分项工程计算顺序

① 按照顺时针方向计算法，即先从平面图的左上角开始，自左至右，然后再由上而下，最后转回到左上角为止，这样按顺时针方向转圈依次进行计算。

② 按“先横后竖、先上后下、先左后右”计算。

③ 按图纸分项编号顺序计算法，即按照图纸上所注结构构件、配件的编号顺序进行计算。

注：按一定顺序计算工程量的目的是防止漏项少算或重复多算的现象发生，具体方法可因具体情况而异。

三、工程量计算的方法

运用统筹法计算工程量，就是分析工程量计算中各分部分项工程量计算之间的固有规律和相互之间的依赖关系，运用统筹法原理和统筹图图解来合理安排工程量的计算程序，以达到节约时间、简化计算、提高工效，为及时准确地编制工程预算提供科学数据的目的。

1. 基本要点

（1）统筹程序，合理安排 工程量计算程序的安排是否合理，关系着计量工作的效率高低、进度快慢。按施工顺序计算工程量，往往不能充分利用数据间的内在联系而造成重复计算，浪费时间和精力，有时还容易出现计算差错。

（2）利用基数，连续计算 就是以“线”或“面”为基数，利用连乘或加减，算出与它有关的分部分项工程量。

（3）一次算出，多次使用 在工程量计算过程中，往往有一些不能用“线”“面”基数进行连续计算的项目，如木门窗、屋架、钢筋混凝土预制标准构件等。

（4）结合实际，灵活机动 用“线”“面”“册”计算工程量，是一般常用的工程量基本计算方法，实践证明，它在一般工程上完全可以利用。但在特殊工程上，由于基础断面、墙厚、砂浆强度等级和各楼层的面积不同，就不能完全用“线”或“面”的一个数作为基数，而必须结合实际灵活地计算。一般常遇到的几种情况及采用的方法如下：

① 分段计算法。若基础断面不同，在计算基础工程量时，应分段计算。

② 分层计算法。如遇多层建筑物，在各楼层的建筑面积或砌体砂浆强度等级不同时，均可分层计算。

③ 补加计算法。即在同一分项工程中，遇到局部外形尺寸或结构不同时，为便于利用基数进行计算，可先将其看作相同条件计算，然后再加上多出部分的工程量。

④ 补减计算法。与补加计算法相似，只是在原计算结果上减去局部不同部分工程量。

2. 统筹图

运用统筹法计算工程量，就是要根据统筹法原理对计价规范中清单列项和工程量计算规则，设计出计算工程量程序统筹图。

统筹图以“三线一面”作为基数，连续计算与之有共性关系的分部分项工程量，而与基数无共性关系的分部分项工程量则用“册”或图示尺寸进行计算。

① 统筹图主要由计算工程量的主次程序线、基数、分部分项工程量计算式及计算单位组成。主要程序线是指在“线”“面”基数上连续计算项目的线，次要程序线是指在分部分项项目上连续计算的线。

② 统筹图的计算程序安排原则：共性合在一起，个性分别处理；先主后次，统筹安排；独立项目单独处理。

③ 用统筹法计算工程量的步骤，如图 3-1 所示。

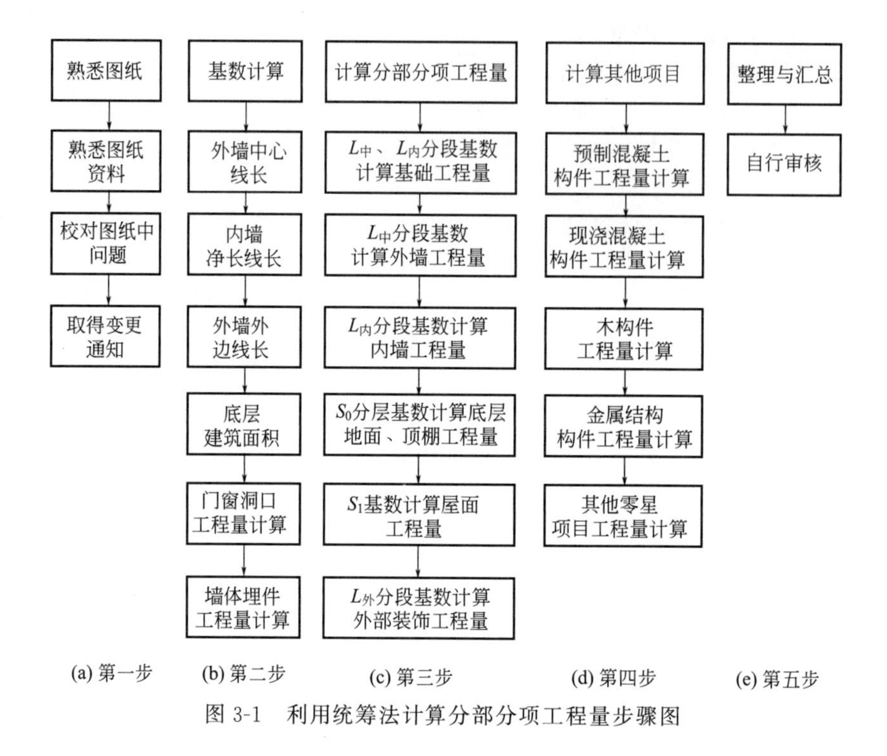

图 3-1 利用统筹法计算分部分项工程量步骤图

四、分部分项工程项目划分

1. 建筑工程分部分项工程划分

根据《建设工程工程量清单计价规范》(GB 50500—2013)的规定，建筑工程划分为17个分部工程：土石方工程，地基处理与边坡支护工程，桩基工程，砌筑工程，混凝土及钢筋混凝土工程，金属结构工程，木结构工程，门窗工程，屋面及防水工程，保温、隔热、防腐工程，楼地面装饰工程，墙、柱面装饰与隔断、幕墙工程，天棚工程，油漆、涂料、裱糊工程，其他装饰工程，拆除工程，措施项目。

每个分部工程又分为若干分项工程，例如桩基工程分为打桩和灌注桩两个分项工程。建筑工程的分部分项工程项目划分具体可以参见表3-1。

表 3-1 建筑工程分部分项划分

序号	分部工程名称	分项工程名称
1	土石方工程	1. 土方工程 2. 石方工程 3. 回填
2	地基处理与边坡支护工程	1. 地基处理 2. 基坑与边坡支护
3	桩基工程	1. 桩基工程 2. 灌注桩
4	砌筑工程	1. 砖砌体 2. 砌块砌体 3. 石砌体 4. 垫层

续表

序号	分部工程名称	分项工程名称
5	混凝土及钢筋混凝土工程	1. 现浇混凝土基础 2. 现浇混凝土柱 3. 现浇混凝土梁 4. 现浇混凝土墙 5. 现浇混凝土板 6. 现浇混凝土楼梯 7. 现浇混凝土其他构件 8. 后浇带 9. 预制混凝土柱 10. 预制混凝土梁 11. 预制混凝土屋架 12. 预制混凝土板 13. 预制混凝土楼梯 14. 其他预制构件 15. 钢筋工程 16. 螺栓、铁件
6	金属结构工程	1. 钢网架 2. 钢屋架、钢托架、钢桁架、钢架桥 3. 钢柱 4. 钢梁 5. 钢板楼板、墙板 6. 钢构件 7. 金属制品
7	木结构工程	1. 木屋架 2. 木构件 3. 屋面木基层
8	门窗工程	1. 木门 2. 金属门 3. 金属卷帘(闸门) 4. 厂库房大门、特种门 5. 其他门 6. 木窗 7. 金属窗 8. 门窗套 9. 窗台板 10. 窗帘、窗帘盒、轨
9	屋面及防水工程	1. 瓦、型材及其他屋面 2. 屋面防水及其他 3. 墙面防水、防潮 4. 楼(地)面防水、防潮
10	保温、隔热、防腐工程	1. 保温、隔热 2. 防腐面层 3. 其他防腐
11	楼地面装饰工程	1. 整体面层及找平 2. 块料面层 3. 橡塑面层 4. 其他材料面层 5. 踢脚线 6. 楼梯面层 7. 台阶装饰 8. 零星装饰项目

续表

序号	分部工程名称	分项工程名称
12	墙、柱面装饰与隔断、幕墙工程	1.墙面抹灰 2.柱(梁)面抹灰 3.零星抹灰 4.墙面块料面层 5.柱(梁)面镶贴块料 6.镶贴零星块料 7.墙饰面 8.柱(梁)饰面 9.幕墙工程 10.隔断
13	天棚工程	1.天棚抹灰 2.天棚吊顶 3.采光天棚 4.天棚其他装饰
14	油漆、涂料、裱糊工程	1.门油漆 2.窗油漆 3.木扶手及其他板条、线条油漆 4.木材面油漆 5.金属面油漆 6.抹灰面油漆 7.喷刷涂料 8.裱糊
15	其他装饰工程	1.柜类、货架 2.压条、装饰线 3.扶手、栏杆、栏板装饰 4.暖气罩 5.浴厕配件 6.雨篷、旗杆 7.招牌、灯箱 8.美术字
16	拆除工程	1.砖砌体拆除 2.混凝土及钢筋混凝土构件拆除 3.木构件拆除 4.抹灰层拆除 5.块料面层拆除 6.龙骨及饰面拆除 7.屋面拆除 8.铲除油漆涂料裱糊面 9.栏杆栏板、轻质隔断隔墙拆除 10.门窗拆除 11.金属构件拆除 12.管道及卫生洁具拆除 13.灯具、玻璃拆除 14.其他构件拆除 15.开孔(打洞)
17	措施项目	1.脚手架工程 2.混凝土模板及支架 3.垂直运输 4.超高施工增加 5.大型机械设备进出场及安拆 6.施工排水、降水 7.安全文明施工及其他措施项目

现在绝大多数工程项目都采用清单计价方式，因此在对建筑工程结构进行项目划分时，应该采用《建设工程工程量清单计价规范》（GB 50500—2013）中所列的分部分项工程进行，然后再对照定额标准进行分项子目组合计价。

例如，在进行项目砌筑实心砖墙的计价时，清单项目编号为010401003，根据具体施工工艺对应查《全国统一建筑工程基础定额》中混水砖墙项目。比如二四墙，就查定额编号4-10，对应的就是1砖墙的人工、材料、机械定额费用。

2. 具体列分部分项工程项目

一般来说，现在都是根据《建设工程工程量清单计价规范》（GB 50500—2013）中的规定列分部分项工程项目。

（1）根据施工工艺确定分部工程　根据建筑工程的施工图内容、施工方案及施工技术要求等，参照表3-1中的建筑工程分部、分项工程划分项目，确定该建筑工程的分部工程项目，一般从土石方工程开始，按照施工图结构顺序内容，逐个确定分部工程项目。通常情况下，一般的框架混凝土结构房屋主体施工大致可以分为土石方工程，桩基工程，措施项目，砌筑工程，混凝土及钢筋混凝土工程，门窗工程，木结构工程，楼地面工程，屋面及防水工程，保温、隔热、防腐工程，天棚工程以及相应的各种装饰项目。

（2）确定分项工程　分部工程确定完后，参照施工图顺序，逐步确定分项工程项目。例如混凝土结构房屋的混凝土及钢筋混凝土分部工程中，如果采用现浇施工，一般又可以分为现浇混凝土基础、现浇混凝土柱、现浇混凝土梁、现浇混凝土墙、现浇混凝土板、现浇混凝土楼梯、现浇混凝土其他构件以及后浇带等分项工程项目。

（3）列子项　当建筑工程的分部分项工程项目列完之后，就需要根据定额内容列出每一个分项工程对应的子项。一般来说，能够与施工项目对应上的定额子项，按照定额中确定的子项列出；如果施工项目有，而定额中没有对应的子项，则按照每个地区颁发的补充定额列出子项。

 **知识拓展**

列子项应注意的事项

需要注意的是，列子项时，一定要看清定额中关于该子项所用材料及其规格、构造做法等施工条件的说明。如果其与施工内容完全相同，则完全套用定额中的该子项；还有很多情况下，施工内容会有部分条件与定额子项说明不同，这个时候，就要再列一个调整的子项。例如，某住宅钢门窗刷漆三遍，需要先列出11-574（本书除非特殊说明，提及定额编号，都以《全国建筑工程统一基础定额》为准）单层钢门窗刷调和漆两遍子项，再补充列出11-576单层钢门窗每增加一遍调和漆子项。

例如，多层砖混结构房屋砌筑工程分项中需要列出砖基础、1砖混水砖墙、钢筋砖过梁等子项。

对于一个分项工程含多个子项的项目，一定要将其全部子项列完整，避免丢项，影响最后的预算造价。例如，预制钢筋混凝土空心板（板厚120mm），需要列出5-164空心板模板、5-323ϕ6钢筋（点焊）、5-435空心板混凝土三个子项。

第二节　建筑面积的计算

一、建筑面积的含义

1. 建筑面积

建筑面积是指房屋建筑各层水平面积相加后的总面积。它包括房屋建筑中的使用面积、辅助面积和结构面积三部分。

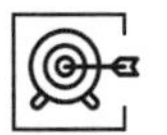

常用术语

① 使用面积。它指建筑物各层平面布置中可直接为生产或生活使用的净面积的总和。如居住生活间、工作间和生产间等的净面积。

② 辅助面积。它指建筑物各层平面布置中为辅助生产或生活使用的净面积的总和。如楼梯间、走道间、电梯井等所占面积。

③ 结构面积。它指建筑物各层平面布置中的墙柱体、垃圾道、通风道、室外楼梯等结构所占面积的总和。

2. 建筑面积对于工程计价的重要作用

建筑面积是建设工程计价中的一个重要指标。建筑面积之所以重要，是因为它具有以下重要作用：

① 建筑面积是国家控制基本建设规模的主要指标。

② 建筑面积是初步设计阶段选择概算指标的重要依据之一。根据图纸计算出来的建筑面积和设计图纸表面的结构特征，查表找出相应的概算指标，从而可以编制出概算书。

③ 建筑面积在施工图预算阶段是校对某些分部分项工程的依据。如场地平整、楼地面、屋面等工程量可以用建筑面积来校对。

④ 建筑面积是计算面积利用系数、土地利用系数及单位建筑面积经济指标的依据。

二、建筑面积计算规则

1. 应计算面积的项目规定

① 单层建筑物的建筑面积，应按其外墙勒脚以上结构外围水平面积计算，并应符合下列规定。

a. 单层建筑物高度在 2.20m 及以上者应计算全面积；高度不足 2.20m 者应计算 1/2 面积，如图 3-2 所示。

b. 利用坡屋顶内空间时净高超过 2.10m 的部位应计算全面积；净高在 1.20m 至 2.10m 的部位应计算 1/2 面积；净高不足 1.20m 的部位不应计算面积，如图 3-3 所示。

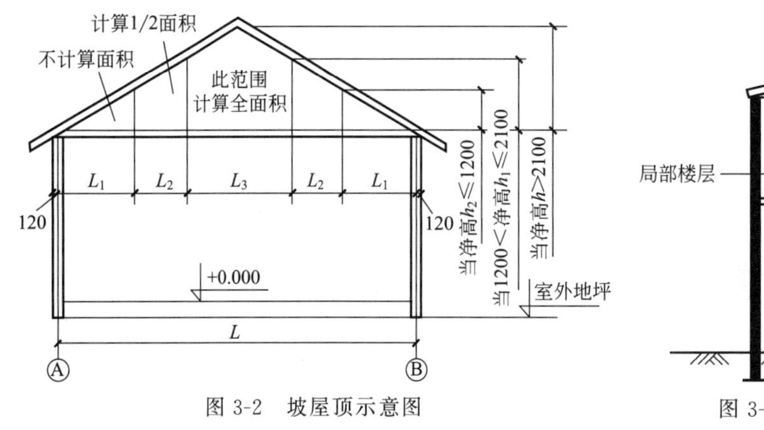

图 3-2 坡屋顶示意图

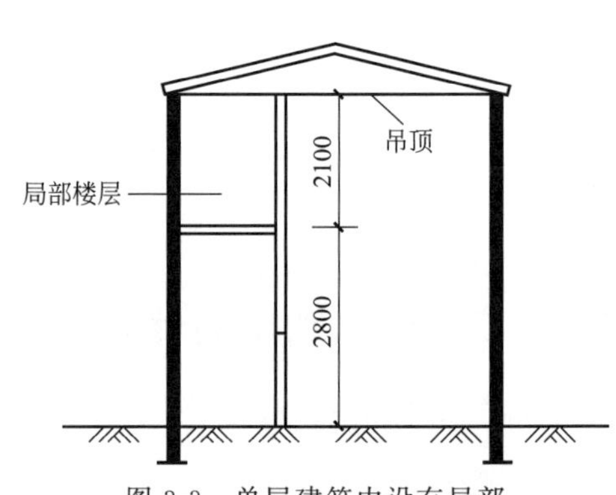

图 3-3 单层建筑内设有局部楼层建筑示意图

计算规则解析

建筑面积的计算是以勒脚以上外墙结构外边线计算，勒脚是墙根部很矮的一部分墙体加厚，不能代表整个外墙结构，所以要扣除勒脚墙体加厚的部分。

② 单层建筑物内设有局部楼层者，局部楼层的二层及以上楼层，有围护结构的应按其结构外围水平面积计算，无围护结构的应按其结构底板水平面积计算。层高在 2.20m 及以上者应计算全面积；层高不足 2.20m 者应计算 1/2 面积。

计算规则解析

单层建筑物应按不同的高度确定其面积的计算。其高度指室内地面标高至屋面板板面结构标高之间的垂直距离。遇有以屋面板找坡的平屋顶单层建筑物，其高度指室内地面标高至屋面板最低处板面结构标高之间的垂直距离。

坡屋顶内空间建筑面积计算。可参照《住宅设计规范》（GB 50096—2011）有关规定，将坡屋顶的建筑按不同净高确定其面积的计算。净高指楼面或地面至上部楼板底面或吊顶底面之间的垂直距离。

③ 多层建筑物首层应按其外墙勒脚以上结构外围水平面积计算；二层及以上楼层应按其外墙结构外围水平面积计算。层高在 2.20m 及以上者应计算全面积；层高不足 2.20m 者应计算 1/2 面积。

计算规则解析

多层建筑物的建筑面积应按不同的层高分别计算。层高是指上、下两层楼面结构标高之间的垂直距离。建筑物最底层的层高：有基础底板的指基础底板上表面结构标高至上层楼面的结构标高之间的垂直距离；没有基础底板的指地面标高至上层楼面结构标高之间的垂直距离。最上一层的层高是指楼面结构标高至屋面板板面结构标高之间的垂直距离，遇有以屋面板找坡的屋面，层高指楼面结构标高至屋面板最低处板面结构标高之间的垂直距离。

④ 多层建筑坡屋顶内和场馆看台下，当设计加以利用时净高超过 2.10m 的部位应计算全面积；净高在 1.20m 至 2.10m 的部位应计算 1/2 面积；当设计不利用或室内净高不足 1.20m 时不应计算面积，如图 3-4 所示。

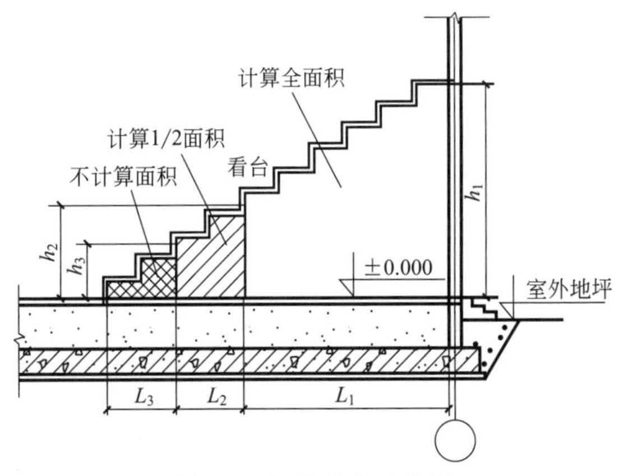

图 3-4　场馆看台示意图

计算规则解析

多层建筑坡屋顶内和场馆看台下的空间应视为坡屋顶内的空间，设计加以利用时，应按其净高确定其面积的计算。设计不利用的空间，不应计算建筑面积。

⑤ 地下室、半地下室（车间、商店、车站、车库、仓库等），包括相应的有永久性顶盖的出入口，应按其外墙上口（不包括采光井、外墙防潮层及其保护墙）外边线所围水平面积计算。层高在 2.20m 及以上者应计算全面积；层高不足 2.20m 者应计算 1/2 面积，如图 3-5 所示。

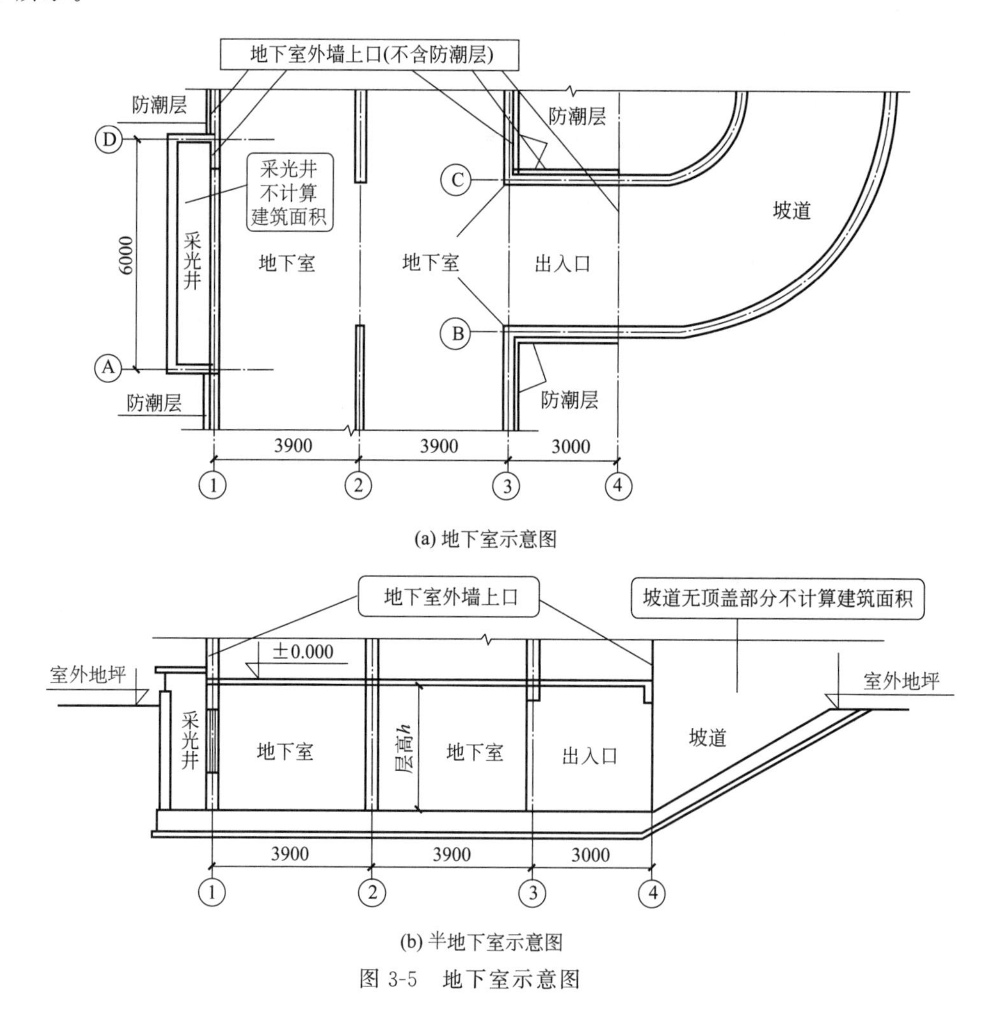

图 3-5　地下室示意图

计算规则解析

地下室、半地下室应以其外墙上口外边线所围水平面积计算。原计算规则规定按地下室、半地下室上口外墙外围水平面积计算，文字上不甚严密，“上口外墙”容易理解为地下室、半地下室的上一层建筑的外墙。由于上一层建筑外墙与地下室墙的中心线不一定完全重叠，多数情况是凸出或凹进地下室外墙中心线。

⑥ 坡地的建筑物吊脚架空层（图 3-6）、深基础架空层、设计加以利用并有围护结构层，

层高 2.20m 及以上的部位应计算全面积，层高不足 2.20m 的部位应计算 1/2 面积。设计加以利用、无围护结构的建筑吊脚架空层，应按其利用部位水平面积的 1/2 计算；设计不利用的深基础架空层、坡地吊脚架空层、多层建筑坡屋顶内、场馆看台下的空间不应计算面积。

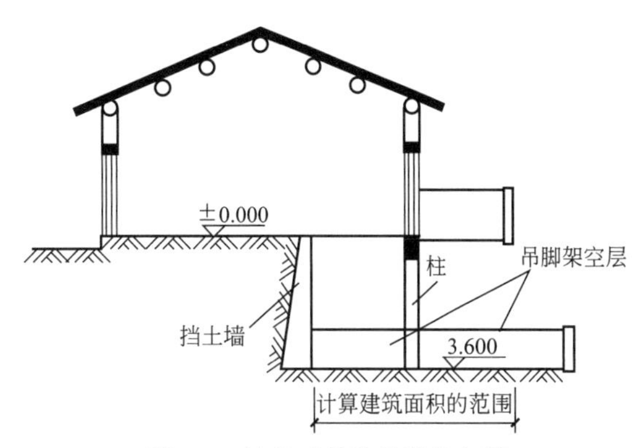

图 3-6　坡地建筑物吊脚架空层

⑦ 建筑物的门厅、大厅按一层计算建筑面积。门厅、大厅内设有回廊时，应按其结构底板水平面积计算。层高在 2.20m 及以上者应计算全面积；层高不足 2.20m 者应计算 1/2 面积。

⑧ 建筑物间有围护结构的架空走廊，应按其围护结构外围水平面积计算，层高在 2.20m 及以上者应计算全面积；层高不足 2.20m 者应计算 1/2 面积。有永久性顶盖、无围护结构的应按其结构底板水平面积的 1/2 计算。

⑨ 立体书库、立体仓库、立体车库，无结构层的应按一层计算，有结构层的应按其结构层面积分别计算。层高在 2.20m 及以上者应计算全面积；层高不足 2.20m 者应计算 1/2 面积，如图 3-7 所示。

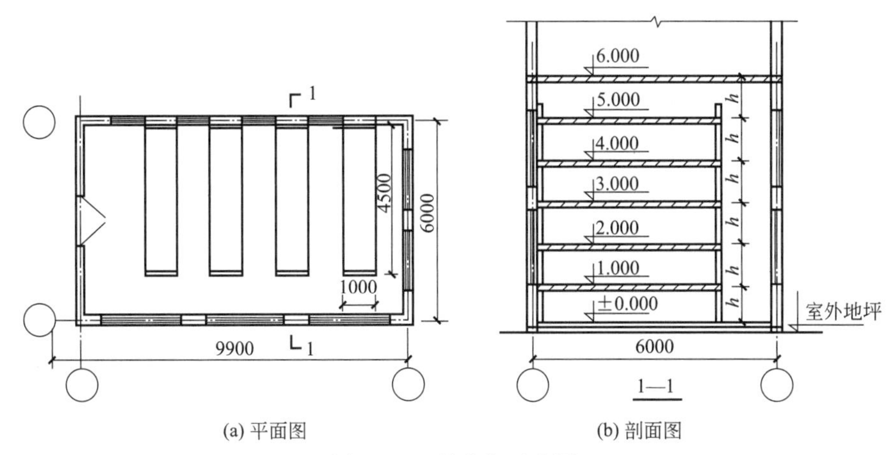

图 3-7　立体书柜示意图

计算规则解析

立体车库、立体仓库、立体书库不规定是否有围护结构的，均按是否有结构层计算，应区分不同的层高确定建筑面积计算的范围，改变过去按书架层和货架层计算面积的规定。

⑩ 有围护结构的舞台灯光控制室，应按其围护结构外围水平面积计算。层高在 2.20m 及以上者应计算全面积；层高不足 2.20m 者应计算 1/2 面积。

⑪ 建筑物外有围护结构的落地橱窗、门斗、挑廊、走廊、檐廊，应按其围护结构外围水平面积计算。层高在 2.20m 及以上者应计算全面积；层高不足 2.20m 者应计算 1/2 面积。有永久性顶盖、无围护结构的应按其结构底板水平面积的 1/2 计算。

⑫ 有永久性顶盖、无围护结构的场馆看台应按其顶盖水平投影面积的 1/2 计算。

计算规则解析

“场馆”实质上是指：“场”（如：足球场、网球场等）为看台上有永久性顶盖部分；“馆”应是有永久性顶盖和围护结构的，应按单层或多层建筑相关规定计算面积。

⑬ 对于建筑物顶部有围护结构的楼梯间、水箱间、电梯机房等，层高在 2.20m 及以上者应计算全面积，层高不足 2.20m 者应计算 1/2 面积。

计算规则解析

如遇建筑物屋顶的楼梯间是坡屋顶，应按坡屋顶的相关规定计算面积。

⑭ 设有围护结构不垂直于水平面而超出底板外沿的建筑物，应按其底板面的外围水平面积计算。层高在 2.20m 及以上者应计算全面积；层高不足 2.20m 者应计算 1/2 面积。

计算规则解析

设有围护结构不垂直于水平面而超出底板外沿的建筑物是指向建筑物外倾斜的墙体，若遇有向建筑物内倾斜的墙体，应视为坡屋顶，应按坡屋顶有关规定计算面积。

⑮ 建筑物内的室内楼梯间、电梯井、观光电梯井、提物井、管道井、通风排气竖井、垃圾道、附墙烟囱应按建筑物的自然层计算。

计算规则解析

室内楼梯间的面积计算，应按楼梯依附的建筑物的自然层数计算并入建筑物面积内。遇跃层建筑，其共用的室内楼梯应按自然层计算面积；上、下两错层户室共用的室内楼梯，应选上一层的自然层计算面积（图 3-8）。

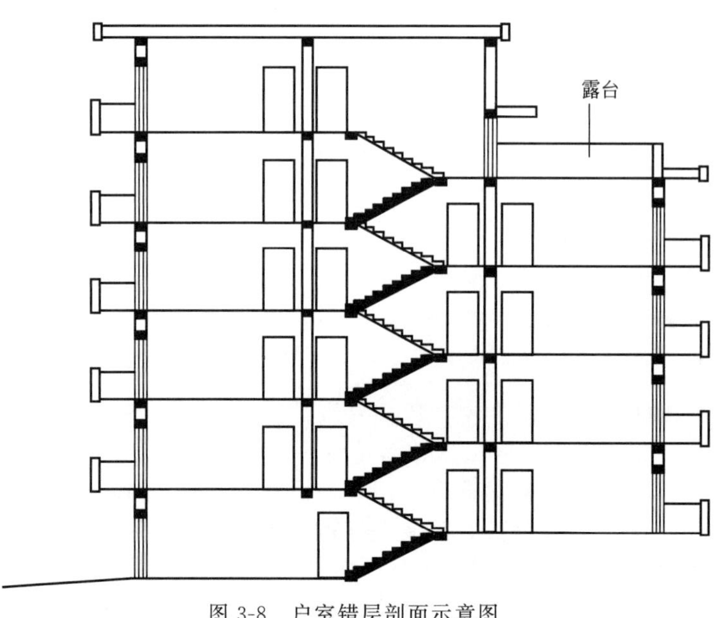

图 3-8　户室错层剖面示意图

⑯ 雨篷结构的外边线至外墙结构外边线的宽度超过 2.10m 者，应按雨篷结构板的水平投影面积的 1/2 计算。

计算规则解析

雨篷均以其宽度超过 2.10m 或不超过 2.10m 衡量，超过 2.10m 者应按雨篷的结构板水平投影面积的 1/2 计算。有柱雨篷和无柱雨篷计算应一致。

⑰ 有永久性顶盖的室外楼梯，应按建筑物自然层的水平投影面积的 1/2 计算。

计算规则解析

室外楼梯，最上层楼梯无永久性质盖，或不能完全遮盖楼梯的雨篷，上层楼梯不计算面积，上层楼梯可视为下层楼梯的永久性顶盖，下层楼梯应计算面积，如图 3-9 所示。

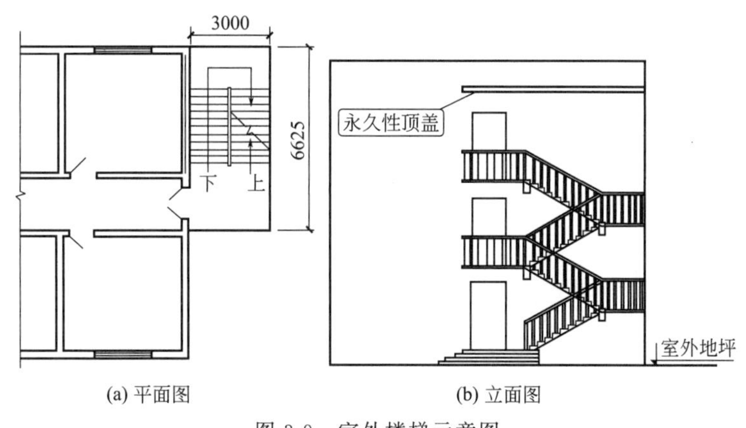

图 3-9 室外楼梯示意图

⑱ 建筑物的阳台均应按其水平投影面积的 1/2 计算。

计算规则解析

建筑物的阳台，不论是凹阳台、挑阳台、封闭阳台、不封闭阳台，均按其水平投影面积的一半计算。

⑲ 有永久性顶盖、无围护结构的车棚、货棚、站台、加油站、收费站等，应按其顶盖水平投影面积的 1/2 计算。

计算规则解析

车棚、货棚、站台、加油站、收费站等的面积计算。由于建筑技术的发展，出现了许多新型结构，如柱不再是单纯的直立的柱，而出现∨形柱、∧形柱等不同类型的柱，给面积计算带来许多争议。为此，《建筑工程建筑面积计算规范》（GB/T 50353—2013）中不以柱来确定面积的计算，而依据顶盖的水平投影面积计算。在车棚、货棚、站台、加油站、收费站内设有有围护结构的管理室、休息室等，另按相关规定计算面积。

⑳ 高低联跨的建筑物，应以高跨结构外边线为界分别计算建筑面积；其高低跨内部连通时，其变形缝应计算在低跨面积内。

㉑ 以幕墙作为围护结构的建筑物，应按幕墙外边线计算建筑面积，如图 3-10 所示。

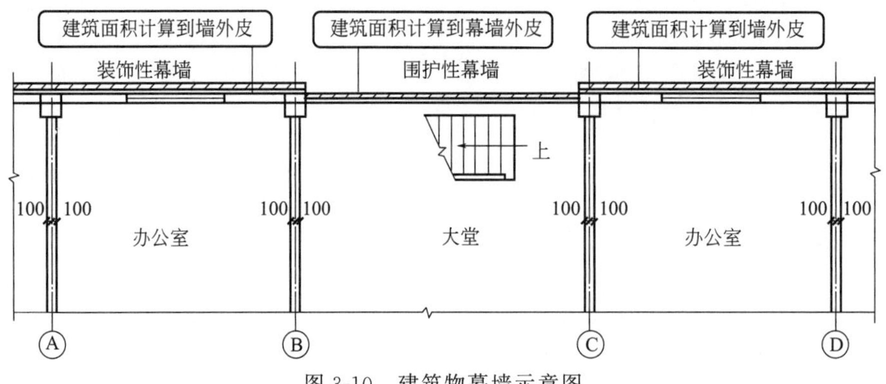

图 3-10 建筑物幕墙示意图

㉒ 建筑物外墙外侧有保温隔热层的，应按保温隔热层外边线计算建筑面积。

㉓ 建筑物内的变形缝，应按其自然层合并在建筑物面积内计算，如图 3-11 所示。

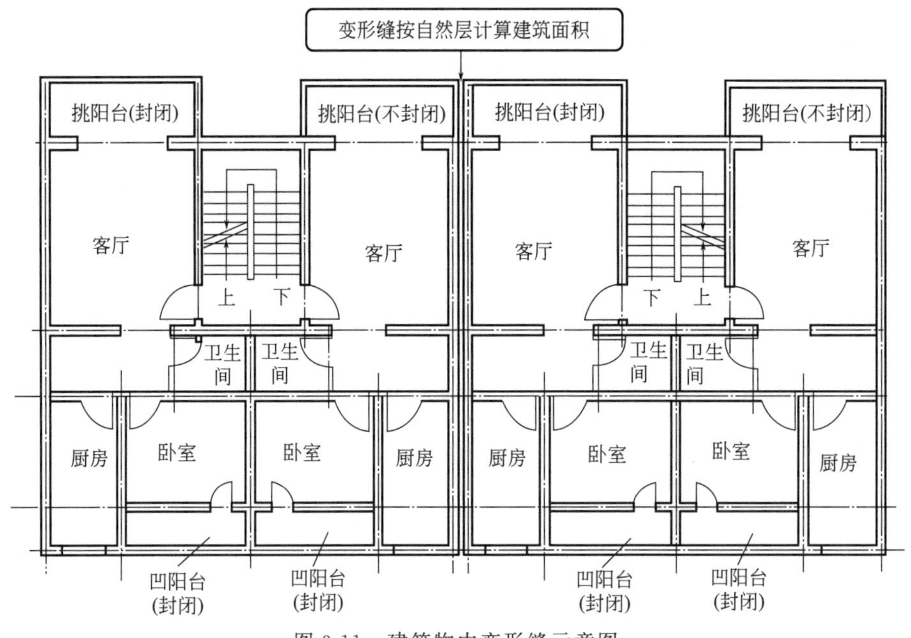

图 3-11 建筑物内变形缝示意图

计算规则解析

此处所指建筑物内的变形缝是与建筑物相连通的变形缝，即暴露在建筑物内，在建筑物内可以看得见的变形缝。

2. 不应计算面积的项目

下列项目不应计算面积。

① 建筑物通道（骑楼、过街楼的底层）。

② 建筑物内的设备管道夹层。

③ 建筑物内分隔的单层房间，舞台及后台悬挂幕布、布景的天桥、挑台等。

④ 屋顶水箱、花架、凉棚、露台、露天游泳池。

⑤ 建筑物内的操作平台、上料平台、安装箱和罐体的平台。

⑥ 勒脚、附墙柱、垛、台阶、墙面抹灰、装饰面、镶贴块料面层、装饰性幕墙、空调室外机搁板（箱）、飘窗、构件、配件、宽度在 2.10m 及以内的雨篷以及建筑物内不相连通的装饰性阳台、挑廊。

计算规则解析

突出墙外的勒脚、附墙柱垛、台阶、墙面抹灰、装饰面、镶贴块料面层、装饰性幕墙、空调室外机搁板（箱）、飘窗、构件、配件、宽度在 2.10m 及以内的雨篷以及与建筑物内不相连通的装饰性阳台、挑廊等均不属于建筑结构，不应计算建筑面积。

⑦ 无永久性顶盖的架空走廊、室外楼梯和用于检修、消防等的室外钢楼梯、爬梯。

⑧ 自动扶梯、自动人行道。

计算规则解析

自动扶梯（斜步道滚梯），除两端固定在楼层板或梁之外，扶梯本身属于设备，因此扶梯不宜计算建筑面积。水平步道（滚梯）属于安装在楼板上的设备，不应单独计算建筑面积。

⑨ 独立烟囱、烟道、地沟、油（水）罐、气柜、水塔、贮油（水）池、贮仓、栈桥、地下人防通道、地铁隧道。

三、建筑面积计算实例

【例 3-1】 图 3-12 所示为一高低联跨单层工业厂房，求该建筑物的建筑面积。

【解】 6m 高跨建筑面积 $S_1=(45.0+0.5)\times(10+0.3-0.3)=455.0(m^2)$

10m 高跨建筑面积 $S_2=(45.0+0.5)\times(18.0+0.6)=846.3(m^2)$

9m 高跨建筑面积 $S_3=(45.0+0.5)\times(10+0.3-0.3)=455.0(m^2)$

总建筑面积 $S=455.0+846.3+455.0=1756.3(m^2)$

对于此类建筑物，由于内容一致，不必区分高跨、低跨，按一般单层建筑物对待即可。

$$S=(45.0+0.5)\times(38.00+0.3+0.3)=1756.3(m^2)$$

【例 3-2】 如图 3-13 所示，某建筑物建在山坡上，求该建筑物的建筑面积。

【解】 $S=(7.44\times4.74)\times2+(2.0+1.6+0.12\times2)\times4.74\times1/2\approx79.63(m^2)$

坡地的建筑物吊脚架空层、深基础架空层，设计加以利用并有围护结构的，层高在 2.20m 及以上的部位应计算全面积。

【例 3-3】 如图 3-14 所示，檐高 3.00m，试计算外带有顶盖和柱，但无维护结构的走廊、檐廊的建筑面积。

【解】 $S_{廊}=(3.6-0.25)\times1.5\times1/2+1.2\times4.5\times1/2=5.21(m^2)$

【例 3-4】 如图 3-15 所示，求带通道多层建筑物的建筑面积。

【解】 一、二层：$S_1=(13.6+0.24)\times(12.00+0.24)\times2\times2\approx677.61(m^2)$

三～五层：$S_2=(30.60+0.24)\times(12.00+0.24)\times3\approx1132.44(m^2)$

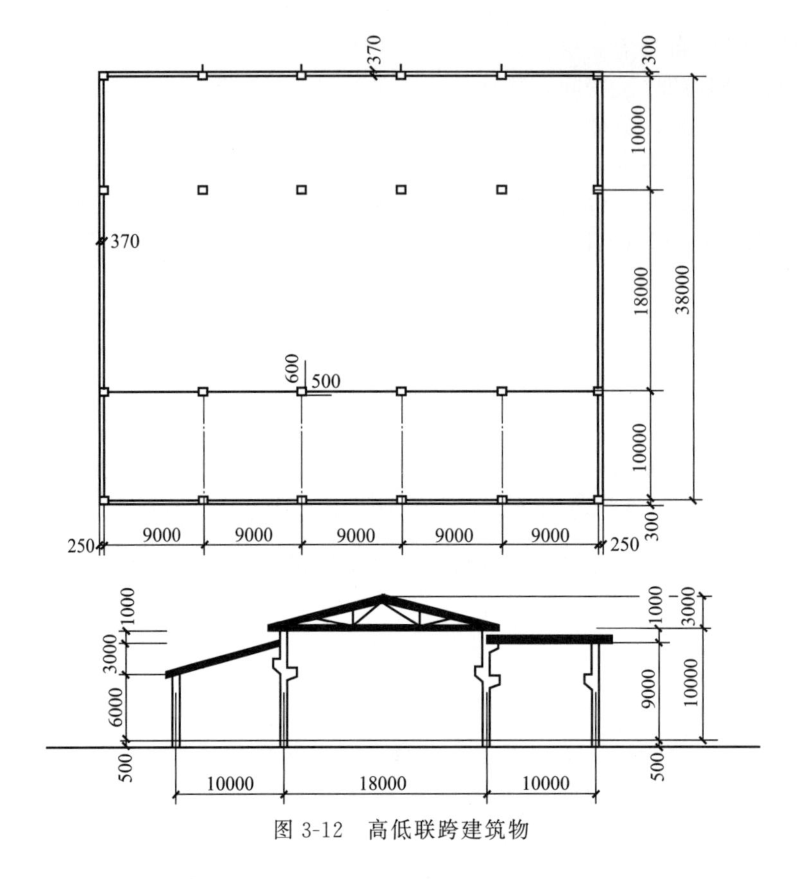

图 3-12 高低联跨建筑物

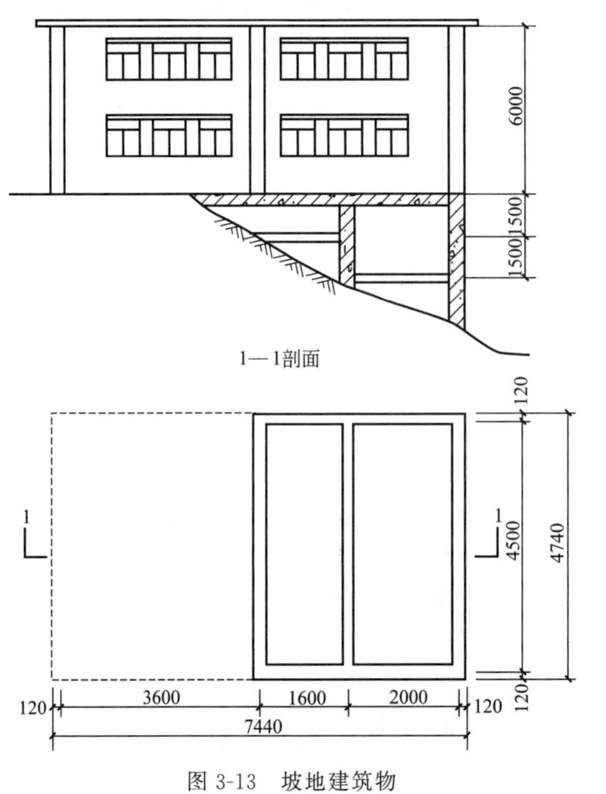

图 3-13 坡地建筑物

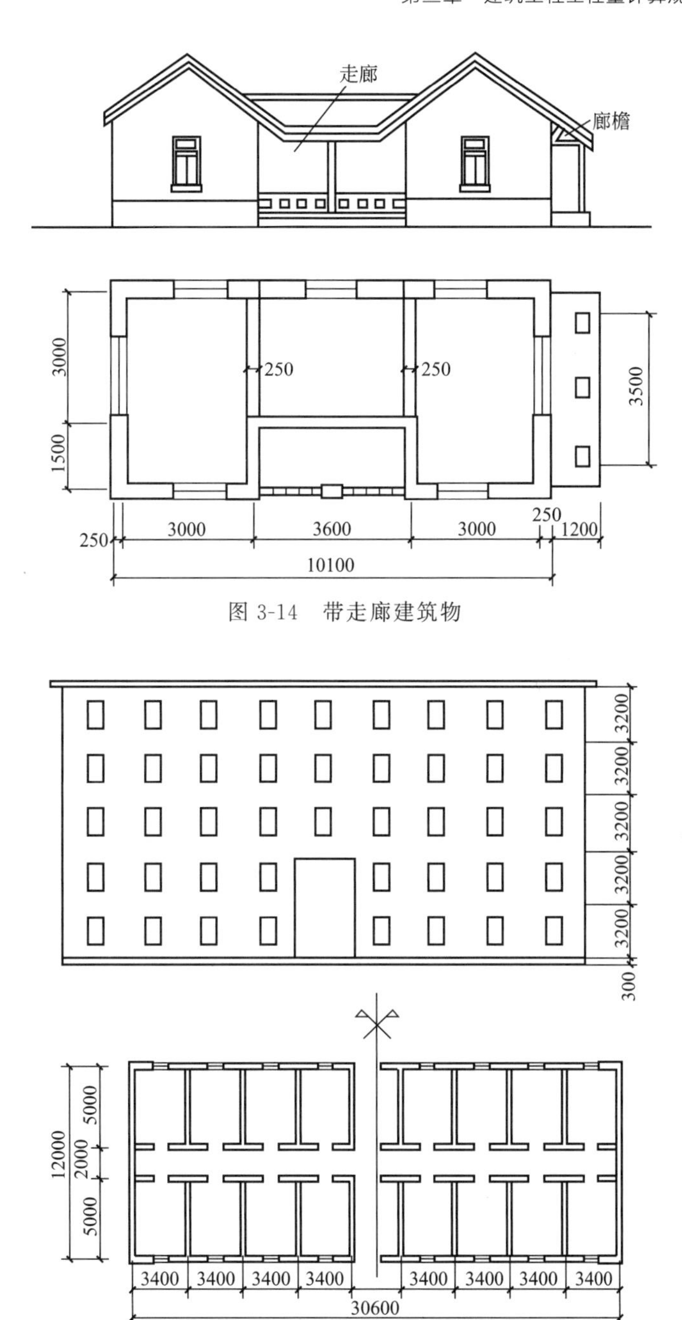

图 3-14　带走廊建筑物

一、二层平面图　　三～五层平面图

图 3-15　带通道多层建筑物

$$S=S_1+S_2\approx 677.61+1132.44=1810.05(\mathrm{m}^2)$$

另一计算方法：除通道少算 2 层建筑面积之外，与 5 层建筑相同。

$$S=(30.60+0.24)\times(12.00+0.24)\times 5-(3.40-0.24)\times(12.00+0.24)\times 2\approx 1810.05(\mathrm{m}^2)$$

【例 3-5】 如图 3-16 所示，求不封闭的挑阳台、凹阳台、半凹半挑阳台的建筑面积之和。

【解】 $S_{阳台}=[1.00\times 1.50\times 2+1.00\times 3.00+(0.33+0.37+0.33)\times 3.00]\times 1/2$

$=4.545\ (\mathrm{m}^2)$

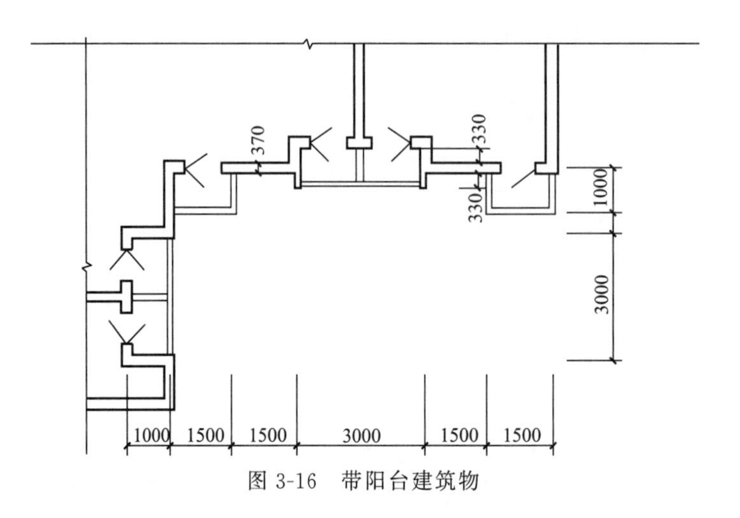

图 3-16 带阳台建筑物

扫码看视频

平整场地工程量

第三节 土石方工程工程量的计算

一、土石方工程计算规则（附视频）

（一）土方工程

工程量清单项目设置、项目特征描述的内容、计量单位及工程量计算规则，应按表 3-2 的规定执行。

表 3-2 土方工程（编号：010101）

项目编码	项目名称	项目特征	计量单位	工程量计算规则	工程内容
010101001	平整场地	1. 土壤类别 2. 弃土运距 3. 取土运距	m^2	按设计图示尺寸以建筑物首层面积计算	1. 土方挖填 2. 场地找平 3. 运输
010101002	挖一般土方	1. 土壤类别 2. 挖土深度 3. 弃土运距	m^3	按设计图示尺寸以体积计算	1. 排地表水 2. 土方开挖 3. 围挡(挡土板)拆除 4. 基底钎探 5. 运输
010101003	挖沟槽土方			按设计图示尺寸以基础垫层底面积×挖土深度计算	
010101004	挖基坑土方				
010101005	冻土开挖	1. 冻土厚度 2. 弃土运距		按设计图示尺寸开挖面积×厚度以体积计算	1. 爆破 2. 开挖 3. 清理 4. 运输
001011006	挖淤泥、流砂	1. 挖掘深度 2. 弃淤泥、流砂距离		按设计图示位置、界限以体积计算	1. 开挖 2. 运输

续表

项目编码	项目名称	项目特征	计量单位	工程量计算规则	工程内容
010101007	管沟土方	1. 土壤类别 2. 管外径 3. 挖沟深度 4. 回填要求	1. m 2. m^3	1. 以米计量，按设计图示以管道中心线长度计算 2. 以立方米计量，按设计图示管底垫层面积×挖土深度计算；无管底垫层按管外径的水平投影面积×挖土深度计算。不扣除各类井的长度，井的土方并入	1. 排地表水 2. 土方开挖 3. 围护(挡土板)、支撑 4. 运输 5. 回填

注：1. 挖土方平均厚度应按自然地面测量标高至设计地坪标高间的平均厚度确定。基础土方开挖深度应按基础垫层底表面标高至交付施工场地标高确定，无交付施工场地标高时，应按自然地面标高确定。

2. 建筑物场地厚度≤±300mm 的挖、填、运、找平，应按本表中平整场地项目编码列项。厚度>±300mm 的竖向布置挖土或山坡切土应按本表中挖一般土方项目编码列项。

3. 沟槽、基坑、一般土方的划分为：底宽≤7m 且底长>3 倍底宽为沟槽；底长≤3 倍底宽且底面积≤±150m^2为基坑；超出上述范围则为一般土方。

4. 挖土方如需截桩头，应按桩基工程相关项目列项。

5. 桩间挖土不扣除桩的体积，并在项目特征中加以描述。

6. 弃、取土运距可以不描述，但应注明由投标人根据施工现场实际情况自行考虑，决定报价。

7. 挖土出现流砂、淤泥时，应根据实际情况由发包人与承包人双方现场签证确认工程量。

8. 土方体积应按挖掘前的天然密实体积计算。如需按天然密实体积折算，应按规范计算。

【例 3-6】 某办公楼底层平面示意图如图 3-17 所示，土壤类别为二类土，因施工要求，需要平整场地，计算该办公楼平整场地的工程量。

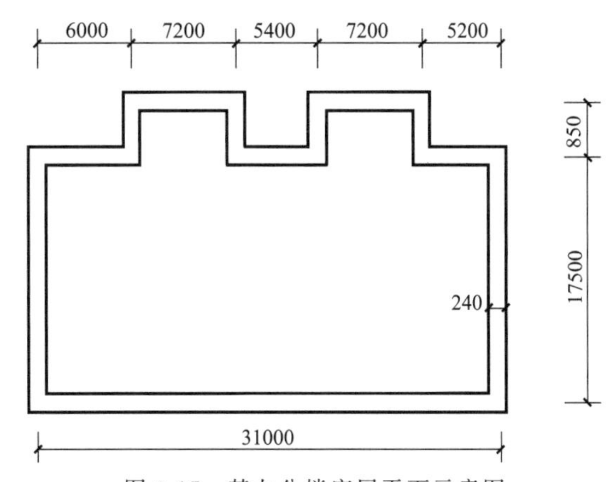

图 3-17 某办公楼底层平面示意图

【解】 项目编码：010101001 项目名称：平整场地

工程量计算规则：按设计图示尺寸以建筑物首层面积计算。

平整场地的工程量 $S=(31+0.24)\times(25+0.24)+(7.2+0.24)\times1\times2$

$\approx788.50+14.88=803.38\ (m^2)$

【例 3-7】 某办公楼基础平面、剖面图如图 3-18 所示，因施工需要，需进行基坑土方开挖，计算挖基坑土方的工程量。

【解】 项目编码：010101004 项目名称：挖基坑土方

工程量计算规则：按设计图示尺寸以基础垫层面积×挖土深度计算。

地槽量计算：$L_{中}=(11+8+11+0.25\times2+3+15+0.25\times2)\times2-0.37\times4$

$=(30+0.50+3+15+0.50)\times2-1.48=96.52(m)$

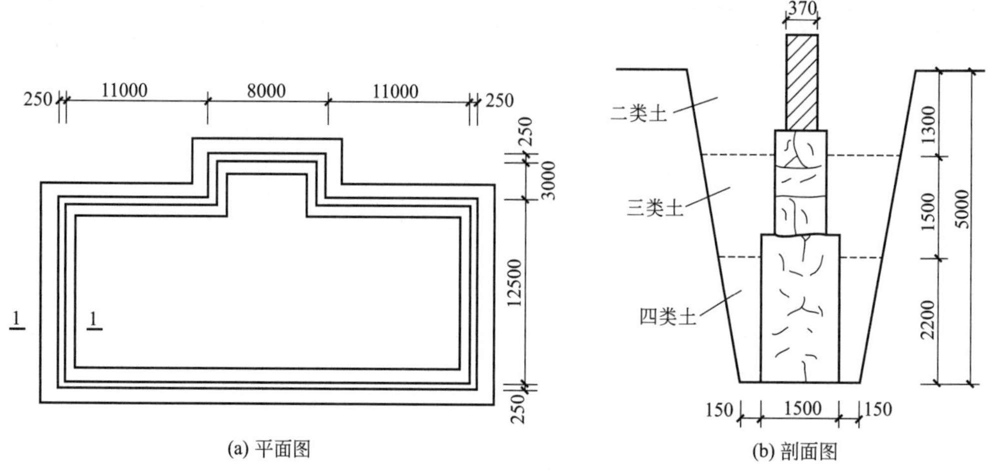

图 3-18 某办公楼基础平面、剖面图

四类土基础土方的工程量＝1.5×2.2×96.52≈318.52(m^3)

三类土基础土方的工程量＝1.5×1.5×96.52≈217.17(m^3)

二类土基础土方的工程量＝1.5×1.3×96.52≈188.21(m^3)

【例 3-8】 某办公楼工程在土方工程基础开挖中，由于处理不当，出现淤泥、流砂，该淤泥、流砂尺寸为长 5m、宽 4.1m、深 3.5m，淤泥、流砂外运 150m，计算挖淤泥、流砂的工程量。

【解】 项目编码：010101006　项目名称：挖淤泥、流砂

工程量计算规则：按设计图示位置、界限以体积计算。

挖淤泥、流砂的工程量＝5×4.1×3.5＝71.75（m^3）

【例 3-9】 某办公楼土方工程混凝土排水管中心线长度为 48.82m，管外径为 ϕ300，土质为三类土，挖土平均深度为 1.2m，分层夯填，计算人工挖管沟土方的工程量。

【解】 项目编码：010101007　项目名称：管沟土方

工程量计算：①以米计量，按设计图示以管道中心线长度计算。②以立方米计量，按设计图示管底垫层面积×挖土深度计算；无管底垫层时按管外径的水平投影面积×挖土深度计算。不扣除各类井的长度，井的土方并入。

管沟土方的工程量＝48.82(m)

（二）石方工程

工程量清单项目设置、项目特征描述的内容、计量单位及工程量计算规则，应按表 3-3 的规定执行。

表 3-3 石方工程（编码：010102）

项目编码	项目名称	项目特征	计量单位	工程量计算规则	工程内容
010102001	挖一般石方	1. 岩石类别 2. 开凿深度 3. 弃碴运距	m^3	按设计图示尺寸体积计算	1. 排地表水 2. 凿石 3. 运输
010102002	挖沟槽石方			按设计图示尺寸沟槽底面积×挖石深度以体积计算	
010102003	挖基坑石方			按设计图示尺寸基坑底面积×挖石深度以体积计算	

续表

项目编码	项目名称	项目特征	计量单位	工程量计算规则	工程内容
010102004	挖管沟石方	1.岩石类别 2.管外径 3.挖沟深度	1.m 2.m^3	1.以米计量,按设计图示以管道中心线长度计算 2.以立方米计量,按设计图示截面积×长度计算	1.排地表水 2.凿石 3.回填 4.运输

注：1. 挖石应按自然地面测量标高至设计地坪标高的平均厚度确定。基础石方开挖深度应按基础垫层底表面标高至交付施工场地标高确定，无交付施工场地标高时，应按自然地面标高确定。

2.厚度>±300mm的竖向布置挖石或山坡凿石应按本表中挖一般石方项目编码列项。

3.沟槽、基坑、一般石方的划分为：底宽≤7m且底长>3倍底宽为沟槽；底长≤3倍底宽且底面积≤150m^2为基坑；超出上述范围则为一般石方。

4.弃碴运距可以不描述，但应注明由投标人根据施工现场实际情况自行考虑决定报价。

5.石方体积应按挖掘前的天然密实体积计算，如需按天然密实体积折算，应按规范计算。

【例3-10】 某办公楼石方工程沟槽开挖施工现场岩石为坚硬岩石，外墙沟槽开挖，沟槽长度为15m、深度为2m、宽度为3m、计算沟槽开挖工程量。

【解】 项目编码：010102002　项目名称：挖沟槽石方

工程量计算规则：按设计图示尺寸沟槽底面积×挖石深度，以体积计算。

$$沟槽开挖工程量=15\times2\times3=90(m^3)$$

【例3-11】 某办公室石方土方工程管沟开挖施工现场岩为坚硬岩石，管沟深1.5m，全长20m，计算挖管沟石方的工程量。

【解】 项目编号：010102004　项目名称：挖管沟石方

工程量计算规则：①以米计量，按设计图示以管道中心线长度计算。②以立方米计量，按设计图示截面积×长度计算。

$$挖管沟石方的工程量=20(m)$$

（三）回填

工程量清单项目设置、项目特征描述的内容、计量单位及工程量计算规则，应按表3-4的规定执行。

表3-4　回填（编号：010103）

项目编码	项目名称	项目特征	计量单位	工程量计算规则	工程内容
010103001	回填方	1.密实度要求 2.填方材料品种 3.填方粒径要求 4.填方来源、运距	m^3	按设计图示尺寸以体积计算 1.场地回填:回填面积×平均回填厚度 2.室内回填:主墙间面积×回填厚度,不扣除间隔墙 3.基础回填:按挖方清单项目工程量－自然地坪以下埋设的基础体积(包括基础垫层及其他构筑物)	1.运输 2.回填 3.压实
010103002	余方弃置	1.废弃料品种 2.运距	m^3	按挖方清单项目工程量－利用回填方体积(正数)计算	余方点装料运输至弃置点

注：1.填方密实度要求，在无特殊要求情况下，项目特征可描述为满足设计和规范的要求。

2.填方材料品种可以不描述，但应注明由投标人根据设计要求验方后方可填入，并符合相关工程的质量规范要求。

3.填方粒径要求，在无特殊要求情况下，项目特征可以不描述。

4.如需买土回填，应在项目特征填方来源中描述，并注明土方数量。

【例3-12】 某办公楼土方工程的沟槽：沟槽截面为矩形，沟槽长为55m、宽为4m，平均深度为25m，无检查井。沟槽内铺设直径为ϕ1000的钢筋混凝土平口管，管壁厚0.1m，长为45m。管下混凝土基础基座体积为30.25m^3，基座下砂石垫层体积为12m^3。机械回填土方，用10t压路机碾压，密实度为99%，计算该沟槽基础回填土压实的工程量。

【解】 项目编码：010103001 项目名称：回填方

工程量计算规则：按设计图示尺寸以体积计算。①场地回填：回填面积×平均回填厚度。②室内回填：主墙间面积×回填厚度，不扣除间隔墙。③基础回填：按挖方清单项目工程量－自然地坪以下埋设的基础体积（包括基础垫层及其他构筑物）。

$$沟槽体积=55\times4\times2.5=550(m^3)$$

$$\phi1000\ 钢筋混凝土平口管体积\approx3.14\times\left(\frac{1+0.1\times2}{2}\right)^2\times45\approx50.87(m^3)$$

$$回填土的工程量\approx550-50.87-30.25-12=456.88(m^3)$$

【例3-13】 某办公楼基础回填工程中，已知基础挖方体积为2200m³，其中可用于基础回填方体积为1600m³，现场挖填平衡，余方运至施工现场外2.5km处一地点，计算余方外运的工程量。

【解】 项目编码：010103002 项目名称：余方弃置

工程量计算规则：按挖方清单项目工程量－利用回填方体积（正数）计算。

$$余方弃置的工程量=2200-1600=600(m^3)(自然方)$$

二、土石方计算规则详解（附视频）

（一）土壤及岩石的分类

因各个建筑物、构筑物所处的地理位置不同，其土壤的强度、密实性、透水性等物理性质和力学性质也有很大差别，这就直接影响到土石方工程的施工方法。因此，单位工程土石方所消耗的人工数量和机械台班就有很大差别，综合反映的施工费用也不相同。所以，正确区分土石方的类别对于能否准确地进行造价编制关系很大。土壤及岩石的分类详见表3-5和表3-6。

表3-5 土壤分类表

土壤分类	土壤名称	开挖方法
一、二类土	粉土、砂土(粉砂、细砂、中砂、粗砂、砾砂)、粉质黏土、弱中盐渍土、软土(淤泥质土、泥炭、泥炭质土)、软塑红黏土、冲填土	用锹，少许用镐、条锄开挖，机械能全部直接铲挖满载者
三类土	黏土、碎石土(圆砾、角砾)混合土、可塑红黏土、硬塑红黏土、强盐渍土、素填土、压实填土	主要用镐、条锄，少许用锹开挖。机械需部分刨松方能铲挖满载者或可直接铲挖但不能满载者
四类土	碎石土(卵石、碎石、漂石、块石)、坚硬红黏土、超盐渍土、杂填土	全部用镐、条锄挖掘，少许用撬棍挖掘，机械须普遍刨松方能铲挖满载者

注：本表土的名称及其含义按国家标准《岩土工程勘察规范》(GB 50021—2001)(2009年版)定义。

表3-6 岩石的分类

岩石分类		代表性岩石	开挖方法
极软岩		1.全风化的各种岩石 2.各种半成岩	部分用手凿工具、部分用爆破法开挖
软质岩	软岩	1.强风化的坚硬岩或较硬岩 2.中等风化—强风化的较软岩 3.未风化—微风化的页岩、泥岩、泥质砂岩等	用风镐和爆破法开挖
	较软岩	1.中等风化—强风化的坚硬岩或较硬岩 2.未风化—微风化的凝灰岩、千枚岩、泥灰岩、砂质泥岩等	用爆破法开挖

续表

<table>
<tr><th colspan="2">岩石分类</th><th>代表性岩石</th><th>开挖方法</th></tr>
<tr><td rowspan="2">硬质岩</td><td>较硬岩</td><td>1.微风化的坚硬岩
2.未风化—微风化的大理岩、板岩、石灰岩、白云岩、钙质砂岩等</td><td>用爆破法开挖</td></tr>
<tr><td>坚硬岩</td><td>未风化—微风化的花岗岩、闪长岩、辉绿岩、玄武岩、安山岩、片麻岩、石英岩、石英砂岩、硅质砾岩、硅质石灰岩等</td><td>用爆破法开挖</td></tr>
</table>

注：本表依据国家标准《工程岩体分级标准》（GB 50218—2014）和《岩土工程勘察规范》（GB 50021—2001）（2009 年版）整理。

（二）土石方工程计算常用数据

1. 干、湿土的划分

土方工程由于基础埋置深度和地下水位的不同以及受到季节施工的影响，出现干土与湿土之分。

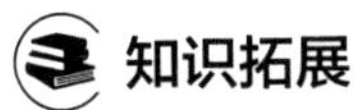

干土与湿土之分

干、湿土的划分，应根据地质勘察资料中地下常水位为划分标准，地下常水位以上为干土，以下为湿土。采用人工（集水坑）降低地下水位时，干、湿土的划分仍以常水位为准；当采用井点降水后，常水位以下的土不能按湿土计算，均按干土计算。

2. 沟槽、基坑划分条件

为了满足实际施工中各类不同基础的人工土方工程开挖需要，准确地反映实际工程造价，一般情况下企业定额将人工挖坑槽工程划分为人工挖地坑、人工挖地槽、人工挖土方、山坡切土及挖流砂淤泥等项目。山坡切土和挖流砂淤泥项目较好确定，其余三个项目的划分条件见表 3-7。

表 3-7　人工挖地坑、地槽、土方划分条件表

<table>
<tr><th>项目</th><th>坑底面积/m²</th><th>槽底宽度/m</th></tr>
<tr><td>人工挖地坑</td><td>≤20</td><td>—</td></tr>
<tr><td>人工挖地槽</td><td>—</td><td>≤3,且槽长大于槽宽三倍以上</td></tr>
<tr><td rowspan="2">人工挖土方</td><td>>20</td><td>>3</td></tr>
<tr><td colspan="2">人工场地平整平均厚度在 30cm 以上的挖土</td></tr>
</table>

注：坑底面积、槽底宽度不包括加宽工作面的尺寸。

3. 放坡及放坡系数

（1）放坡　不管是用人工还是用机械开挖土方，在施工时为了防止土壁坍塌都要采取一定的施工措施，如放坡、支挡板或打护坡桩。放坡是施工中较常用的一种措施。

当土方开挖深度超过一定限度时，将上口开挖宽度增大，将土壁做成具有一定坡度的边坡，防止土壁坍塌，在土方工程中称为放坡。

（2）放坡起点　实践经验表明：土壁稳定与土壤类别、含水率和挖土深度有关。放坡起点，就是指某类别土壤边壁直立不加支撑开挖的最大深度，一般是指设计室外地坪标高至基础底标高的深度。放坡起点应根据土质情况确定。

（3）放坡系数　将土壁做成一定坡度的边坡时，土方边坡的坡度，以其高度 H 与边坡宽度 B 之比来表示，如图 3-19 所示。即：

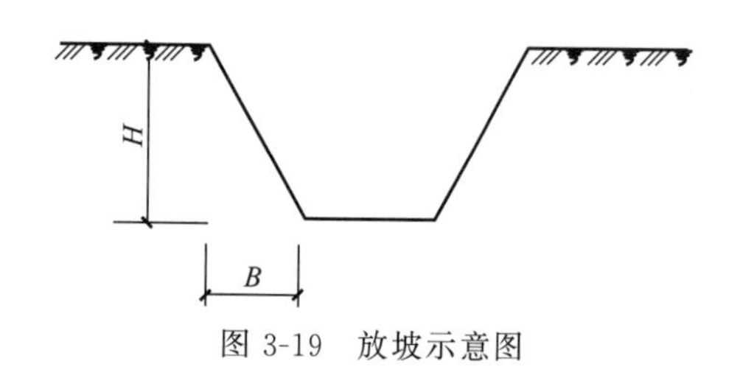

图 3-19　放坡示意图

$$土方坡度=\frac{H}{B}=\frac{1}{\frac{B}{H}}=1:\frac{B}{H}$$

设 $K=\frac{B}{H}$，得

$$土方坡度=1:K$$

故称 K 为放坡系数。

放坡系数的大小通常由施工组织设计确定，当施工组织设计无规定时也可由当地建设主管部门规定的土壤放坡系数确定。表 3-8 为一般规定的挖土方、地槽、地坑的放坡起点及放坡系数表。

表 3-8　放坡系数（K）表

土类别	放坡起点/m	人工挖土（1：K）	机械挖土（1：K）		
			在坑内作业	在坑上作业	顺沟槽在坑上作业
一、二类土	1.20	1：0.5	1：0.33	1：0.75	1：0.5
三类土	1.50	1：0.33	1：0.25	1：0.67	1：0.33
四类土	2.00	1：0.25	1：0.10	1：0.33	1：025

注：1. 沟槽、基坑中土类别不同时，分别按其放坡起点、放坡系数，依不同土类别厚度加权平均计算。
2. 计算放坡时，在交接处的重复工程量不予扣除，原槽、坑作基础垫层时，放坡自垫层上表面开始计算。

【例 3-14】 已知开挖深度 $H=2.2$m，槽底宽度 $A=2.0$m，土质为三类土，采用人工开挖。试确定上口开挖宽度是多少？

【解】 查表 3-8 可知，三类土放坡起点深度 $h=1.5$m，人工挖土的放坡系数 $K=0.33$。由于开挖深度 H 大于放坡起点深度 h，故采取放坡开挖。

（1）每边边坡宽度 B

$$B=KH=0.33\times2.2\text{m}\approx0.73\text{m}$$

（2）上口开宽度 A'

$$A'=A+2B\approx2.0\text{m}+2\times0.73\text{m}=3.46\text{m}$$

【例 3-15】 已知某基坑开挖深度 $H=10$m。其中表层土为一、二类土，厚 $h_1=2$m，中层土为三类土，厚 $h_2=5$m；下层土为四类土，厚 $h_3=3$m。采用正铲挖土机在坑底开挖。试确定其放坡系数。

【解】 对于这种在同一坑内有三种不同类别土壤的情况，根据有关规定应分别按各自放坡起点、放坡系数，依不同土壤厚度加权平均计算其放坡系数。

查表 3-8 可知，一、二类土放坡系数 $K_1=0.33$；三类土放坡系数 $K_2=0.25$；四类土放坡系数 $K_3=0.10$。

综合放坡系数：

$$K=\frac{K_1h_1+K_2h_2+K_3h_3}{H}=\frac{0.33\times2+0.25\times5+0.10\times3}{10}\approx0.22$$

4. 工作面

根据基础施工的需要，挖土时按基础垫层的双向尺寸向周边放出一定范围的操作面积，作为工人施工时的操作空间，这个单边放出的宽度，就称为工作面。

基础工程施工时所需要增设的工作面，应根据已批准的施工组织设计确定。但在编制工程造价时，则应按企业定额规定计算。如某企业定额规定工作面增加如下：

① 砖基础每边增加工作面 20cm。

② 浆砌毛石、条石基础每边增加工作面 15cm。

③ 混凝土基础或垫层需支模板时，每边增加工作面 30cm。

④ 基础垂直面做防水层时，每边增加工作面 80cm（防水层面）。

5. 其他需要注意事项

其他需要注意事项的具体内容如下。

① 当开挖深度超过放坡起点深度时，可以采用放坡开挖，也可以采用支挡土板开挖或采取其他的支护措施。编制造价时应根据已批准的施工组织设计规定选定，如果施工组织设计无规定，则均应按放坡开挖编制造价。

② 定额内所列的放坡起点、放坡系数、工作面，仅作为编制造价时计算土方工程量使用。实际施工中，应根据具体的土质情况和挖土深度，按照安全操作规程和施工组织设计的要求放坡和设置工作面，以保证施工安全和操作要求。实际施工中无论是否放坡，无论放坡系数多少，均按定额内的放坡系数计算工程量，不得调整。定额与实际工作面差异所发生的土方量差，亦不允许调整。

③ 当造价内计算了放坡工程量后，实际施工中由于边坡坡度不足所造成的边坡塌方，其经济损失应由承包商承担，工程合同工期也不得顺延；发生的边坡小面积支挡土板，也不得套用支挡土板计算费用，其费用由承包商承担。

④ 当开挖深度超过放坡起点深度，而实际施工中某边土壁又无法采用放坡施工（例如与原有建筑物或道路相邻一侧的开挖、稳定性较差的杂填土层的开挖等），确需采用支挡土板开挖时，必须有相应的已批准的施工组织设计，方可按支挡土板开挖编制工程造价。否则，不论实际是否需要采用支挡土板开挖，均按放坡开挖编制，支挡土板所用工料不得列入工程造价。

⑤ 计算支挡土板开挖的挖土工程量时，按图示槽、坑底宽度尺寸每边各增加工作面 10cm 计算。这 10cm 为支挡土板所占宽度。

⑥ 已批准的施工组织设计采用护坡桩或其他方法支护时，不得再按放坡或支挡土板开挖编制造价。但打护坡桩或其他支护应另列项目计算。

（三）人工与机械土石方计算说明

1. 人工土石方

人工土石方计算的具体内容如下。

① 人工挖地槽、地坑定额深度最深为 6m，超过 6m 时，可另作补充定额。

② 人工土方定额是按干土编制的，当挖湿土时，人工乘以系数 1.18。干湿的划分，应以地质勘测资料以地下常水位为准，地下常水位以上为干土，以下为湿土。

③ 人工挖孔桩定额，适用于在有安全防护措施的条件下施工。

④ 定额中未包括地下水位以下施工的排水费用，发生时另行计算。挖土方时如有地表水需要排除，亦应另行计算。

⑤ 支挡土板定额项目分为密撑和疏撑。密撑是指满支挡土板，疏撑是指间隔支挡土板。实际间距不同时，定额不做调整。

⑥ 在有挡土板支撑下挖土方时，按实挖体积，人工乘以系数 1.43。

⑦ 挖桩间土方时，按实挖体积（扣除桩体占用体积），人工乘以系数 1.5。

⑧ 人工挖孔桩，桩内垂直运输方式按人工考虑。如深度超过 12m 时，16m 以内按 12m 项目人工用量乘以系数 1.3 计算；20m 以内乘以系数 1.5 计算。同一孔内土壤类别不同时，

按定额加权计算；遇有流砂、流泥时，另行处理。

⑨ 场地竖向布置挖填土方时，不再计算平整场地的工程量。

⑩ 石方爆破定额是按炮眼法松动爆破编制的，不分明炮、闷炮，但闷炮的覆盖材料应另行计算。

⑪ 石方爆破定额是按电雷管导电起爆编制的，当采用火雷管爆破时，雷管应换算，数量不变。扣除定额中的胶质导线，换为导火索，导火索的长度按每个雷管 2.12m 计算。

2. 机械土石方

① 岩石分类，详见表 3-6。

② 推土机推土、推石碴，铲运机铲运土，重车上坡时，如果坡度大于 5%，其运距按坡度区段斜长乘以表 3-9 中的系数计算。

表 3-9 不同坡度时的运距计算系数

坡度/%	5～10	15 以内	20 以内	25 以内
系数	1.75	2.0	2.25	2.50

③ 汽车、人力车、重车上坡降效因素，已综合在相应的运输定额项目中，不再另行计算。

④ 机械挖土方工程量，按机械挖土方 90%、人工挖土方 10%计算；人工挖土部分按相应定额项目人工乘以系数 2。

⑤ 土壤含水率定额是以天然含水率为准制定：含水率大于 25%时，定额人工、机械乘以系数 1.15；含水率大于 40%时另行计算。

⑥ 推土机推土或铲运机铲土土层平均厚度小于 300mm 时，推土机台班用量乘以系数 1.25，铲运机台班用量乘以系数 1.17。

⑦ 挖掘机在垫板上进行作业时，人工、机械乘以系数 1.25，定额内不包括垫板铺设所需的工料、机械消耗。

⑧ 推土机、铲运机，推、铲未经压实的积土时，按定额项目乘以系数 0.73。

⑨ 机械土方定额是按三类土编制的。当实际土壤类别不同时，定额中机械台班量乘以表 3-10 中的系数。

表 3-10 不同土壤类别的机械台班计算系数

项目	一、二类土壤	四类土壤
推土机推土方	0.84	1.18
铲运机铲土方	0.84	1.26
自行铲运机铲土方	0.86	1.09
挖掘机挖土方	0.84	1.14

⑩ 定额中的爆破材料是按炮孔中无地下渗水、积水编制的。炮孔中出现地下渗水、积水时，处理渗水或积水发生的费用另行计算。定额内未计爆破时所需覆盖的安全网、草袋及架设安全屏障等设施，发生时另行计算。

⑪ 机械上下行驶坡道土方，合并在土方工程量内计算。

⑫ 汽车运土运输道路是按一、二、三类道路综合确定的，已考虑了运输过程中道路清理的人工；需要铺筑材料时，另行计算。

（四）土石方工程量计算一般规则

① 土方体积均以挖掘前的天然密实体积为准计算。当必须以天然密实体积折算时，可

按表 3-11 所列数值换算。

表 3-11　土方体积折算表

虚方体积	天然密实度体积	夯实后体积	松填体积
1.00	0.77	0.67	0.83
1.30	1.00	0.87	1.08
1.50	1.15	1.00	1.25
1.20	0.92	0.80	1.00

② 石方体积应以挖掘前的天然密实体积为准计算。当需按天然密实体积折算时，可按表 3-12 所列数值换算。

表 3-12　石方体积折算表

石方类别	天然密实度体积	虚方体积	松填体积	码方
石方	1.0	1.54	1.31	
块石	1.0	1.75	1.43	1.67
砂夹石	1.0	1.07	0.94	

③ 挖土一律以设计室外地坪标高为准计算。

（五）平整场地及碾压工程量计算

① 人工平整场地是指建筑场地挖、填土方厚度在±30cm 以内及找平。挖、填土方厚度超过±30cm 时，按场地土方平衡竖向布置图另行计算。

② 平整场地工程量按建筑物外墙外边线每边各加 2m，以平方米计算。

③ 建筑场地原土碾压以平方米计算，填土碾压按图示填土厚度以立方米计算。

（六）挖掘沟槽、基坑土方工程量计算

① 沟槽、基坑按照以下规定进行划分：

a. 凡图示沟槽底宽在 3m 以内，且沟槽长大于槽宽三倍以上的，为沟槽；

b. 凡图示基坑底面积在 $20m^2$ 以内的为基坑；

c. 凡图示沟槽底宽 3m 以外，坑底面积 $20m^2$ 以外，平整场地挖土方厚度在 30cm 以外，均按挖土方计算。

② 计算挖沟槽、基坑、土方工程量需放坡时，放坡系数按表 3-8 规定计算。

③ 挖沟槽、基坑需支挡土板时，其宽度按图示沟槽、基坑底宽，单面加 10cm，双面加 20cm 计算。挡土板面积，按槽、坑垂直面的支撑面积计算。支挡土板后，不得再计算放坡。

④ 管沟施工所增加的工作面，按表 3-13 规定计算。

表 3-13　管沟施工所增加的工作面

管沟材料	增加的工作面			
	管道结构宽≤500	管道结构宽≤1000	管道结构宽≤2500	管道结构宽>2500
混凝土及钢筋混凝土管道	400	500	600	700
其他材质管道	300	400	500	600

注：1. 本表按《全国统一建筑工程预算工程量计算规则》（GJDGZ-101—95）整理。

2. 管道结构宽：有管座的按基础外缘，无管座的按管道外径。

⑤ 基础施工所需工作面，按表 3-14 规定计算。

表 3-14　基础施工所需工作面宽度计算表

基础材料	每边增加工作面宽度/mm
砖基础	200
浆砌毛石、条石基础	150
混凝土基础垫层支模板	300
混凝土基础支模板	300
基础垂直面作防水层	800(防水层面)

⑥ 挖沟槽长度，外墙按图示中心线长度计算，内墙按图示基础底面之间净长线长度计算；内外突出部分（垛、附墙烟囱等）体积并入沟槽土方工程量内计算。

⑦ 人工挖土方深度超过 1.5m 时，按表 3-15 增加工日。

表 3-15　人工挖土方（每 $100m^3$）超深增加工日表

深 2m 以内	深 4m 以内	深 6m 以内
5.55 工日	17.60 工日	26.16 工日

⑧ 挖管道沟槽按图示中心线长度计算。沟底宽度，设计有规定的，按设计规定尺寸计算；设计无规定的，可按表 3-16 规定宽度计算。

表 3-16　管道地沟沟底宽度计算表　　单位：m

管径/mm	铸铁管、钢管、石棉水泥管	混凝土、钢筋混凝土、预应力混凝土管	陶土管
50～70	0.60	0.80	0.70
100～200	0.70	0.90	0.80
250～350	0.80	1.00	0.90
400～450	1.00	1.30	1.10
500～600	1.30	1.50	1.40
700～800	1.60	1.80	—
900～1000	1.80	2.00	—
1100～1200	2.00	2.30	—
1300～1400	2.20	2.60	—

注：1. 按上表计算管道沟土方工程量时，各种井类及管道（不含铸铁给排水管）接口等处需加宽，增加的土方量不再另行计算。底面积大于 $20m^2$ 的井类，其增加工程量并入管沟土方内计算。

2. 铺设铸铁给排水管道时，其接口等处土方增加量可按铸铁给排水管道地沟土方总量的 2.5%计算。

⑨ 沟槽、基坑深度，按图示槽、坑底面至室外地坪深度计算；管道地沟按图示沟底至室外地坪深度计算。

（七）土（石）方回填与运输计算

1. 土（石）方回填

土（石）方回填土区分夯填、松填，按图示回填体积并依下列规定，以“m^3”计算。

① 沟槽、基坑回填土，沟槽、基坑回填体积以挖方体积减去设计室外地坪以下埋设砌筑物（包括：基础垫层、基础等）体积计算。

② 管道沟槽回填，以挖方体积减去管径所占体积计算。管径在 500mm 以下的不扣除管道所占体积；管径超过 500mm 时，按表 3-17 规定扣除管道所占体积计算。

表 3-17　管道扣除土方体积

管道名称	管道扣除土方体积/m^3					
	ϕ501～600	ϕ601～800	ϕ801～1000	ϕ1001～1200	ϕ1201～1400	ϕ1401～1600
钢管	0.21	0.44	0.71			
铸铁管	0.24	0.49	0.77			
混凝土管	0.33	0.60	0.92	1.15	1.35	1.55

③ 房心回填土，按主墙之间的面积乘以回填土厚度计算。

④ 余土或取土工程量，可按下式计算：

余土外运体积＝挖土总体积－回填土总体积

当计算结果为正值时，为余土外运体积，负值时为取土体积。

⑤ 地基强夯按设计图示强夯面积区分夯击能量，夯击遍数以“m^2”计算。

2. 土方运距计算规则

① 推土机推土运距：按挖方区重心至回填区重心之间的直线距离计算。

② 铲运机运土运距：按挖方区重心至卸土区重心加转向距离 45m 计算。

③ 自卸汽车运土运距：按挖方区重心至填土区（或堆放地点）重心的最短距离计算。

（八）石方工程

岩石开凿及爆破工程量，按不同石质采用不同方法计算：

① 人工凿岩石，按图示尺寸以“m^3”计算。

② 爆破岩石按图示尺寸以“m^3”计算，其沟槽、基坑深度、宽度允许超挖量：次坚石为 200mm，特坚石为 150mm，超挖部分岩石并入岩石挖方量之内计算。

（九）井点降水计算

井点降水计算的具体内容如下。

① 井点降水区别轻型井点、喷射井点、大口径井点、电渗井点、水平井点，按不同井臂深度的井管安装，拆除，以根为单位计算，使用按套、天计算。

② 井点套组成。轻型井点，50 根为 1 套；喷射井点，30 根为 1 套；大口径井点，45 根为 1 套；电渗井点阳极，30 根为 1 套；水平井点，10 根为 1 套。

③ 井管间距应根据地质条件和施工降水要求，依施工组织设计确定，施工组织设计没有规定时，可按轻型井点管距 0.8～1.6m，喷射井点管距 2～3m 确定。

④ 使用天应以一昼夜（24h）为一天，使用天数应按施工组织设计规定的使用天数计算。

第四节　地基处理与边坡支护工程工程量的计算

（一）地基处理

工程量清单项目设置、项目特征描述的内容、计量单位及工程量计算规则，应按表 3-18 的规定执行。

表 3-18　地基处理（编号：010201）

项目编码	项目名称	项目特征	计量单位	工程量计算规则	工作内容
010201001	换填垫层	1. 材料种类及配比 2. 压实系数 3. 掺加剂品种	m^3	按设计图示尺寸以体积计算	1. 分层铺填 2. 碾压、振密或夯实 3. 材料运输

续表

<table>
<tr><th>项目编码</th><th>项目名称</th><th>项目特征</th><th>计量单位</th><th>工程量计算规则</th><th>工作内容</th></tr>
<tr><td>010201002</td><td>铺设土工合成材料</td><td>1. 部位
2. 品种
3. 规格</td><td rowspan="4">m^2</td><td>按设计图示尺寸以面积计算</td><td>1. 挖填锚固沟
2. 铺设
3. 固定
4. 运输</td></tr>
<tr><td>010201003</td><td>预压地基</td><td>1. 排水竖井种类、断面尺寸、排列方式、间距、深度
2. 预压方法
3. 预压荷载、时间
4. 砂垫层厚度</td><td rowspan="3">按设计图示尺寸以加固面积计算</td><td>1. 设置排水竖井、盲沟、滤水管
2. 铺设砂垫层、密封膜
3. 堆载、卸载或抽气设备安拆、抽真空
4. 材料运输</td></tr>
<tr><td>010201004</td><td>强夯地基</td><td>1. 夯击能量
2. 夯击遍数
3. 地耐力要求
4. 夯填材料种类</td><td>1. 铺设夯填材料
2. 强夯
3. 夯填材料运输</td></tr>
<tr><td>010201005</td><td>振冲密实（不填料）</td><td>1. 地层情况
2. 振密深度
3. 孔距</td><td>1. 振冲加密
2. 泥浆运输</td></tr>
<tr><td>010201006</td><td>振冲桩（填料）</td><td>1. 地层情况
2. 空桩长度、桩长
3. 桩径
4. 填充材料种类</td><td rowspan="2">1. m
2. m^3</td><td>1. 以米计量，按设计图示尺寸以桩长计算
2. 以立方米计量，按设计桩截面乘以桩长以体积计算</td><td>1. 振冲成孔、填料、振实
2. 材料运输
3. 泥浆运输</td></tr>
<tr><td>010201007</td><td>砂石桩</td><td>1. 地层情况
2. 空桩长度、桩长
3. 桩径
4. 成孔方法
5. 材料种类、级配</td><td>1. 以米计量，按设计图示尺寸以桩长（包括桩尖）计算
2. 以立方米计量，按设计桩截面乘以桩长（包括桩尖）以体积计算</td><td>1. 成孔
2. 填充、振实
3. 材料运输</td></tr>
<tr><td>010201008</td><td>水泥粉煤灰碎石桩</td><td>1. 地层情况
2. 空桩长度、桩长
3. 桩径
4. 成孔方法
5. 混合料强度等级</td><td>m</td><td>按设计图示尺寸以桩长（包括桩尖）计算</td><td>1. 成孔
2. 混合料制作、灌注、养护
3. 材料运输</td></tr>
<tr><td>010201009</td><td>深层搅拌桩</td><td>1. 地层情况
2. 空桩长度、桩长
3. 桩截面尺寸
4. 水泥强度等级、掺量</td><td rowspan="3">m</td><td>按设计图示尺寸以桩长计算</td><td>1. 预搅下钻、水泥浆制作、喷浆搅拌、提升成桩
2. 材料运输</td></tr>
<tr><td>010201010</td><td>粉喷桩</td><td>1. 地层情况
2. 空桩长度、桩长
3. 桩径
4. 粉体种类、掺量
5. 水泥强度等级、石灰粉要求</td><td>按设计图示尺寸以桩长计算</td><td>1. 预搅下钻、喷粉搅拌提升成桩
2. 材料运输</td></tr>
<tr><td>010201011</td><td>夯实水泥土桩</td><td>1. 地层情况
2. 空桩长度、桩长
3. 桩径
4. 成孔方法
5. 水泥强度等级
6. 混合料配比</td><td>按设计图示尺寸以桩长（包括桩尖）计算</td><td>1. 成孔、夯底
2. 水泥土拌和、填料、夯实
3. 材料运输</td></tr>
</table>

续表

<table>
<tr><th>项目编码</th><th>项目名称</th><th>项目特征</th><th>计量单位</th><th>工程量计算规则</th><th>工作内容</th></tr>
<tr><td>010201012</td><td>高压喷射注浆桩</td><td>1. 地层情况
2. 空桩长度、桩长
3. 桩截面
4. 注浆类型、方法
5. 水泥强度等级</td><td rowspan="4">m</td><td>按设计图示尺寸以桩长计算</td><td>1. 成孔
2. 水泥浆制作、高压喷射注浆
3. 材料运输</td></tr>
<tr><td>010201013</td><td>石灰桩</td><td>1. 地层情况
2. 空桩长度、桩长
3. 桩径
4. 成孔方法
5. 掺和料种类、配合比</td><td rowspan="2">按设计图示尺寸以桩长(包括桩尖)计算</td><td>1. 成孔
2. 混合料制作、运输、夯填</td></tr>
<tr><td>010201014</td><td>灰土(土)挤密桩</td><td>1. 地层情况
2. 空桩长度、桩长
3. 桩径
4. 成孔方法
5. 灰土级配</td><td>1. 成孔
2. 灰土拌和、运输、填充、夯实</td></tr>
<tr><td>010201015</td><td>柱锤冲扩桩</td><td>1. 地层情况
2. 空桩长度、桩长
3. 桩径
4. 成孔方法
5. 桩体材料种类、配合比</td><td>按设计图示尺寸以桩长计算</td><td>1. 安拔套管
2. 冲孔、填料、夯实
3. 桩体材料制作、运输</td></tr>
<tr><td>010201016</td><td>注浆地基</td><td>1. 地层情况
2. 空钻深度、注浆深度
3. 注浆间距
4. 浆液种类及配比
5. 注浆方法
6. 水泥强度等级</td><td>1. m
2. m^3</td><td>1. 以米计量，按设计图示尺寸以钻孔深度计算
2. 以立方米计量，按设计图示尺寸以加固体积计算</td><td>1. 成孔
2. 注浆导管制作、安装
3. 浆液制作、压浆
4. 材料运输</td></tr>
<tr><td>010201017</td><td>褥垫层</td><td>1. 厚度
2. 材料品种及比例</td><td>1. m^2
2. m^3</td><td>1. 以平方米计量，按设计图示尺寸以铺设面积计算
2. 以立方米计量，按设计图示尺寸以体积计算</td><td>材料拌和、运输、铺设、压实</td></tr>
</table>

注：1. 项目特征中的桩长应包括桩尖，空桩长度＝孔深－桩长，孔深为自然地面至设计桩底的深度。
2. 高压喷射注浆类型包括旋喷、摆喷、定喷，高压喷射注浆方法包括单管法、双重管法、三重管法。
3. 如采用泥浆护壁成孔，工作内容包括土方、废泥浆外运；如采用沉管灌注成孔，工作内容包括桩尖制作、安装。

【例 3-16】 某办公楼工程地基处理工程采用粉喷桩施工，如图 3-20 所示，三类土，桩径为 500mm，共有 35 个这样的粉喷桩，计算粉喷桩的工程量。

【解】 项目编码：010201010 项目名称：粉喷桩

工程量计算规则：按设计图示尺寸以桩长计算。

粉喷桩的工程量＝(8＋0.6)×35＝301.00(m)

【例 3-17】 某办公楼基础工程采用夯实水泥土桩进行地基处理，如图 3-21 所示，三类土，桩尖长 550mm，共有 750 根，计算夯实水泥土桩的工程量。

【解】 项目编码：010201011 项目名称：夯实水泥土桩

工程量计算规则：按设计图示尺寸以桩长（包括桩尖）计算。

夯实水泥土桩的工程量＝8.5×750＝6375.00(m)

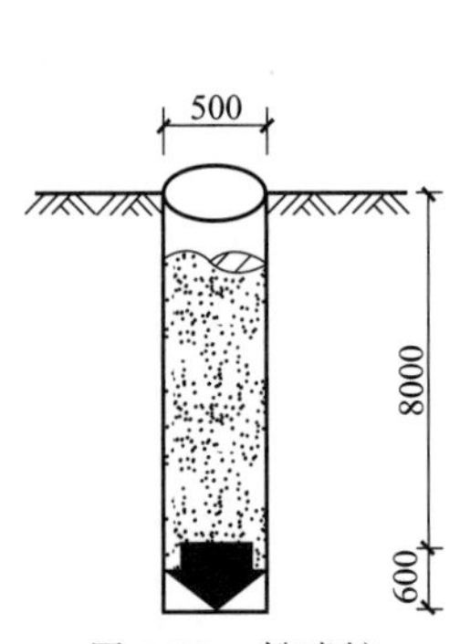

图 3-20 粉喷桩

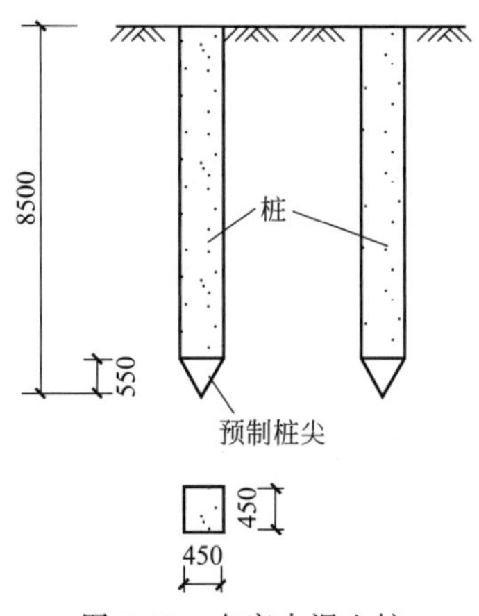

图 3-21 夯实水泥土桩

(二) 基坑与边坡支护

工程量清单项目设置、项目特征描述的内容、计量单位及工程量计算规则，应按表 3-19 的规定执行。

表 3-19 基坑与边坡支护（编码：010202）

项目编码	项目名称	项目特征	计量单位	工程量计算规则	工作内容
010202001	地下连续墙	1. 地层情况 2. 导墙类型、截面 3. 墙体厚度 4. 成槽深度 5. 混凝土种类、强度等级 6. 接头形式	m^3	按设计图示墙中心线长×厚度×槽深以体积计算	1. 导墙挖填、制作、安装、拆除 2. 挖土成槽、固壁、清底置换 3. 混凝土制作、运输、灌注、养护 4. 接头处理 5. 土方、废泥浆外运 6. 打桩场地硬化及泥浆池、泥浆沟
010202002	咬合灌注桩	1. 地层情况 2. 桩长 3. 桩径 4. 混凝土种类、强度等级 5. 部位	1. m 2. 根	1. 以米计量，按设计图示尺寸以桩长计算 2. 以根计量，按设计图示数量计算	1. 成孔、固壁 2. 混凝土制作、运输、灌注、养护 3. 套管压拔 4. 土方、废泥浆外运 5. 打桩场地硬化及泥浆池、泥浆沟
010202003	圆木桩	1. 地层情况 2. 桩长 3. 材质 4. 尾径 5. 桩倾斜度	1. m 2. 根	1. 以米计量，按设计图示尺寸以桩长(包括桩尖)计算 2. 以根计量，按设计图示数量计算	1. 工作平台搭拆 2. 桩机移位 3. 桩靴安装 4. 沉桩
010202004	预制钢筋混凝土板桩	1. 地层情况 2. 送桩深度、桩长 3. 桩截面 4. 沉桩方式 5. 连接方式 6. 混凝土强度等级	1. m 2. 根	1. 以米计量，按设计图示尺寸以桩长(包括桩尖)计算 2. 以根计量，按设计图示数量计算	1. 工作平台搭拆 2. 桩机移位 3. 沉桩 4. 板桩连接

续表

项目编码	项目名称	项目特征	计量单位	工程量计算规则	工作内容
010202005	型钢桩	1. 地层情况或部位 2. 送桩深度、桩长 3. 规格型号 4. 桩倾斜度 5. 防护材料种类 6. 是否拔出	1. t 2. 根	1. 以吨计量，按设计图示尺寸以质量计算 2. 以根计量，按设计图示数量计算	1. 工作平台搭拆 2. 桩机移位 3. 打(拔)桩 4. 接桩 5. 刷防护材料
010202006	钢板桩	1. 地层情况 2. 桩长 3. 板桩厚度	1. t 2. m^2	1. 以吨计量，按设计图示尺寸以质量计算 2. 以平方米计量，按设计图示墙中心线长×桩长以面积计算	1. 工作平台搭拆 2. 桩机移位 3. 打拔钢板桩
010202007	锚杆(锚索)	1. 地层情况 2. 锚杆(索)类型、部位 3. 钻孔深度 4. 钻孔直径 5. 杆体材料品种、规格、数量 6. 预应力 7. 浆液种类、强度等级	1. m 2. 根	1. 以米计量，按设计图示尺寸以钻孔深度计算 2. 以根计量，按设计图示数量计算	1. 钻孔、浆液制作、运输、压浆 2. 锚杆(锚索)制作、安装 3. 张拉锚固 4. 锚杆(锚索)施工平台搭设、拆除
010202008	土钉	1. 地层情况 2. 钻孔深度 3. 钻孔直径 4. 置入方法 5. 杆体材料品种、规格、数量 6. 浆液种类、强度等级			1. 钻孔、浆液制作、运输、压浆 2. 土钉制作、安装 3. 土钉施工平台搭设、拆除
010202009	喷射混凝土、水泥砂浆	1. 部位 2. 厚度 3. 材料种类 4. 混凝土(砂浆)类别、强度等级	m^2	按设计图示尺寸以面积计算	1. 修整边坡 2. 混凝土(砂浆)制作、运输、喷射、养护 3. 钻排水孔、安装排水管 4. 喷射施工平台搭设、拆除
010202010	钢筋混凝土支撑	1. 部位 2. 混凝土种类 3. 混凝土强度等级	m^3	按设计图示尺寸以体积计算	1. 模板(支架或支撑)制作、安装、拆除、堆放、运输及清理模内杂物、刷隔离剂等 2. 混凝土制作、运输、浇筑、振捣、养护
010202011	钢支撑	1. 部位 2. 钢材品种、规格 3. 探伤要求	t	按设计图示尺寸以质量计算。不扣除孔眼质量，焊条、铆钉、螺栓等不另增加质量	1. 支撑、铁件制作(摊销、租赁) 2. 支撑、铁件安装 3. 探伤 4. 刷漆 5. 拆除 6. 运输

知识拓展

① 土钉置入方法包括钻孔置入、打入或射入等。

② 混凝土种类：指清水混凝土、彩色混凝土等，当在同一地区既使用预拌（商品）混凝土，又允许现场搅拌混凝土时，也应注明（下同）。

③ 地下连续墙和喷射混凝土（砂浆）的钢筋网、咬合灌注桩的钢筋笼及钢筋混凝土支撑的钢筋制作、安装，按混凝土及钢筋混凝土工程中相关项目列项。本分部未列的基坑与边坡支护的排桩按桩基工程中相关项目列项。水泥土墙、坑内加固按地基处理中相关项目编码列项。砖、石挡土墙、护坡按砌筑工程中相关项目编码列项。混凝土挡土墙按混凝土及钢筋混凝土工程中相关项目列项。

【例 3-18】 某办公楼基坑与边坡支护工程采用地下连续墙，如图 3-22 所示，土壤类别为三类土，墙体厚度为 300mm，成槽深度 4.5m，计算地下连续墙的工程量。

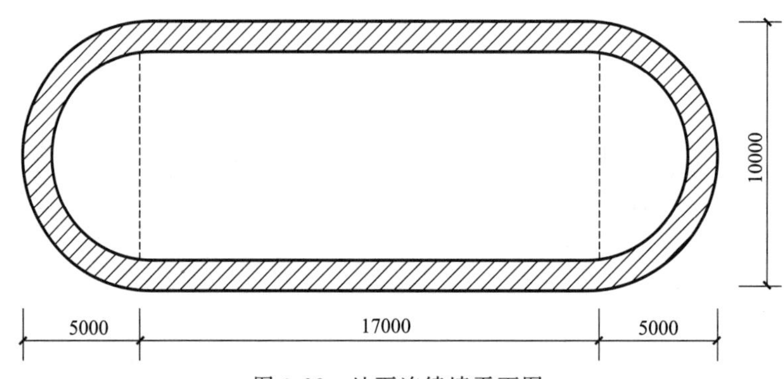

图 3-22 地下连续墙平面图

【解】 项目编码：010202001 项目名称：地下连续墙

工程量计算规则：按设计图示墙中心线长×厚度×槽深以体积计算。

$$\text{地下连续墙的工程量} \approx \left[17\times2+\frac{1}{2}\times3.14\times(10-0.3)\times2\right]\times0.3\times4.5\approx87.02(\text{m}^3)$$

【例 3-19】 某办公楼工程采用圆木桩进行基坑与边坡支护，土壤类别为二类土，桩长 9m，圆木桩直径为 90mm，共计 18 根，计算圆木桩的工程量。

【解】 项目编码：010202003 项目名称：圆木桩

工程量计算规则：①以米计量，按设计图示尺寸以桩长（包括桩尖）计算。②以根计量，按设计图示数量计算。

圆木桩的工程量＝18(根)

第五节 桩基工程工程量的计算

一、桩基工程工程量计算规则

（一）打桩

工程量清单项目设置、项目特征描述的内容、计量单位及工程量计算规则，应按表 3-20 的规定执行。

表 3-20　打桩（编号：010301）

项目编码	项目名称	项目特征	计量单位	工程量计算规则	工作内容
010301001	预制钢筋混凝土方桩	1. 地层情况 2. 送桩深度、桩长 3. 桩截面 4. 桩倾斜度 5. 沉桩方式 6. 接桩方式 7. 混凝土强度等级	1. m 2. m^3 3. 根	1. 以米计量，按设计图示尺寸以桩长(包括桩尖)计算 2. 以立方米计量，按设计图示截面积乘以桩长(包括桩尖)以实体积计算 3. 以根计量，按设计图示数量计算	1. 工作平台搭拆 2. 桩机竖拆、移位 3. 沉桩 4. 接桩 5. 送桩
010301002	预制钢筋混凝土管桩	1. 地层情况 2. 送桩深度、桩长 3. 桩外径、壁厚 4. 桩倾斜度 5. 沉桩方式 6. 接桩方式 7. 混凝土强度等级 8. 填充材料种类 9. 防护材料种类			1. 工作平台搭拆 2. 桩机竖拆、移位 3. 沉桩 4. 接桩 5. 送桩 6. 桩尖制作安装 7. 填充材料、刷防护材料
010301003	钢管桩	1. 地层情况 2. 送桩深度、桩长 3. 材质 4. 管径、壁厚 5. 桩倾斜度 6. 沉桩方法 7. 填充材料种类 8. 防护材料种类	1. t 2. 根	1. 以吨计量，按设计图示尺寸以质量计算 2. 以根计量，按设计图示数量计算	1. 工作平台搭拆 2. 桩机竖拆、移位 3. 沉桩 4. 接桩 5. 送桩 6. 切割钢管、精割盖帽 7. 管内取土 8. 填充材料、刷防护材料
010301004	截(凿)桩头	1. 桩类型 2. 桩头截面、高度 3. 混凝土强度等级 4. 有无钢筋	1. m^3 2. 根	1. 以立方米计量，按设计桩截面乘以桩头长度以体积计算 2. 以根计量，按设计图示数量计算	1. 截桩头 2. 凿平 3. 废料外运

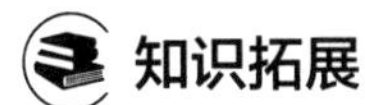

知识拓展

① 项目特征中的桩截面、混凝土强度等级、桩类型等可直接用标准图代号或设计桩型进行描述。

② 预制钢筋混凝土方桩、预制钢筋混凝土管桩项目以成品桩编制，应包括成品桩购置费，如果用现场预制，应包括现场预制桩的所有费用。

③ 打试验桩和打斜桩应按相应项目编码单独列项，并应在项目特征中注明试验桩或斜桩（斜率）。

④ 截（凿）桩头项目适用于地基处理与边坡支护工程、桩基工程所列桩的桩头截（凿）。

⑤ 预制钢筋混凝土管桩桩顶与承台的连接构造按混凝土及钢筋混凝土工程相关项目列项。

【例 3-20】 某教学楼桩基工程采用预制钢筋混凝土方桩进行打桩，如图 3-23 所示，土壤类别为二类土，用液压打桩机打桩，桩尖长度为 500mm，桩截面为 300mm×300mm，混凝土强度等级为 C30，送桩深度 4.5m，共 40 根，计算预制钢筋混凝土方桩工程量。

【解】 项目编码：010301001 项目名称：预制钢筋混凝土方桩

工程量计算规则：①以米计量，按设计图示尺寸以桩长（包括桩尖）计算。②以立方米计量，按设计图示截面积×桩长（包括桩尖）以实体积计算。③以根计量，按设计图示数量计算。

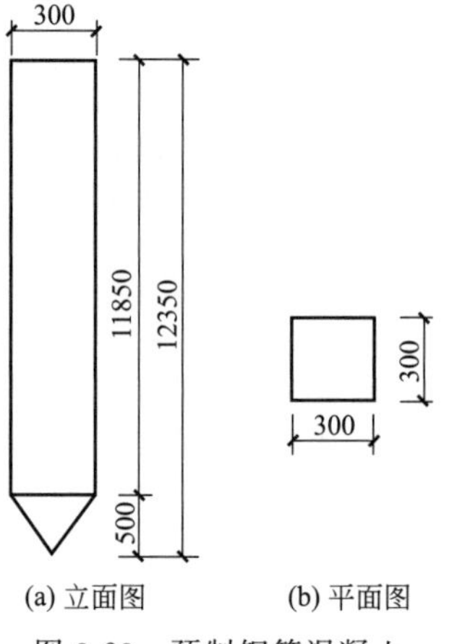

图 3-23 预制钢筋混凝土方桩示意图

预制钢筋混凝土方桩工程量＝(0.30×0.30)×(11.85＋0.5)×40

＝0.09×12.35×40＝44.46(m^3)

【例 3-21】 某工程打桩采用钢管桩，直径为 1000mm，壁厚为 100mm，土壤类别为三类土，混凝土强度等级为 C30，共 42 根，计算该钢管桩的工程量。

【解】 项目编码：010301003 项目名称：钢管桩

工程量计算规则：①以吨计量，按设计图示尺寸以质量计算。②以根计量，按设计图示数量计算。

钢管桩的工程量＝42(根)

（二）灌注桩

工程量清单项目设置、项目特征描述的内容、计量单位及工程量计算规则，应按表 3-21 的规定执行。

表 3-21 灌注桩（编号：010302）

项目编码	项目名称	项目特征	计量单位	工程量计算规则	工作内容
010302001	泥浆护壁成孔灌注桩	1. 地层情况 2. 空桩长度、桩长 3. 桩径 4. 成孔方法 5. 护筒类型、长度 6. 混凝土类别、强度等级	1. m 2. m^3 3. 根	1. 以米计量，按设计图示尺寸以桩长(包括桩尖)计算 2. 以立方米计量，按不同截面在桩长范围内以体积计算 3. 以根计量，按设计图示数量计算	1. 护筒埋设 2. 成孔、固壁 3. 混凝土制作、运输、灌注、养护 4. 土方、废泥浆外运 5. 打桩场地硬化及泥浆池、泥浆沟
010302002	沉管灌注桩	1. 地层情况 2. 空桩长度、桩长 3. 复打长度 4. 桩径 5. 沉管方法 6. 桩尖类型 7. 混凝土类别、强度等级			1. 打(沉)拔钢管 2. 桩尖制作、安装 3. 混凝土制作、运输、灌注、养护
010302003	干作业成孔灌注桩	1. 地层情况 2. 空桩长度、桩长 3. 桩径 4. 扩孔直径、高度 5. 成孔方法 6. 混凝土类别、强度等级			1. 成孔、扩孔 2. 混凝土制作、运输、灌注、振捣、养护

续表

项目编码	项目名称	项目特征	计量单位	工程量计算规则	工作内容
010302004	挖孔桩土(石)方	1. 土(石)类别 2. 挖孔深度 3. 弃土(石)运距	m^3	按设计图示尺寸截面积乘以挖孔深度,以立方米计算	1. 排地表水 2. 挖土、凿石 3. 基底钎探 4. 运输
010302005	人工挖孔灌注桩	1. 桩芯长度 2. 桩芯直径、扩底直径、扩底高度 3. 护壁厚度、高度 4. 护壁混凝土类别、强度等级 5. 桩芯混凝土类别、强度等级	1. m^3 2. 根	1. 以立方米计量,按桩芯混凝土体积计算 2. 以根计量,按设计图示数量计算	1. 护壁制作 2. 混凝土制作、运输、灌注、振捣、养护
010302006	钻孔压浆桩	1. 地层情况 2. 空钻长度、桩长 3. 钻孔直径 4. 水泥强度等级	1. m 2. 根	1. 以米计量,按设计图示尺寸以桩长计算 2. 以根计量,按设计图示数量计算	钻孔、下注浆管、投放骨料,浆液制作、运输,压浆
010302007	灌注桩后压浆	1. 注浆导管材料、规格 2. 注浆导管长度 3. 单孔注浆量 4. 水泥强度等级	孔	按设计图示以注浆孔数计算	1. 注浆导管制作、安装 2. 浆液制作、运输,压浆

知识拓展

① 项目特征中的桩长应包括桩尖,空桩长度=孔深-桩长,孔深为自然地面至设计桩底的深度。

② 项目特征中的桩截面(桩径)、混凝土强度等级、桩类型等可直接用标准图代号或设计桩型进行描述。

③ 泥浆护壁成孔灌注桩是指在泥浆护壁条件下成孔,采用水下灌注混凝土的桩。其成孔方法包括冲击钻成孔、冲抓锥成孔、回旋钻成孔、潜水钻成孔、泥浆护壁的旋挖成孔等。

④ 沉管灌注桩的沉管方法包括锤击沉管法、振动沉管法、振动冲击沉管法、内夯沉管法等。

⑤ 干作业成孔灌注桩是指在不用泥浆护壁和套管护壁的情况下,用钻机成孔后,下钢筋笼,灌注混凝土的桩,适用于地下水位以上的土层。其成孔方法包括螺旋钻成孔、螺旋钻成孔扩底、干作业的旋挖成孔等。

⑥ 桩基础的承载力检测、桩身完整性检测等费用按国家相关取费标准单独计算,不在本清单项目中。

⑦ 混凝土灌注桩的钢筋笼制作、安装,按混凝土及钢筋混凝土工程中相关项目编码列项。

【例 3-22】 某办公楼工程采用泥浆护壁成孔灌注桩,土壤类别为三类土,桩长 24m,

共12根，计算泥浆护壁成孔灌注桩的工程量。

【解】 项目编码：010302001　项目名称：泥浆护壁成孔灌注桩

工程量计算规则：①以米计量，按图示尺寸以桩长（包括桩尖）计算。②以立方米计量，按不同截面在桩上范围内以体积计算。③以根计量，按设计图示数量计算。

泥浆护壁成孔灌注桩的工程量＝12(根)

【例3-23】 某教学楼工程采用钻孔压浆桩，土壤类别为二类土，桩长25m，共15根，其直径为400mm，水泥强度等级为32.5级，计算钻孔压浆桩的工程量。

【解】 项目编码：010302006　项目名称：钻孔压浆桩

工程量计算规则：①以米计量，按设计图示尺寸以桩长计算。②以根计量，按设计图示数量计算。

钻孔压浆桩的工程量＝25×15＝375(m)

二、桩基工程工程量计算规则详解（附视频）

扫码看视频

混凝土预制桩工程量

（一）桩的分类

桩按施工方法的不同，可分为预制桩和灌注桩两大类。

1. 预制桩

预制桩按所用材料的不同，可分为混凝土预制桩、钢桩和木桩。沉桩的方式有锤击或振动打入、静力压入和旋入等。

（1）混凝土预制桩　混凝土预制桩的截面形状、尺寸和长度可在一定范围内按需要选择，其横截面有方、圆等各种形状。

知识拓展

混凝土预制桩

普通实心方桩的截面边长一般为300～500mm，现场预制桩的长度一般在25～30m以内，工厂预制桩的分节长度一般不超过12m，沉桩时在现场通过接桩连接到所需长度。

预应力混凝土管桩采用先张法预应力工艺和离心成型法制作。经高压蒸汽养护生产的为PHC管桩，其桩身混凝土强度等级为C80或高于C80；未经高压蒸汽养护生产的为PCTP管桩（C60～接近C80）。建筑工程中常用的PHC、PC管桩的外径一般为300～600mm，分节长度为5～13m。

（2）钢桩　常用的钢桩有下端开口或闭口的钢管桩以及H型钢桩等。

知识拓展

钢桩

一般钢管桩的直径为250～1200mm。H型钢桩的穿透能力强，自重轻，锤击沉桩的效果好，承载能力高，无论起吊、运输或是沉桩、接桩都很方便。其缺点是耗钢量大，成本高，因而只在少数重要工程中使用。

（3）木桩　木桩常用松木、杉木做成。其桩径（小头直径）一般为160～260mm，桩长为4～6m。

知识拓展

木桩

木桩自重小，具有一定的弹性和韧性，又便于加工、运输和施工。木桩在淡水环境下是耐久的，但在干湿交替的环境中极易腐烂，故应打入最低地下水位以下0.5m。由于木桩的承载能力很小，以及木材的供应问题，现在只在木材产地和某些应急工程中使用。

2. 灌注桩

灌注桩是直接在所设计桩位处成孔，然后在孔内加入钢筋笼（也有省去钢筋的）再浇灌混凝土而成。与混凝土预制桩比较，灌注桩一般只有根据使用期间可能出现的内力配置钢筋，用钢量较省。当持力层顶面起伏不平时，桩长可在施工过程中根据要求在某一范围内取定。灌注桩的横截面呈圆形，可以做成大直径和扩底桩。保证灌注桩承载力的关键在于施工时桩身的成型和混凝土质量。

灌注桩有不下几十个品种，大体可归纳为沉管灌注桩和钻（冲、磨）孔灌注桩两大类。同一类桩还可按施工机械和施工方法以及直径的不同予以细分。

（1）沉管灌注桩　沉管灌注桩可采用锤击振动、振动冲击等方法沉管成孔，其施工程序为：打桩机就位→沉管→浇注混凝土→边拔管→边振动→安放钢筋笼→继续浇注混凝土→成型。

为了扩大桩径（这时计距不宜太小）和防止缩颈，可对沉管灌注桩加以“复打”。所谓复打，就是在浇灌混凝土并拔出钢管后，立即在原位放置预制桩尖（或闭合管端活瓣）再次沉管，并再浇灌混凝土。复打后的桩，其横截面面积增大，承载力提高，但其造价也相应增加。

（2）钻（冲、磨）孔灌注桩　各种钻孔在施工时都要把桩孔位置处的土排出地面，然后清除孔内残渣，安放钢筋笼，最后浇灌混凝土。直径为600mm或650mm的钻孔桩，常用回转机具成孔，桩长10～30m。目前国内的钻（冲）孔灌注桩在钻进时不下钢套筒，而是利用泥浆保护孔壁以防坍孔，清孔（排走孔底沉渣）后，在水下浇灌混凝土。常用桩径为800mm、1000mm、1200mm等。我国常用灌注桩的适用范围见表3-22。

表3-22　常用灌注桩的适用范围

成孔方法		适用范围
泥浆护壁成孔	冲抓 冲击，直径800mm 回转钻	碎石类土、砂类土、粉土、黏性土及风化岩。冲击成孔的，进入中等风化和微风岩层的速度比回转钻快，深度可达40m以上
	潜水钻600mm，800mm	黏性土、淤泥、淤泥质土及砂土，深度可达50m
干作业成孔	螺旋钻400mm	地下水位以上的黏性土、粉土及人工填土，深度在15m内
	钻孔扩底，底部直径可达1000mm	地下水位以上的坚硬，硬塑的黏性土及中密以上的砂类土
	机动洛阳铲（人工）	地下水位以上黏性土、黄土及人工填土
沉管成孔	锤击340～800mm	硬塑黏性土、粉土、砂类土，直径600mm以上的可达强风化岩，深度可在20～30m
	振动400～500mm	可塑黏性土、中细砂、深度可达20m
爆扩成孔，底部直径可在800mm		地下水位以上的黏性土、黄土、碎石类土及风化岩

(3) 挖孔桩　挖孔桩可采用人工或机械挖掘成孔。人工挖孔桩施工时应人工降低地下水位，每挖深0.9～1.0m，就浇灌或喷射一圈混凝土护壁（上下圈之间用插筋连接），达到所需深度时，再进行扩孔，最后在护壁内安装钢筋和浇灌混凝土。挖孔桩的优点是，可直接观察地层情况，孔底易清除干净，设备简单，噪声小，场区各桩可同时施工，桩径大，适应性强又比较经济。

（二）工程量计算注意事项

① 计算打桩（灌注桩）工程量前应确定下列事项。

a. 确定土质级别。依工程地质资料中的土层构造，土壤的物理、化学性质及每米沉桩时间鉴别适用定额土质级别；

b. 确定施工方法，工艺流程，采用机型，桩、土壤、泥浆运距。

② 打预制钢筋混凝土桩的体积，按设计桩长（包括桩尖，不扣除桩尖虚体积）乘以桩截面面积计算。管桩的空心体积应扣除。当管桩的空心部分按设计要求灌注混凝土或其他填充材料时，应另行计算。

$$方桩：V=FLN$$

式中　V——预制钢筋混凝土桩工程量，m^3；

F——预制钢筋混凝土桩截面面积，m^2；

L——设计桩长（包括桩尖，不扣除桩尖虚体积），m；

N——桩根数。

$$管桩：V=\pi(R^2-r^2)LN$$

式中　R——管桩外半径，m；

r——管桩内半径，m。

③ 接桩：电焊接桩按设计接头，以“个”计算；硫黄胶泥接桩按桩断面，以“平方米”计算。

④ 送桩：按桩截面面积乘以送桩长度（即打桩架底至桩顶面高度，或自桩顶面至自然地坪面另加0.5m）计算。

⑤ 打、拔钢板桩：按钢板桩质量以“吨”计算。

⑥ 打孔灌注桩：

a. 混凝土桩、砂桩、碎石桩的体积，按设计规定的桩长（包括桩尖，不扣除桩尖虚体积）乘以钢管管箍外径截面面积计算。

灌注混凝土桩设计直径与钢管外径的选用见表3-23。

表3-23　灌注混凝土桩设计直径与钢管外径的选用

设计外径/mm	采用钢管外径/mm	
300	325	371
350	371	377
400	425	—
450	465	—

计算公式如下：

$$V=\pi D^2L/4$$

或

$$V=\pi R^2L$$

式中　D——钢管外径，m；

L——桩设计全长（包括桩尖），m；

R——钢管半径，m。

b. 扩大桩的体积按单桩体积乘以次数计算。

c. 打孔后先埋入预制混凝土桩尖再灌注混凝土者，桩尖按钢筋混凝土规定计算体积，灌注桩按设计长度（自桩尖顶面至桩顶面高度）乘以钢管管箍外径截面面积计算。预制混凝土桩尖计算体积用以下公式进行计算：

$$V=\left(\frac{1}{3}\pi R^2 H_1+\pi r^2 H_2\right)n$$

式中　R, H_1——桩尖的半径和高度，m；

r, H_2——桩尖芯的半径和高度，m；

n——桩的根数。

⑦ 钻孔灌注桩，按设计桩长（包括桩尖，不扣除桩尖虚体积）增加 0.25m 乘以设计断面面积计算。

$$V=F(L+0.25)N$$

式中　V——钻孔灌注桩工程量，m^3；

F——钻孔灌注桩设计截面面积，m^2；

L——设计桩长，m；

N——钻孔灌注桩根数。

⑧ 灌注混凝土桩的钢筋笼制作依设计规定，按钢筋混凝土相应项目以吨计算。

⑨ 泥浆运输工程量按钻孔体积以立方米计算。

⑩ 其他：

a. 安、拆导向夹具，按设计图纸规定的水平延长米计算；

b. 桩架 90°调面只适用轨道式、走管式、导杆式、筒式柴油打桩机，以次计算。

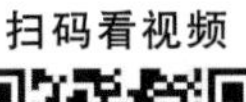

墙体砌筑工程量

第六节　砌筑工程工程量的计算

一、砌筑工程工程量计算规则（附视频）

（一）砖砌体

工程量清单项目设置、项目特征描述的内容、计量单位及工程量计算规则，应按表 3-24 的规定执行。

表 3-24　砖砌体（编号：010401）

项目编码	项目名称	项目特征	计量单位	工程量计算规则	工作内容
010401001	砖基础	1. 砖品种、规格、强度等级 2. 基础类型 3. 砂浆强度等级 4. 防潮层材料种类	m^3	按设计图示尺寸以体积计算 包括附墙垛基础宽出部分体积，扣除地梁(圈梁)、构造柱所占体积，不扣除基础大放脚 T 形接头处的重叠部分及嵌入基础内的钢筋、铁件、管道、基础砂浆防潮层和单个面积≤0.3m^2 的孔洞所占体积，靠墙暖气沟的挑檐不增加 基础长度：外墙按外墙中心线，内墙按内墙净长线计算	1. 砂浆制作、运输 2. 砌砖 3. 防潮层铺设 4. 材料运输
010401002	砖砌挖孔桩护壁	1. 砖品种、规格、强度等级 2. 砂浆强度等级		按设计图示尺寸以立方米计算	1. 砂浆制作、运输 2. 砌砖 3. 材料运输

续表

<table>
<tr><th>项目编码</th><th>项目名称</th><th>项目特征</th><th>计量单位</th><th>工程量计算规则</th><th>工作内容</th></tr>
<tr><td>010401003</td><td>实心砖墙</td><td>1.砖品种、规格、强度等级
2.墙体类型
3.砂浆强度等级、配合比</td><td rowspan="8">m³</td><td rowspan="3">按设计图示尺寸以体积计算
扣除门窗洞口、过人洞、空圈、嵌入墙内的钢筋混凝土柱、梁、圈梁、挑梁、过梁及凹进墙内的壁龛、管槽、暖气槽、消火栓箱所占体积，不扣除梁头、板头、檩头、垫木、木楞头、沿缘木、木砖、门窗走头、砖墙内加固钢筋、木筋、铁件、钢管及单个面积≤0.3m² 的孔洞所占的体积。凸出墙面的腰线、挑檐、压顶、窗台线、虎头砖、门窗套的体积亦不增加。凸出墙面的砖垛并入墙体体积内计算
1.墙长度：外墙按中心线、内墙按净长计算
2.墙高度：
(1)外墙：斜(坡)屋面无檐口天棚者算至屋面板底；有屋架且室内外均有天棚者算至屋架下弦底另加200mm；无天棚者算至屋架下弦底另加300mm，出檐宽度超过600mm时按实砌高度计算；与钢筋混凝土楼板隔层者算至板顶。平屋顶算至钢筋混凝土板底
(2)内墙：位于屋架下弦者，算至屋架下弦底；无屋架者算至天棚底另加100mm；有钢筋混凝土楼板隔层者算至楼板顶；有框架梁时算至梁底
(3)女儿墙：从屋面板上表面算至女儿墙顶面(如有混凝土压顶时算至压顶下表面)
(4)内、外山墙：按其平均高度计算
3.框架间墙：不分内外墙按墙体净尺寸以体积计算
4.围墙：高度算至压顶上表面(有混凝土压顶时算至压顶下表面)，围墙柱并入围墙体积内</td><td rowspan="3">1.砂浆制作、运输
2.砌砖
3.刮缝
4.砖压顶砌筑
5.材料运输</td></tr>
<tr><td>010401004</td><td>多孔砖墙</td><td>1.砖品种、规格、强度等级
2.墙体类型
3.砂浆强度等级、配合比</td></tr>
<tr><td>010401005</td><td>空心砖墙</td><td>1.砖品种、规格、强度等级
2.墙体类型
3.砂浆强度等级、配合比</td></tr>
<tr><td>010401006</td><td>空斗墙</td><td rowspan="3">1.砖品种、规格、强度等级
2.墙体类型
3.砂浆强度等级、配合比</td><td>按设计图示尺寸以空斗墙外形体积计算。墙角、内外墙交接处、门窗洞口立边、窗台砖、屋檐处的实砌部分体积并入空斗墙体积内</td><td rowspan="3">1.砂浆制作、运输
2.砌砖
3.装填充料
4.刮缝
5.材料运输</td></tr>
<tr><td>010401007</td><td>空花墙</td><td>按设计图示尺寸以空花部分外形体积计算，不扣除空洞部分体积</td></tr>
<tr><td>010404008</td><td>填充墙</td><td>按设计图示尺寸以填充墙外形体积计算</td></tr>
<tr><td>010401009</td><td>实心砖柱</td><td>1.砖品种、规格、强度等级
2.柱类型
3.砂浆强度等级、配合比</td><td>按设计图示尺寸以体积计算。扣除混凝土及钢筋混凝土梁垫、梁头所占体积</td><td rowspan="2">1.砂浆制作、运输
2.砌砖
3.刮缝
4.材料运输</td></tr>
<tr><td>010401010</td><td>多孔砖柱</td><td>1.砖品种、规格、强度等级
2.柱类型
3.砂浆强度等级、配合比</td><td>按设计图示尺寸以体积计算。扣除混凝土及钢筋混凝土梁垫、梁头所占体积</td></tr>
</table>

续表

项目编码	项目名称	项目特征	计量单位	工程量计算规则	工作内容
010401011	砖检查井	1. 井截面 2. 砖品种、规格、强度等级 3. 垫层材料种类、厚度 4. 底板厚度 5. 井盖安装 6. 混凝土强度等级 7. 砂浆强度等级 8. 防潮层材料种类	座	按设计图示数量计算	1. 砂浆制作、运输 2. 铺设垫层 3. 底板混凝土制作、运输、浇筑、振捣、养护 4. 砌砖 5. 刮缝 6. 井池底、壁抹灰 7. 抹防潮层 8. 材料运输
010401012	零星砌砖	1. 零星砌砖名称、部位 2. 砖品种、规格、强度等级 3. 砂浆强度等级、配合比	1. m^3 2. m^2 3. m 4. 个	1. 以立方米计量，按设计图示尺寸截面积乘以长度计算 2. 以平方米计量，按设计图示尺寸水平投影面积计算 3. 以米计量，按设计图示尺寸长度计算 4. 以个计量，按设计图示数量计算	1. 砂浆制作、运输 2. 砌砖 3. 刮缝 4. 材料运输
010401013	砖散水、地坪	1. 砖品种、规格、强度等级 2. 垫层材料种类、厚度 3. 散水、地坪厚度 4. 面层种类、厚度 5. 砂浆强度等级	m^2	按设计图示尺寸以面积计算	1. 土方挖、运、填 2. 地基找平、夯实 3. 铺设垫层 4. 砌砖散水、地坪 5. 抹砂浆面层
010401014	砖地沟、明沟	1. 砖品种、规格、强度等级 2. 沟截面尺寸 3. 垫层材料种类、厚度 4. 混凝土强度等级 5. 砂浆强度等级	m	以米计量，按设计图示以中心线长度计算	1. 土方挖、运、填 2. 铺设垫层 3. 底板混凝土制作、运输、浇筑、振捣、养护 4. 砌砖 5. 刮缝、抹灰 6. 材料运输

知识拓展

①“砖基础”项目适用于各种类型砖基础：柱基础、墙基础、管道基础等。

② 基础与墙（柱）身使用同一种材料时，以设计室内地面为界（有地下室者，以地下室室内设计地面为界），以下为基础，以上为墙（柱）身。基础与墙身使用不同材料时：位于设计室内地面高度≤±300mm 时，以不同材料为分界线；高度>±300mm 时，以设计室内地面为分界线。

③ 砖围墙以设计室外地坪为界，以下为基础，以上为墙身。

④ 框架外表面的镶贴砖部分，按零星项目编码列项。

⑤ 附墙烟囱、通风道、垃圾道应按设计图示尺寸以体积（扣除孔洞所占体积）计算并入所依附的墙体体积内。当设计规定孔洞内需抹灰时，应按楼地面装饰工程中零星抹灰项目编码列项。

⑥ 空斗墙的窗间墙、窗台下、楼板下、梁头下等的实砌部分，按零星砌砖项目编码列项。

⑦“空花墙”项目适用于各种类型的空花墙。使用混凝土花格砌筑的空花墙，实砌墙体与混凝土花格应分别计算，混凝土花格按混凝土及钢筋混凝土中预制构件相关项目编码列项。

⑧ 台阶、台阶挡墙、梯带、锅台、炉灶、蹲台、池槽、池槽腿、砖胎模、花台、花池、楼梯栏板、阳台栏板、地垄墙、≤0.3m^2 的孔洞填塞等，应按零星砌砖项目编码列项。砖砌锅台与炉灶可按外形尺寸以个计算，砖砌台阶可按水平投影面积以平方米计算，小便槽、地垄墙可按长度计算，其他工程按立方米计算。

⑨ 砖砌体内钢筋加固，应按混凝土及钢筋混凝土工程中相关项目编码列项。

⑩ 砖砌体勾缝按楼地面装饰工程中相关项目编码列项。

⑪ 检查井内的爬梯按混凝土及钢筋混凝土工程中相关项目编码列项；井、池内的混凝土构件按混凝土及钢筋混凝土工程中混凝土及钢筋混凝土预制构件编码列项。

⑫ 当施工图设计标注做法见标准图集时，应注明标注图集的编码、页号及节点大样。

【例 3-24】 某教学楼工程内容“一砖无眠空斗墙”示意图，如图 3-24 所示，计算该空斗墙工程量。

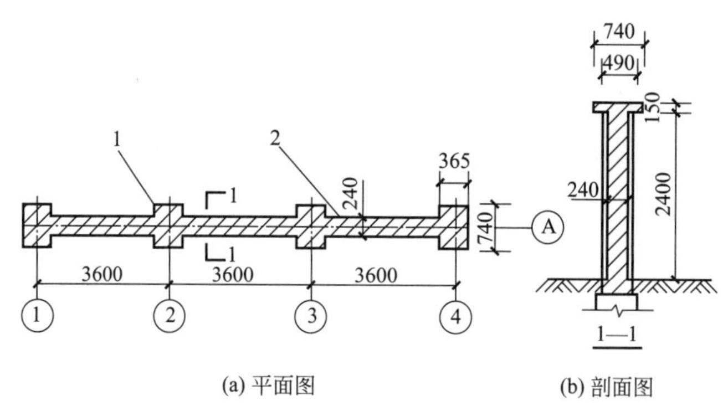

图 3-24 一砖无眠空斗墙示意图

1—2×1 $\frac{1}{2}$砖墙；2—一砖无眠空斗墙

【解】 项目编码：010401006 项目编码：空斗墙

工程量计算规则：按设计图示尺寸以空斗墙外形体积计算。墙角、内外墙交接处、门窗洞口立边、窗台砖、屋檐处的实砌部分体积并入空斗墙体积内。

空斗墙的工程量＝墙身工程量＋砖压顶工程量

$$=(3.6-0.365)\times3\times2.5\times0.24+(3.6-0.365)\times3\times0.15\times0.49$$

$$\approx5.82+0.71=6.53(m^3)$$

【例 3-25】 某建筑工程外墙采用空花墙，如图 3-25 所示，空花墙厚度为 120mm，采用规格为 300mm×300mm×120mm 的混凝土镂空花格砌块，用 M5 水泥砂浆砌筑，计算该空花墙的工程量。

【解】 项目编码：010401007 项目名称：空花墙

工程量计算规则：按设计图示尺寸以空花部分外形体积计算，不扣除空洞部分体积。

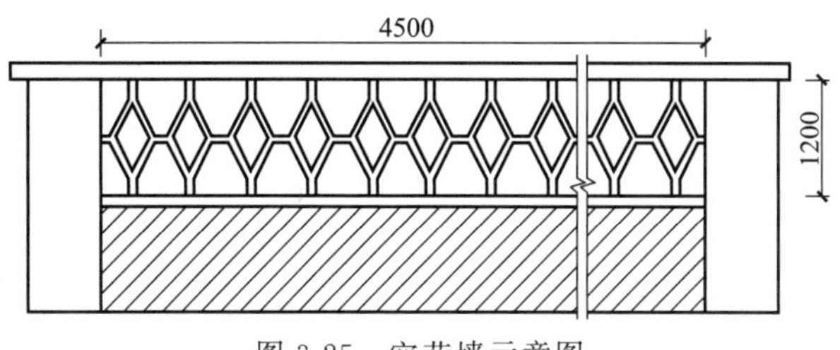

图 3-25 空花墙示意图

空花墙的工程量＝1.2×4.5×0.12≈0.65(m^3)

(二) 砌块砌体

工程量清单项目设置、项目特征描述的内容、计量单位及工程量计算规则，应按表 3-25 的规定执行。

表 3-25 砌块砌体（编号：010402）

项目编码	项目名称	项目特征	计量单位	工程量计算规则	工作内容
010402001	砌块墙	1.砌块品种、规格、强度等级 2.墙体类型 3.砂浆强度等级	m^3	设计图示尺寸以体积计算 扣除门窗洞口、过人洞、空圈、嵌入墙内的钢筋混凝土柱、梁、圈梁、挑梁、过梁及凹进墙内的壁龛、管槽、暖气槽、消火栓箱所占体积，不扣除梁头、板头、檩头、垫木、木楞头、沿缘木、木砖、门窗走头、砌块墙内加固钢筋、木筋、铁件、钢管及单个面积≤0.3m^2 的孔洞所占的体积。凸出墙面的腰线、挑檐、压顶、窗台线、虎头砖、门窗套的体积亦不增加。凸出墙面的砖垛并入墙体体积内计算 1.墙长度：外墙按中心线、内墙按净长计算 2.墙高度： (1)外墙：斜(坡)屋面无檐口天棚者算至屋面板底；有屋架且室内外均有天棚者算至屋架下弦底另加 200mm；无天棚者算至屋架下弦底另加 300mm，出檐宽度超过 600mm 时按实砌高度计算；与钢筋混凝土楼板隔层者算至板顶；平屋面算至钢筋混凝土板底 (2)内墙：位于屋架下弦者，算至屋架下弦底；无屋架者算至天棚底另加 100mm；有钢筋混凝土楼板隔层者算至楼板顶；有框架梁时算至梁底 (3)女儿墙：从屋面板上表面算至女儿墙顶面(有混凝土压顶时算至压顶下表面) (4)内、外山墙：按其平均高度计算 3.框架间墙：不分内外墙，按墙体净尺寸以体积计算 4.围墙：高度算至压顶上表面(有混凝土压顶时算至压顶下表面)，围墙柱并入围墙体积内	1.砂浆制作、运输 2.砌砖、砌块 3.勾缝 4.材料运输
010402002	砌块柱	1.砖品种、规格、强度等级 2.墙体类型 3.砂浆强度等级		按设计图示尺寸以体积计算 扣除混凝土及钢筋混凝土梁垫、梁头、板头所占体积	

知识拓展

① 砌体内加筋、墙体拉结的制作、安装，应按混凝土及钢筋混凝土工程相关项目编码列项。

② 砌块排列应上、下错缝搭砌，如果搭错缝长度满足不了规定的压搭要求，应采取压砌钢筋网片的措施，具体构造要求按设计规定。若设计无规定，应注明由投标人根据工程实际情况自行考虑。

③ 砌体垂直灰缝宽＞30mm 时，采用 C20 细石混凝土灌实。灌注的混凝土应按混凝土及钢筋混凝土工程相关项目编码列项。

【例 3-26】 某教学楼工程砌块砌体施工，采用规格为 390mm×190mm×190mm 的轻骨料混凝土小型空心砌块，用 M5 砌筑砂浆砌筑，墙高 3.5m、宽 8m、厚 0.37m，计算砌块墙的工程量。

【解】 项目编码：010402001　项目名称：砌块墙

工程量计算规则：按设计图示尺寸以体积计算。

砌块墙的工程量＝3.5×8×0.37＝10.36(m^3)

【例 3-27】 某教学楼工程砌筑施工，用蒸压加气混凝土砌块砌筑 15 根方形砌块柱，该砌块柱长 550mm、宽 300mm、高 2500mm，计算此砌块柱的工程量。

【解】 项目编码：010402002　项目名称：砌块柱

工程量计算规则：按设计图示尺寸以体积计算。扣除混凝土及钢筋混凝土梁垫、梁头、板头所占体积。

砌块柱的工程量＝0.55×0.3×2.5×15≈6.19(m^3)

（三）石砌体

工程量清单项目设置、项目特征描述的内容、计量单位及工程量计算规则，应按表 3-26 的规定执行。

表 3-26　石砌体（编号：010403）

项目编码	项目名称	项目特征	计量单位	工程量计算规则	工作内容
010403001	石基础	1. 石料种类、规格 2. 基础类型 3. 砂浆强度等级	m^3	按设计图示尺寸以体积计算 包括附墙垛基础宽出部分体积，不扣除基础砂浆防潮层及单个面积≤0.3m^2 的孔洞所占体积，靠墙暖气沟的挑檐不增加体积。基础长度：外墙按中心线，内墙按净长计算	1. 砂浆制作、运输 2. 吊装 3. 砌石 4. 防潮层铺设 5. 材料运输
010403002	石勒脚	1. 石料种类、规格 2. 石表面加工要求 3. 勾缝要求 4. 砂浆强度等级、配合比		按设计图示尺寸以体积计算，扣除单个面积＞0.3m^2 的孔洞所占的体积	1. 砂浆制作、运输 2. 吊装 3. 砌石 4. 石表面加工 5. 勾缝 6. 材料运输

续表

项目编码	项目名称	项目特征	计量单位	工程量计算规则	工作内容
010403003	石墙	1. 石料种类、规格 2. 石表面加工要求 3. 勾缝要求 4. 砂浆强度等级、配合比	m^3	按设计图示尺寸以体积计算 扣除门窗洞口、过人洞、空圈、嵌入墙内的钢筋混凝土柱、梁、圈梁、挑梁、过梁及凹进墙内的壁龛、管槽、暖气槽、消火栓箱所占体积，不扣除梁头、板头、檩头、垫木、木楞头、沿缘木、木砖、门窗走头、石墙内加固钢筋、木筋、铁件、钢管及单个面积≤0.3m^2的孔洞所占的体积。凸出墙面的腰线、挑檐、压顶、窗台线、虎头砖、门窗套的体积亦不增加。凸出墙面的砖垛并入墙体体积内计算 1. 墙长度：外墙按中心线、内墙按净长计算 2. 墙高度： (1)外墙：斜(坡)屋面无檐口天棚者算至屋面板底；有屋架且室内外均有天棚者算至屋架下弦底另加200mm；无天棚者算至屋架下弦底另加300mm，出檐宽度超过600mm时按实砌高度计算；平屋顶算至钢筋混凝土板底 (2)内墙：位于屋架下弦者，算至屋架下弦底；无屋架者算至天棚底另加100mm；有钢筋混凝土楼板隔层者算至楼板顶；有框架梁时算至梁底 (3)女儿墙：从屋面板上表面算至女儿墙顶面(有混凝土压顶时算至压顶下表面) (4)内、外山墙：按其平均高度计算 3. 围墙：高度算至压顶上表面(有混凝土压顶时算至压顶下表面)，围墙柱并入围墙体积内	1. 砂浆制作、运输 2. 吊装 3. 砌石 4. 石表面加工 5. 勾缝 6. 材料运输
010403004	石挡土墙	1. 石料种类、规格 2. 石表面加工要求 3. 勾缝要求 4. 砂浆强度等级、配合比		按设计图示尺寸以体积计算	1. 砂浆制作、运输 2. 吊装 3. 砌石 4. 变形缝、泄水孔、压顶抹灰 5. 滤水层 6. 勾缝 7. 材料运输
010403005	石柱				1. 砂浆制作、运输 2. 吊装 3. 砌石 4. 石表面加工 5. 勾缝 6. 材料运输
010403006	石栏杆		m	按设计图示尺寸以长度计算	
010403007	石护坡	1. 垫层材料种类、厚度 2. 石料种类、规格 3. 护坡厚度、高度 4. 石表面加工要求 5. 勾缝要求 6. 砂浆强度等级、配合比	m^3	按设计图示尺寸以体积计算	
010403008	石台阶				1. 铺设垫层 2. 石料加工 3. 砂浆制作、运输 4. 砌石 5. 石表面加工 6. 勾缝 7. 材料运输
010403009	石坡道		m^2	按设计图示以水平投影面积计算	

续表

项目编码	项目名称	项目特征	计量单位	工程量计算规则	工作内容
010403010	石地沟、明沟	1. 沟截面尺寸 2. 土壤类别、运距 3. 垫层材料种类、厚度 4. 石料种类、规格 5. 石表面加工要求 6. 勾缝要求 7. 砂浆强度等级、配合比	m	按设计图示以中心线长度计算	1. 土方挖、运 2. 砂浆制作、运输 3. 铺设垫层 4. 砌石 5. 石表面加工 6. 勾缝 7. 回填 8. 材料运输

知识拓展

① 石基础、石勒脚、石墙的划分：基础与勒脚应以设计室外地坪为界。勒脚与墙身应以设计室内地面为界。石围墙内外地坪标高不同时，应以较低地坪标高为界，以下为基础；内外标高之差为挡土墙时，挡土墙以上为墙身。

②“石基础”项目适用于各种规格（粗料石、细料石等）、各种材质（砂石、青石等）和各种类型（柱基、墙基、直形、弧形等）基础。

③“石勒脚”“石墙”项目适用于各种规格（粗料石、细料石等）、各种材质（砂石、青石、大理石、花岗石等）和各种类型（直形、弧形等）勒脚和墙体。

④“石挡土墙”项目适用于各种规格（粗料石、细料石、块石、毛石、卵石等）、各种材质（砂石、青石、石灰石等）和各种类型（直形、弧形、台阶形等）挡土墙。

⑤“石柱”项目适用于各种规格、各种石质、各种类型的石柱。

⑥“石栏杆”项目适用于无雕饰的一般石栏杆。

⑦“石护坡”项目适用于各种石质和各种石料（粗料石、细料石、片石、块石、毛石、卵石等）。

⑧“石台阶”项目包括石梯带（垂带），不包括石梯膀，石梯膀应按桩基工程中石挡土墙项目编码列项。

⑨ 当施工图设计标注做法见标准图集时，应在项目特征描述中注明标注图集的编码、页号及节点大样。

【例 3-28】 某办公楼工程石基础剖面，如图 3-26 所示，采用毛石，用 M2.5 砌筑砂浆砌筑，墙厚为 370mm，基础外墙中心线长度和内墙净长度之和为 65m，计算石基础的工程量。

【解】 项目编码：010403001 项目名称：石基础

工程量计算规则：按设计图示尺寸以体积计算。包括附墙垛基础宽出部分体积，不扣除基础砂浆防潮层及单个面积≤0.3m^2 的孔洞所占体积，靠墙暖气沟的挑檐不增加体积。基础长度：外墙按中心线，内墙按净长计算。

石基础的工程量＝毛石基础断面面积×(外墙中心线长度＋内墙净长度)

＝(0.7×0.35＋0.5×0.35)×65＝27.30(m^3)

【例 3-29】 某办公楼工程采用毛石挡土墙，如图 3-27 所示，用 M5 混合砌筑砂浆砌筑 150m，计算石挡土墙的工程量。

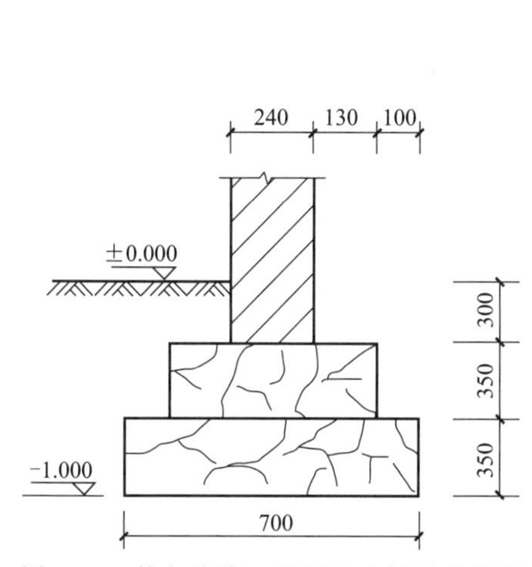

图 3-26　某办公楼工程石基础剖面示意图

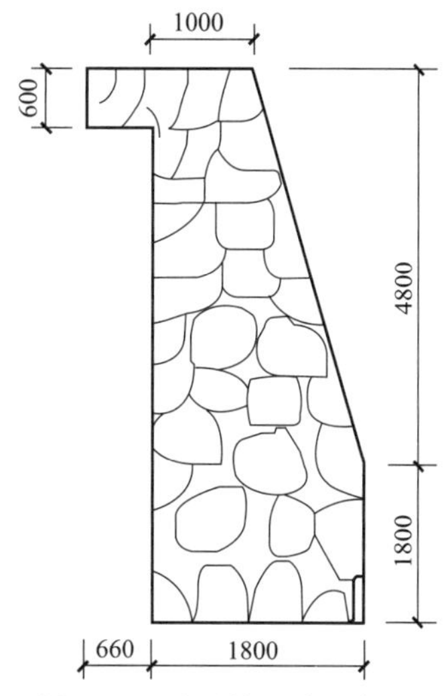

图 3-27　毛石挡土墙示意图

【解】 项目编码：010403004　项目名称：石挡土墙

工程量计算规则：按设计图示尺寸以体积计算。

石挡土墙的工程量＝[(0.66＋1.80)×(1.80＋4.80)－0.66×(1.80＋4.80－0.6)－(1.80－1.00)×4.80×1/2]×150≈(16.24－3.96－1.92)×150＝1554.00(m^3)

(四) 垫层

工程量清单项目设置、项目特征描述的内容、计量单位及工程量计算规则，应按表 3-27 的规定执行。

表 3-27　垫层（编号：010404）

项目编码	项目名称	项目特征	计量单位	工程量计算规则	工作内容
010404001	垫层	垫层材料种类、配合比、厚度	m^3	按设计图示尺寸以立方米计算	1. 垫层材料的拌制 2. 垫层铺设 3. 材料运输

注：除混凝土垫层应按混凝土及钢筋混凝土工程中相关项目编码列项外，没有包括垫层要求的清单项目应按本表垫层项目编码列项。

【例 3-30】 某住宅项目工程采用 2∶8 灰土垫层，该垫层长度为 90m、宽度为 45m、厚度为 100mm，计算垫层的工程量。

【解】 项目编码：010404001　项目名称：垫层

工程量计算规则：按设计图示尺寸以立方米计算。

垫层的工程量＝90×45×0.1＝405(m^3)

二、砌筑工程计算规则详解

(一) 砌筑工程的内容

砌筑工程主要内容包括砌砖、砌石和构筑物三部分，具体内容见表 3-28。

表 3-28 砌筑工程的主要内容

名称	内容
砌砖	砖基础、砖柱；砌块墙、多孔砖墙；砖砌外墙；砖砌内墙；空斗墙、空花墙；填充墙、墙面砌贴砖（地下室）；墙基防潮、围墙及其他
砌石	毛石基础、护坡、墙身；方整石墙、柱、台阶；荒料毛石加工（毛石面加工）
构筑物	烟囱砖基础，筒身及砖加工；烟囱内衬；烟道砌砖及烟道内衬；砖水塔；砌筑工程的内容可以参考图 3-28

（二）计算规则详解

1. 砌筑工程量一般规则

① 计算墙体时，应扣除门窗洞口，过人洞，空圈，嵌入墙身的钢筋混凝土柱、梁（包括过梁、圈梁、挑梁），砖平碹，平砌砖过梁和暖气包壁龛及内墙板头的体积，并不扣除梁头、外墙板头、檩头、垫木、木楞头、沿椽木、木砖、门窗走头、砖墙内的加固钢筋、木筋、铁件、钢管及每个面积在 $0.3m^2$ 以下的孔洞等所占的体积。突出墙面的窗台虎头砖、压顶线、山墙泛水、烟囱根、门窗套及三皮砖以内的腰线和挑檐体积亦不增加。

② 砖垛、三皮砖以上的腰线和挑檐等体积，并入墙身体积内计算。

③ 附墙烟囱（包括附墙通风道、垃圾道）按其外形体积计算，并入所依附的墙体积内，不扣除每一个孔洞横截面在 $0.1m^2$ 以下的体积，但孔洞内的抹灰工程量亦不增加。

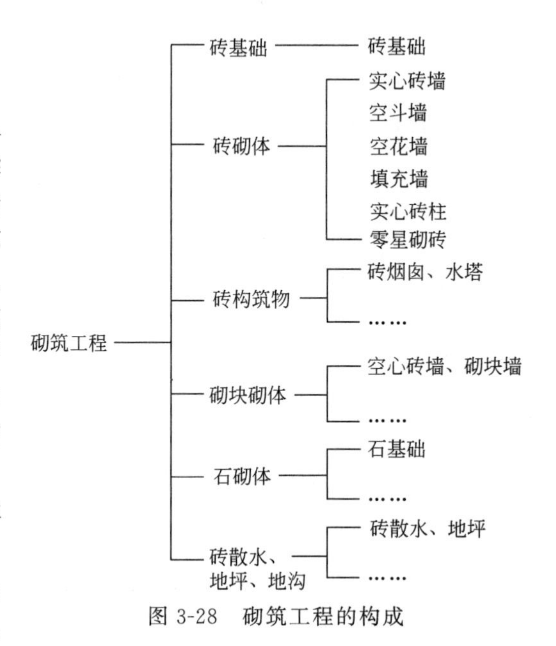

图 3-28 砌筑工程的构成

④ 女儿墙高度，自外墙顶面至图示女儿墙顶面高度，分别不同墙厚并入外墙计算。

⑤ 砖平拱、平砌砖过梁按图示尺寸以立方米计算。设计无规定时，砖平碹按门窗洞口宽度两端共加 100mm，乘以高度（门窗洞口宽小于 1500mm 时，高度为 240mm，大于 1500mm 时高度为 365mm）计算；平砌砖过梁按门窗洞口宽度两端共加 500mm，高度按 440mm 计算。

2. 砌体厚度计算

① 标准砖以 240mm×115mm×53mm 为准，其砌体计算厚度，按表 3-29 计算。

表 3-29 标准砖砌体计算厚度表

砖数(厚度)	1/4	1/2	3/4	1	1.5	2	2.5	3
计算厚度/mm	53	115	180	240	365	490	615	740

② 使用非标准砖时，其砌体厚度应按砖实际规格和设计厚度计算。

3. 基础与墙身的划分

① 基础与墙（柱）身使用同一种材料时，以设计室内地面为界（有地下室者，以地下室室内设计地面为界），以下为基础，以上为墙（柱）身。

② 基础与墙身使用不同材料时，位于设计室内地面±300mm 以内时以不同材料为分界线，超过±300mm 时以设计室内地面为分界线。

③ 砖、石围墙，以设计室外地坪为界线，以下为基础，以上为墙身。

4. 基础长度计算

① 外墙墙基按外墙中心线长度计算；内墙墙基按内墙基净长计算。基础大放脚 T 形接头处的重叠部分以及嵌入基础的钢筋、铁件、管道、基础防潮层及单个面积在 0.3m^2 以内孔洞所占体积不予扣除，但靠墙暖气沟的挑檐亦不增加。附墙垛基础宽出部分体积应并入基础工程量内。

② 砖砌挖孔桩护壁工程量按实砌体积计算。

5. 墙长度计算

外墙长度按外墙中心线长度计算，内墙长度按内墙净长线计算。

6. 墙身高度计算

① 外墙墙身高度：斜（坡）屋面无檐口、天棚者（图 3-29）算至屋面板底；有屋架，且室内外均有天棚者（图 3-30），算至屋架下弦底面另加 200mm，无天棚者算至屋架下弦底加 300mm，出檐宽度超过 600mm 时，应按实砌高度计算；平屋面（图 3-31）算至钢筋混凝土板底。

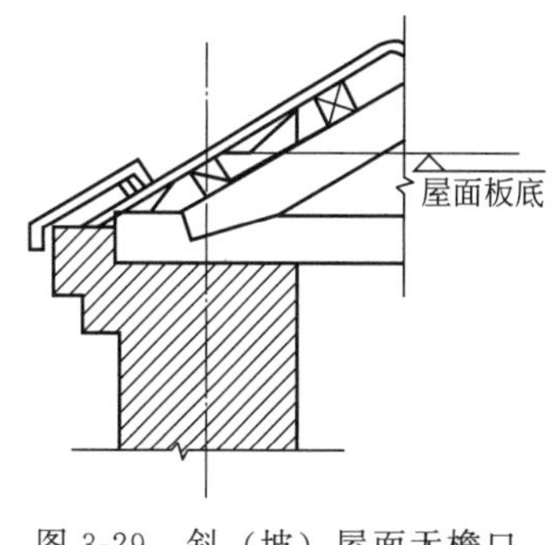

图 3-29 斜（坡）屋面无檐口、无天棚

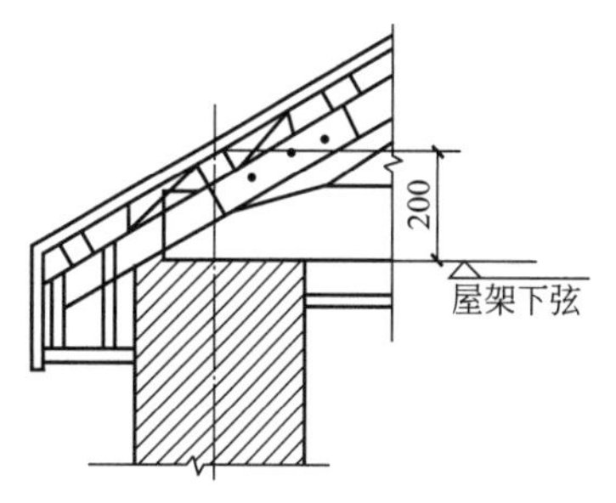

图 3-30 斜（坡）屋面有屋架，且室内外均有天棚

② 内墙墙身高度：位于屋架下弦者，其高度算至屋架底；无屋架者算至天棚底另加 100mm；有钢筋混凝土楼板隔层者算至板底；有框架梁时算至梁底面。

③ 内、外山墙，墙身高度：按其平均高度计算。

7. 框架间砌体计算

框架间砌体，内外墙以框架间的净空面积乘以墙厚计算，框架外表镶贴砖部分亦并入框架间砌体工程量内计算。

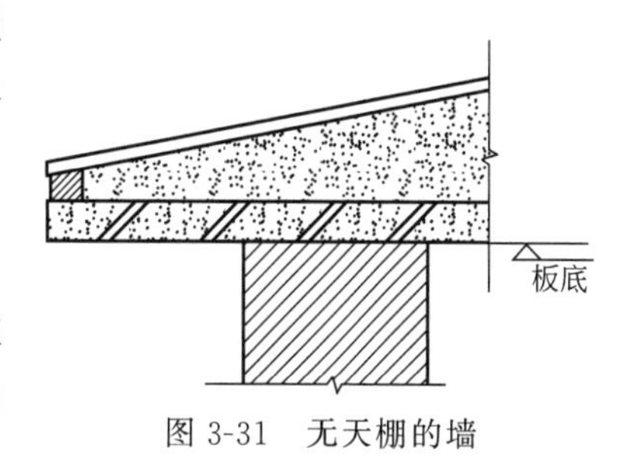

图 3-31 无天棚的墙

8. 空花墙计算

按空花部分外形体积以“立方米”计算，空花部分不予扣除，其中实体部分以立方米另行计算。

9. 空斗墙计算

按外形尺寸以“立方米”计算，墙角、内外墙交接处，门窗洞口立边，窗台砖及屋檐处的实砌部分已包括在定额内，不另行计算。但窗间墙、窗台下、楼板下、梁头下等实砌部分，应另行计算，套零星砌体定额项目。

10. 多孔砖、空心砖计算

按图示厚度以“立方米”计算，不扣除其孔、空心部分体积。

11. 填充墙计算

按外形尺寸以“立方米”计算，其中实砌部分已包括在定额内，不另计算。

12. 加气混凝土墙、硅酸盐砌块墙、小型空心砌块墙计算

按图示尺寸以“立方米”计算，按设计规定需要镶嵌砖砌体部分已包括在定额内，不另计算。

13. 其他砖砌体计算

其他砖砌体计算的内容如下。

① 砖砌锅台、炉灶，不分大小，均按图示外形尺寸以“立方米”计算，不扣除各种空洞的体积。

② 砖砌台阶（不包括梯带）按水平投影面积以“平方米”计算。

③ 厕所蹲台、水槽腿、灯箱、垃圾箱、台阶挡墙或梯带、花台、花池、地垄墙及支撑地楞的砖墩，房上烟囱、屋面架空隔热层砖墩及毛石墙的门窗立边、窗台虎头砖等实砌体积，以“立方米”计算，套用零星砌体定额项目。

④ 检查井及化粪池部分壁厚均以“立方米”计算，洞口上的砖平拱、碹等并入砌体体积内计算。

⑤ 砖砌地沟不分墙基、墙身，合并以“立方米”计算。石砌地沟按其中心线长度以延米计算。

14. 砖烟囱计算

① 筒身，圆形、方形均按图示筒壁平均中心线周长乘以厚度并扣除筒身各种孔洞、钢筋混凝土过梁、圈梁等体积以“立方米”计算，其筒壁周长不同时可按下式分段计算。

$$V=\sum H\times C\times \pi D$$

式中 V——筒身体积；

H——每段筒身垂直高度；

C——每段筒壁厚度；

D——每段筒壁中心线的平均直径。

② 烟道、烟囱内衬按不同内衬材料并扣除孔洞后，以图示实体积计算。

③ 烟囱内壁表面隔热层，按筒身内壁并扣除各种孔洞后的面积以“平方米”计算；填料按烟囱内衬与筒身之间的中心线平均周长乘以图示宽度和高度，并扣除各种孔洞所占体积(但不扣除连接横砖及防沉带体积）后以“立方米”计算。

④ 烟道砌砖：烟道与炉体的划分以第一道闸门为界，炉体内的烟道部分列入炉体工程量计算。

15. 砖砌水塔

① 水塔基础与塔身划分：以砖砌体的扩大部分顶面为界，以上为塔身，以下为基础，分别套相应基础砌体定额。

② 塔身以图示实砌体积计算，并扣除门窗洞口和混凝土构件所占体积，砖平拱、碹及砖出檐等并入塔身体积内计算，套水塔砌筑定额。

③ 砖水箱内外壁，不分壁厚，均以图示实砌体积计算，套相应的内外砖墙定额。

16. 砌体内钢筋

砌体内的钢筋加固应根据设计规定，以“吨”计算，套钢筋混凝土工程相应项目。

第七节　混凝土及钢筋混凝土工程工程量的计算

一、混凝土及钢筋混凝土工程量计算规则

(一) 现浇混凝土基础

工程量清单项目设置、项目特征描述的内容、计量单位、工程量计算规则应按表 3-30 的规定执行。

表 3-30　现浇混凝土基础（编号：010501）

项目编码	项目名称	项目特征	计量单位	工程量计算规则	工作内容
010501001	垫层	1. 混凝土种类 2. 混凝土强度等级	m^3	按设计图示尺寸以体积计算。不扣除伸入承台基础的桩头所占体积	1. 模板及支撑制作、安装、拆除、堆放、运输及清理模内杂物、刷隔离剂等 2. 混凝土制作、运输、浇筑、振捣、养护
010501002	带形基础				
010501003	独立基础				
010501004	满堂基础				
010501005	桩承台基础				
010501006	设备基础				

知识拓展

① 有肋带形基础、无肋带形基础应按现浇混凝土基础中相关项目列项，并注明肋高。

② 箱式满堂基础中柱、梁、墙、板按现浇混凝土柱、梁、墙、板中相关项目分别编码列项；箱式满堂基础底板按现浇混凝土基础中的满堂基础项目列项。

③ 框架式设备基础中柱、梁、墙、板分别按现浇混凝土柱、梁、墙、板相关项目编码列项；基础部分按现浇混凝土基础中相关项目编码列项。

④ 如为毛石混凝土基础，项目特征应描述毛石所占比例。

【例 3-31】 某教学楼工程采用现浇混凝土带形基础，如图 3-32 所示，混凝土强度等级为 C30。计算该现浇混凝土带形基础的工程量。

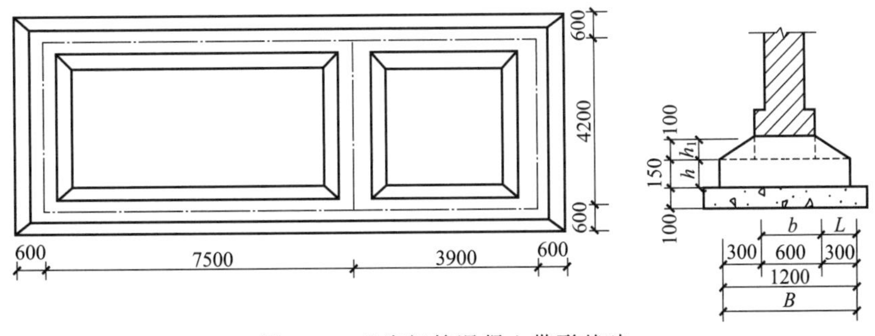

图 3-32　现浇钢筋混凝土带形基础

【解】 项目编码：010501002　项目名称：带形基础

工程量计算规则：按设计图示尺寸以体积计算，不扣除深入承台基础的桩头所占体积。

$$V_{外}=L_{中}\times 截面面积$$

$$=(7.5+3.9+4.2)\times 2\times\left(1.2\times 0.15+\frac{0.6+1.2}{2}\times 0.1\right)$$

$$=31.2\times0.27\approx8.42(\text{m}^3)$$

已知：$L=0.3\text{m}$，$B=1.2\text{m}$，$h_1=0.1\text{m}$，$b=0.6\text{m}$

$$V_{内接}=L\times h_1\times\frac{2b+B}{6}=0.3\times0.1\times\frac{2\times0.6+1.2}{6}=0.012(\text{m}^3)$$

$$V_{内}=(4.2-1.2)\times\left(1.2\times0.15+\frac{0.6+1.2}{2}\times0.1\right)+2V_{内接}$$

$$=3\times0.27+2\times0.012=0.81+0.024\approx0.83(\text{m}^3)$$

$$带形基础的工程量=V_{外}+V_{内}\approx8.42+0.83=9.25(\text{m}^3)$$

【例 3-32】 某教学楼工程采用现浇混凝土独立基础，如图 3-33 所示，混凝土强度等级为 C35，该独立基础长、宽均为 2.1m，计算该独立基础的工程量。

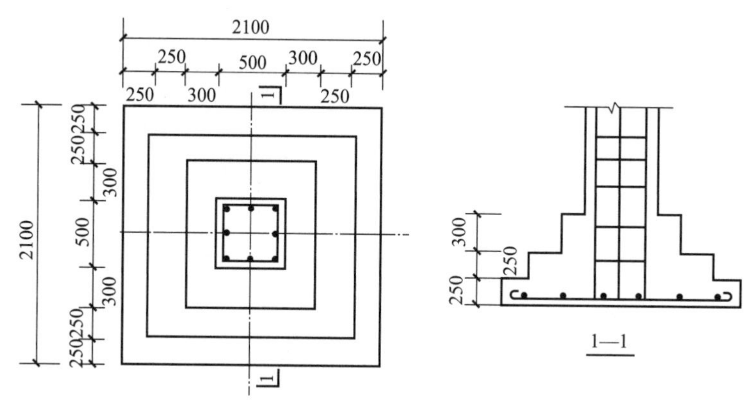

图 3-33 现浇混凝土独立基础示意图

【解】 项目编码：010501003 项目名称：独立基础

工程量计算规则：按设计图示尺寸以体积计算。不扣除深入承台基础的桩头所占体积。

$$现浇混凝土独立基础的工程量=(2.1\times2.1+1.6\times1.6)\times0.25+1.1\times1.1\times0.3$$

$$\approx1.74+0.36=2.10(\text{m}^3)$$

扫码看视频

混凝土柱工程量

（二）现浇混凝土柱（附视频）

工程量清单项目设置、项目特征描述的内容、计量单位、工程量计算规则应按表 3-31 的规定执行。

表 3-31 现浇混凝土柱（编号：010502）

项目编码	项目名称	项目特征	计量单位	工程量计算规则	工作内容
010502001	矩形柱	1.混凝土类别 2.混凝土强度等级	m^3	按设计图示尺寸以体积计算 柱高： 1.有梁板的柱高，应以柱基上表面（或楼板上表面）至上一层楼板上表面之间的高度计算 2.无梁板的柱高，应以柱基上表面（或楼板上表面）至柱帽下表面之间的高度计算 3.框架柱的柱高：应以柱基上表面至柱顶高度计算 4.构造柱按全高计算，嵌接墙体部分（马牙槎）并入柱身体积 5.依附柱上的牛腿和升板的柱帽并入柱身体积计算	1.模板及支架（撑）制作、安装、拆除、堆放、运输及清理模内杂物、刷隔离剂等 2.混凝土制作、运输、浇筑、振捣、养护
010502002	构造柱				
010502003	异形柱	1.柱形状 2.混凝土类别 3.混凝土强度等级			

知识拓展

混凝土类别指清水混凝土、彩色混凝土等，当在同一地区既使用预拌（商品）混凝土，又允许现场搅拌混凝土时，也应注明。

扫码看视频

混凝土梁工程量

（三）现浇混凝土梁（附视频）

工程量清单项目设置、项目特征描述的内容、计量单位、工程量计算规则应按表 3-32 的规定执行。

表 3-32 现浇混凝土梁（编号：010503）

项目编码	项目名称	项目特征	计量单位	工程量计算规则	工作内容
010503001	基础梁	1. 混凝土类别 2. 混凝土强度等级	m^3	按设计图示尺寸以体积计算。伸入墙内的梁头、梁垫并入梁体积内 梁长： 1. 梁与柱连接时，梁长算至柱侧面 2. 主梁与次梁连接时，次梁长算至主梁侧面	1. 模板及支架(撑)制作、安装、拆除、堆放、运输及清理模内杂物、刷隔离剂等 2. 混凝土制作、运输、浇筑、振捣、养护
010503002	矩形梁				
010503003	异形梁				
010503004	圈梁				
010503005	过梁				
010503006	弧形、拱形梁	1. 混凝土类别 2. 混凝土强度等级	m^3	按设计图示尺寸以体积计算。伸入墙内的梁头、梁垫并入梁体积内 梁长： 1. 梁与柱连接时，梁长算至柱侧面 2. 主梁与次梁连接时，次梁长算至主梁侧面	1. 模板及支架(撑)制作、安装、拆除、堆放、运输及清理模内杂物、刷隔离剂等 2. 混凝土制作、运输、浇筑、振捣、养护

（四）现浇混凝土墙

工程量清单项目设置、项目特征描述的内容、计量单位、工程量计算规则应按表 3-33 的规定执行。

表 3-33 现浇混凝土墙（编号：010504）

项目编码	项目名称	项目特征	计量单位	工程量计算规则	工作内容
010504001	直形墙	1. 混凝土类别 2. 混凝土强度等级	m^3	按设计图示尺寸以体积计算 扣除门窗洞口及单个面积 $>0.3m^2$ 的孔洞所占体积，墙垛及突出墙面部分并入墙体体积计算内	1. 模板及支架(撑)制作、安装、拆除、堆放、运输及清理模内杂物、刷隔离剂等 2. 混凝土制作、运输、浇筑、振捣、养护
010504002	弧形墙				
010504003	短肢剪力墙				
010504004	挡土墙				

知识拓展

短肢剪力墙是指截面厚度不大于 300mm、各肢截面高度与厚度之比的最大值大于 4 但不大于8的剪力墙；各肢截面高度与厚度之比的最大值不大于4的剪力墙按柱项目编码列项。

混凝土楼板工程量

（五）现浇混凝土板（附视频）

工程量清单项目设置、项目特征描述的内容、计量单位、工程量计算规则应按表3-34的规定执行。

表3-34 现浇混凝土板（编号：010505）

项目编码	项目名称	项目特征	计量单位	工程量计算规则	工作内容
010505001	有梁板	1. 混凝土类别 2. 混凝土强度等级	m^3	按设计图示尺寸以体积计算，不扣除构件内钢筋、预埋铁件及单个面积≤0.3m^2的柱、垛以及孔洞所占体积。压型钢板混凝土楼板扣除构件内压形钢板所占体积。有梁板（包括主、次梁与板）按梁、板体积之和计算，无梁板按板和柱帽体积之和计算，各类板伸入墙内的板头并入板体积内，薄壳板的肋、基梁并入薄壳体积内计算	1. 模板及支架（撑）制作、安装、拆除、堆放、运输及清理模内杂物、刷隔离剂等 2. 混凝土制作、运输、浇筑、振捣、养护
010505002	无梁板				
010505003	平板				
010505004	拱板				
010505005	薄壳板				
010505006	栏板				
010505007	天沟（檐沟）、挑檐板			按设计图示尺寸以体积计算	
010505008	雨篷、悬挑板、阳台板			按设计图示尺寸以墙外部分体积计算，包括伸出墙外的牛腿和雨篷反挑檐的体积	
010505009	空心板			按设计图示尺寸以体积计算。空心板（GBF高强薄壁蜂巢芯板等）应扣除空心部分体积	
010505010	其他板			按设计图示尺寸以体积计算	

知识拓展

现浇挑檐、天沟板、雨篷、阳台与板（包括屋面板、楼板）连接时，以外墙外边线为分界线；与圈梁（包括其他梁）连接时，以梁外边线为分界线。外边线以外为挑檐、天沟、雨篷或阳台。

【例3-33】 某办公楼工程现浇混凝土柱采用矩形柱，如图3-34所示，混凝土强度等级为C35，矩形柱截面分别为：650mm×600mm、500mm×450mm、400mm×350mm。计算矩形柱的工程量。

【解】 项目编码：010502001　　项目名称：矩形柱

工程量计算规则：按设计图示尺寸以体积计算。

（1）截面尺寸为650mm×600mm部分

矩形柱的工程量＝(1.3＋4.5＋3.6×2)×0.65×0.60＝5.07(m^3)

（2）截面尺寸为500mm×450mm部分

矩形柱的工程量＝3.6×3×0.5×0.45＝2.43(m^3)

（3）截面尺寸为 400mm×350mm 部分

矩形柱的工程量＝(3.6×2＋2.4)×0.40×0.35≈1.34(m^3)

【例 3-34】 某教学楼工程现浇混凝土选用异形柱，如图 3-35 所示，该异形柱总高为 15m，厚度为 370mm，共有 25 根，混凝土强度等级为 C35，计算该异形柱现浇混凝土的工程量。

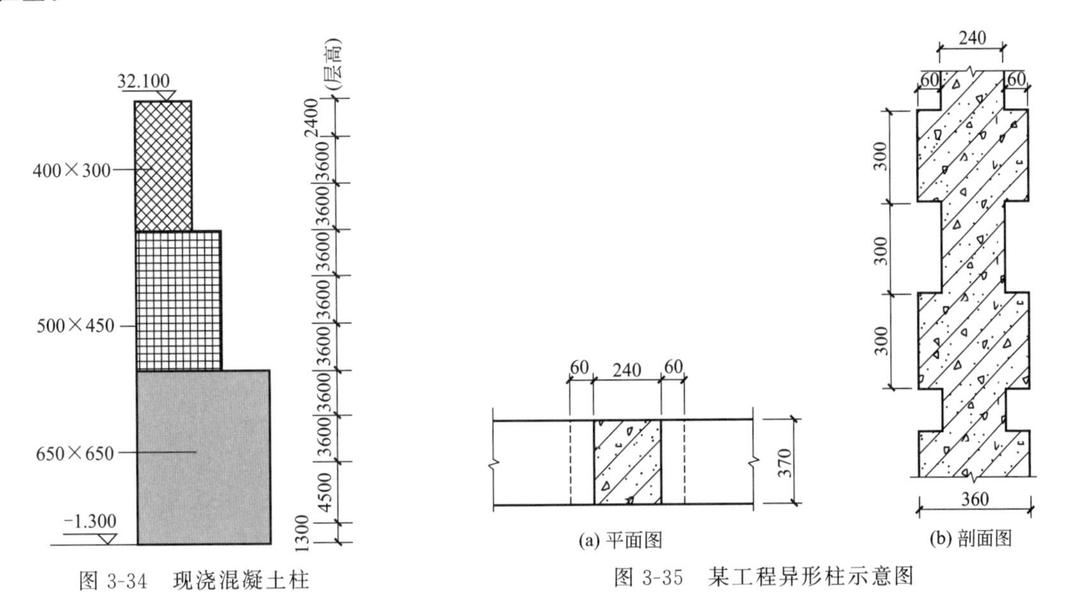

图 3-34　现浇混凝土柱

图 3-35　某工程异形柱示意图

【解】 项目编码：010502003　项目名称：异形柱

工程量计算规则：按设计图示尺寸以体积计算。

异形柱的工程量＝(图示柱宽度＋咬口宽度)×厚度×图示高度×数量

＝(0.24＋0.06)×0.37×15×25≈41.63(m^3)

【例 3-35】 某住宅工程结构平面图，如图 3-36 所示，采用 C35 现浇混凝土浇筑，用组合钢模板进行支模，该层层高为 3.3m（标高＋3.000～＋6.300m），板厚为 120mm，计算基础梁现浇混凝土的工程。

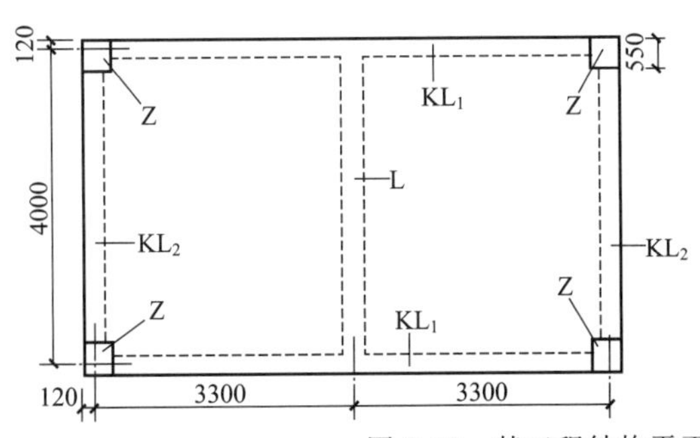

编号	尺寸
Z	550mm×550mm
KL_1	250mm×650mm
KL_2	250mm×750mm
L	250mm×550mm

图 3-36　某工程结构平面图

【解】 项目编码：010503001　项目名称：基础梁

工程量计算规则：按设计图示尺寸以体积计算，深入墙内的梁头、梁垫并入梁体积内。

（1）C35 钢筋混凝土量 KL_1

工程量＝(3.3×2＋0.12×2－0.55×2)×0.25×0.65×2≈1.87(m^3)

（2）C35 钢筋混凝土量 KL_2

工程量＝(4.0＋0.12×2－0.55×2)×0.25×0.75×2≈1.18(m^3)

(3) C35 钢筋混凝土单梁 L

工程量＝(4.0＋0.12×2－0.25×2)×0.25×0.55≈0.51(m^3)

【例 3-36】 某办公楼工程有现浇混凝土异形梁，如图 3-37 所示，该异形梁梁端有现浇梁垫，梁垫截面为 650mm×240mm×240mm，混凝土强度等级为 C30，共 25 根，计算现浇混凝土异形梁的工程量。

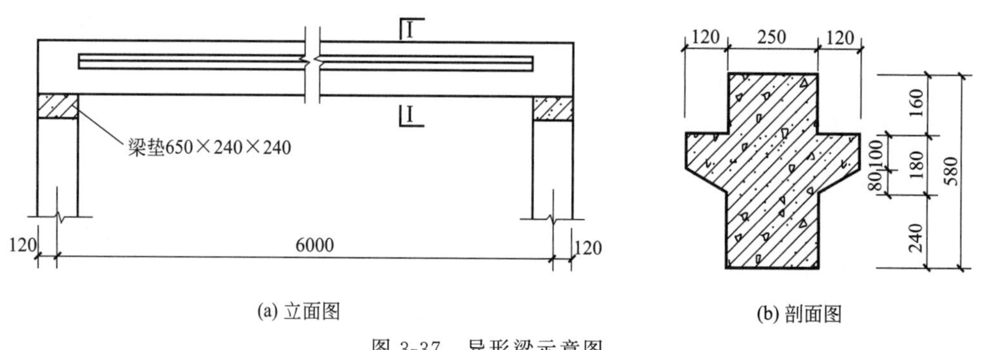

图 3-37 异形梁示意图

【解】 项目编码：010503003 项目名称：异形梁

工程量计算规则：按设计图示尺寸以体积计算，伸入墙内的梁头、梁垫并入梁体积内。

单根现浇混凝土异形梁的工程量

＝图示断面面积×梁长×梁垫体积

$$=0.25\times0.58\times(6.0+0.12\times2)+\frac{1}{2}\times(0.1+0.18)\times0.12\times2\times(6.0-0.12\times2)$$

$$+0.65\times0.24\times0.24\times2\approx0.90+0.19+0.07=1.16(m^3)$$

25 根异形梁的工程量≈25×1.16＝29.00(m^3)

【例 3-37】 某民用建筑平面布置图，如图 3-38 所示，采用标准砖砌筑墙体，规格为 240mm×115mm×53mm，墙厚为 240mm，圈梁支模均采用 350mm×240mm 组合钢模板，计算圈梁混凝土的工程量。

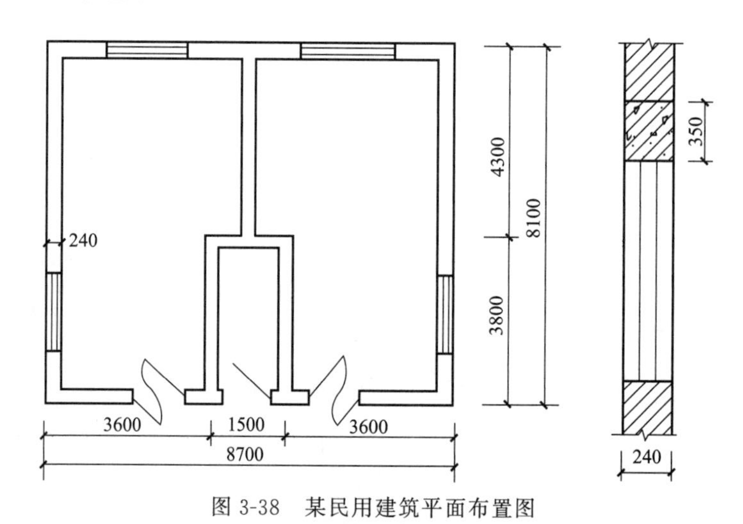

图 3-38 某民用建筑平面布置图

【解】 项目编码：010503004 项目名称：圈梁

工程量计算规则：按设计图示尺寸以体积计算，伸入墙内的梁头、梁垫并入梁体积内。

$$L=(8.7-0.24+8.1-0.24)\times2+(3.8-0.24)\times2+4.3+1.5$$
$$=32.64+7.12+4.3+1.5=45.56(\text{m})$$

圈梁的工程量＝45.56×0.24×0.35≈3.83(m^3)

【例 3-38】 某小区住宅工程采用现浇混凝土挡土墙，如图 3-39 所示，该挡土墙长 25m、高 3.5m，混凝土强度等级为 C35，计算该现浇混凝土挡土墙的工程量。

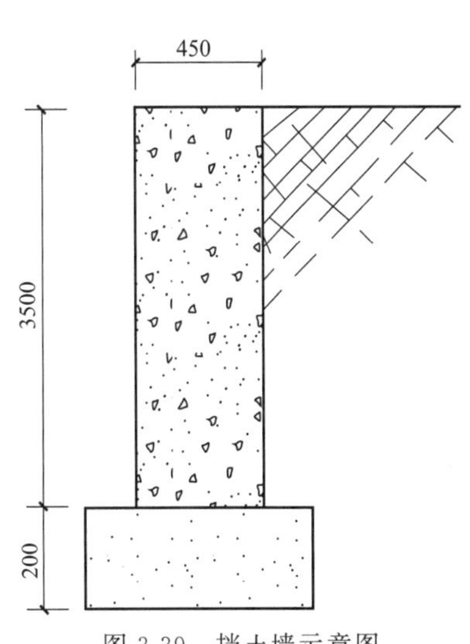

图 3-39　挡土墙示意图

【解】 项目编码：010504004　项目名称：挡土墙

工程量计算规则：按设计图示尺寸以体积计算，扣除门窗洞口及单个面积＞0.3m^2 的孔洞所占面积，墙垛及突出墙面部分并入墙体体积内计算。

挡土墙的工程量＝25×3.5×0.45≈39.38(m^3)

【例 3-39】 某办公楼工程现浇混凝土有梁板，如图 3-40 所示，该有梁板板厚 150mm，主梁为 250mm×500mm，次梁为 200mm×400mm，混凝土强度等级为 C30，计算有梁板的工程量。

【解】 项目编码：010505001　项目名称：有梁板

工程量计算规则：有梁板（包括主、次梁与板）按梁、板体积之和计算。

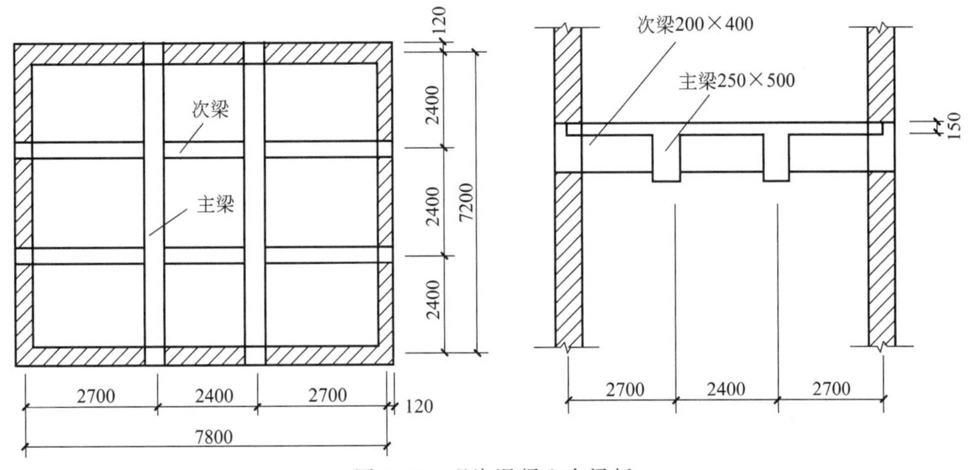

图 3-40　现浇混凝土有梁板

现浇板的工程量＝(7.8＋0.12×2)×(7.2＋0.12×2)×0.15

＝8.04×7.44×0.15≈8.97(m^3)

板下梁的工程量＝0.25×(0.5－0.12)×2.4×3×2＋0.2×(0.4－0.12)×(7.8－0.5)×2＋0.25×0.50×0.12×4＋0.20×0.40×0.12×4

≈1.37＋0.82＋0.06＋0.04＝2.29(m^3)

有梁板的工程量≈8.97＋2.29＝11.26(m^3)

【例 3-40】 某教学楼工程现浇混凝土无梁板，如图 3-41 所示，该无梁板长 15.9m、宽 9.8m、厚 250mm，计算现浇钢筋混凝土无梁板混凝土的工程量。

【解】 项目编码：010505002　项目名称：无梁板

工程量计算规则：无梁板按板和柱帽体积之和计算，各类板伸入墙内的板头并入板体积

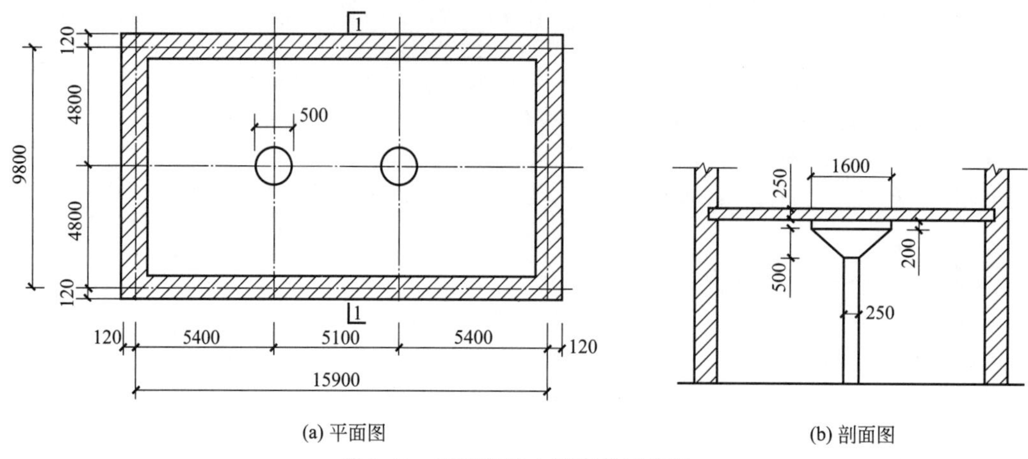

(a) 平面图　(b) 剖面图

图 3-41　现浇混凝土无梁板示意图

内，薄壳板的肋、基梁并入薄壳体积内计算。

无梁板混凝土的工程量

＝图示长度×图示宽度×板厚＋柱帽体积

$=15.9\times9.8\times0.25+\left(\frac{1.6}{2}\right)^2\times3.14\times0.2\times2+\frac{1}{3}\times3.14\times0.5$

$\times(0.25^2+0.8^2+0.25\times0.8)\times2$

$\approx38.96+0.80+0.94=40.70(m^3)$

【例 3-41】 某办公楼工程现浇钢筋混凝土挑檐板，如图 3-42 所示，长度为 30m，挑檐板厚 120mm，混凝土强度等级为 C35，采用 HPB300 级钢筋，计算该挑檐板混凝土的工程量。

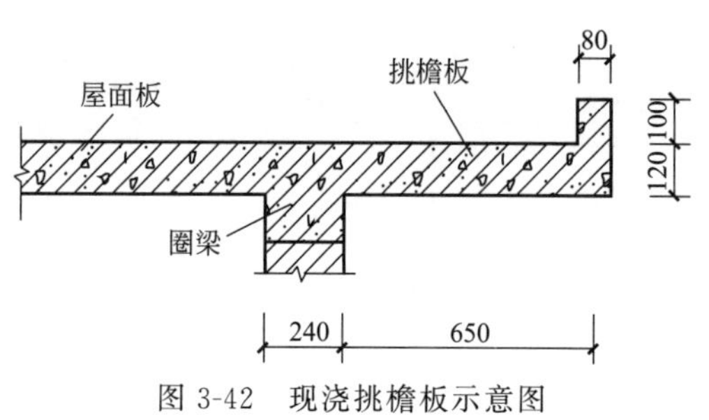

图 3-42　现浇挑檐板示意图

【解】 项目编码：010505007　项目名称：天沟（檐沟）、挑檐板

工程量计算规则：按设计图示尺寸以体积计算。

挑檐板的工程量＝$(0.65\times0.12+0.08\times0.1)\times45=3.87(m^3)$

【例 3-42】 某办公楼室外雨篷，如图 3-43 所示，采用 C30 混凝土，雨篷长 2100mm、宽 1200mm，计算该雨篷的工程量。

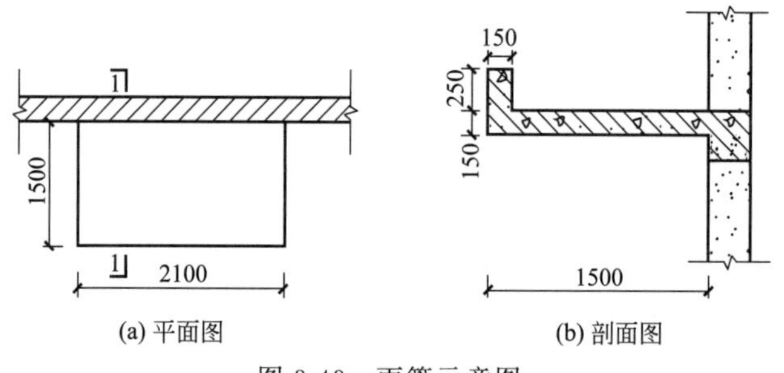

(a) 平面图　(b) 剖面图

图 3-43　雨篷示意图

【解】 项目编码：010505008　项目名称：雨篷、悬挑板、阳台板

工程量计算规则：按设计图示尺寸以墙外部分体积计算，包括伸出墙外的牛腿和雨篷反挑檐的体积。

雨篷的工程量$=1.5\times2.1\times0.15+0.15\times0.25\times2.1\approx0.47+0.08=0.55(m^3)$

（六）现浇混凝土楼梯

工程量清单项目设置、项目特征描述的内容、计量单位、工程量计算规则应按表3-35的规定执行。

表3-35 现浇混凝土楼梯（编号：010506）

项目编码	项目名称	项目特征	计量单位	工程量计算规则	工作内容
010506001	直形楼梯	1.混凝土类别 2.混凝土强度等级	1.m^2 2.m^3	1.以平方米计量，按设计图示尺寸以水平投影面积计算。不扣除宽度≤500mm的楼梯井，伸入墙内部分不计算 2.以立方米计量，按设计图示尺寸以体积计算	1.模板及支架（撑）制作、安装、拆除、堆放、运输及清理模内杂物、刷隔离剂等 2.混凝土制作、运输、浇筑、振捣、养护
010506002	弧形楼梯				

知识拓展

整体楼梯（包括直形楼梯、弧形楼梯）水平投影面积包括休息平台、平台梁、斜梁和楼梯的连接梁。当整体楼梯与现浇楼板无梯梁连接时，以楼梯的最后一个踏步边缘加300mm为界。

（七）现浇混凝土其他构件

工程量清单项目设置、项目特征描述的内容、计量单位、工程量计算规则应按表3-36的规定执行。

表3-36 现浇混凝土其他构件（编号：010507）

项目编码	项目名称	项目特征	计量单位	工程量计算规则	工作内容
010507001	散水、坡道	1.垫层材料种类、厚度 2.面层厚度 3.混凝土类别 4.混凝土强度等级 5.变形缝填塞材料种类	m^2	按设计图示尺寸以水平投影面积计算。不扣除单个≤$0.3m^2$的孔洞所占面积	1.地基夯实 2.铺设垫层 3.模板及支撑制作、安装、拆除、堆放、运输及清理模内杂物、刷隔离剂等 4.混凝土制作、运输、浇筑、振捣、养护 5.变形缝填塞
010507002	室外地坪	1.地坪厚度 2.混凝土强度等级			
010507003	电缆沟、地沟	1.土壤类别 2.沟截面净空尺寸 3.垫层材料种类、厚度 4.混凝土类别 5.混凝土强度等级 6.防护材料种类	m	以米计量，按设计图示以中心线长计算	1.挖填、运土石方 2.铺设垫层 3.模板及支撑制作、安装、拆除、堆放、运输及清理模内杂物、刷隔离剂等 4.混凝土制作、运输、浇筑、振捣、养护 5.刷防护材料

续表

项目编码	项目名称	项目特征	计量单位	工程量计算规则	工作内容
010507004	台阶	1. 踏步高宽比 2. 混凝土类别 3. 混凝土强度等级	1. m^2 2. m^3	1. 以平方米计量，按设计图示尺寸水平投影面积计算 2. 以立方米计量，按设计图示尺寸以体积计算	1. 模板及支撑制作、安装、拆除、堆放、运输及清理模内杂物、刷隔离剂等 2. 混凝土制作、运输、浇筑、振捣、养护
010507005	扶手、压顶	1. 断面尺寸 2. 混凝土类别 3. 混凝土强度等级	1. m 2. m^3	1. 以米计量，按设计图示的延长米计算 2. 以立方米计量，按设计图示尺寸以体积计算	1. 模板及支架（撑）制作、安装、拆除、堆放、运输及清理模内杂物、刷隔离剂等 2. 混凝土制作、运输、浇筑、振捣、养护
010507006	化粪池、检查井	1. 混凝土强度等级 2. 防水、抗渗要求	1. m^3 2. 座	1. 按设计图示尺寸以体积计算 2. 以座计量，按设计图示数量计算	1. 模板及支架（撑）制作、安装、拆除、堆放、运输及清理模内杂物、刷隔离剂等 2. 混凝土制作、运输、浇筑、振捣、养护
010507007	其他构件	1. 构件的类型 2. 构件规格 3. 部位 4. 混凝土类别 5. 混凝土强度等级	m^3		

知识拓展

① 现浇混凝土小型池槽、垫块、门框等，应按表 3-36 中其他构件项目编码列项。

② 架空式混凝土台阶，按现浇楼梯计算。

【例 3-43】 某住宅楼工程现浇钢筋混凝土直形楼梯，如图 3-44 所示，该直形楼梯所有混凝土的强度等级为 C30，墙体厚度均为 240mm，楼梯井宽度为 200mm，计算现浇钢筋混凝土直形楼梯的工程量。

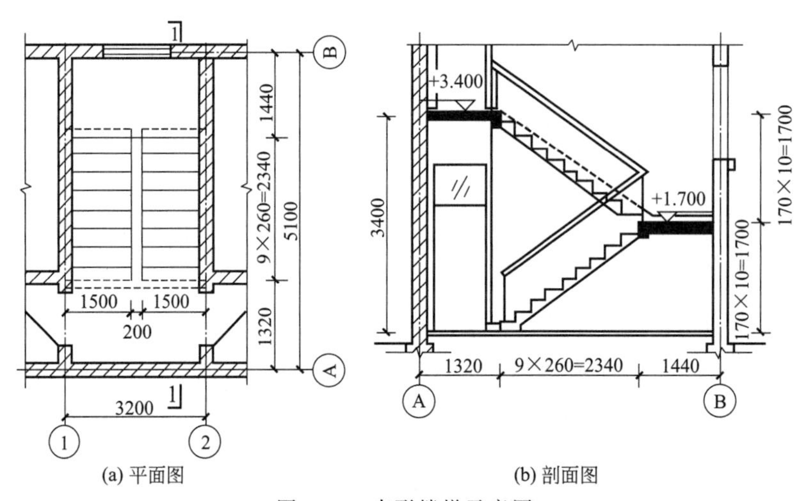

图 3-44 直形楼梯示意图

【解】 项目编码：010506001 项目名称：直形楼梯

工程量计算规则：①以平方米计量，按设计图示尺寸以水平投影面积计算。不扣除宽度≤500mm 的楼梯井，伸入墙内部分不计算。②以立方米计量，按设计图示尺寸以体积计算。

直形楼梯的工程量＝(3.2－0.24)×(2.34＋1.44－0.12)≈10.83(m^2)

【例 3-44】 某教学楼外坡道，如图 3-45 所示，混凝土结构层混凝土的强度等级为 C30，坡道坡度为 10%，计算该坡度的工程量。

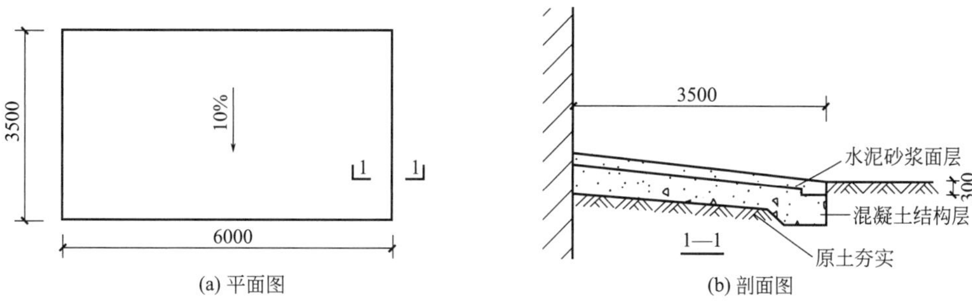

图 3-45　坡道示意图

【解】 项目编码：010507001　项目名称：散水、坡道

工程量计算规则：按设计图示尺寸以水平投影面积计算，不扣除单个≤0.3m^2 的孔洞所占面积。

坡道的工程量＝6.0×3.5＝21(m^2)

【例 3-45】 某住宅工程现浇混凝土地沟，如图 3-46 所示，混凝土强度等级为 C30，三类土，计算该地沟的工程量。

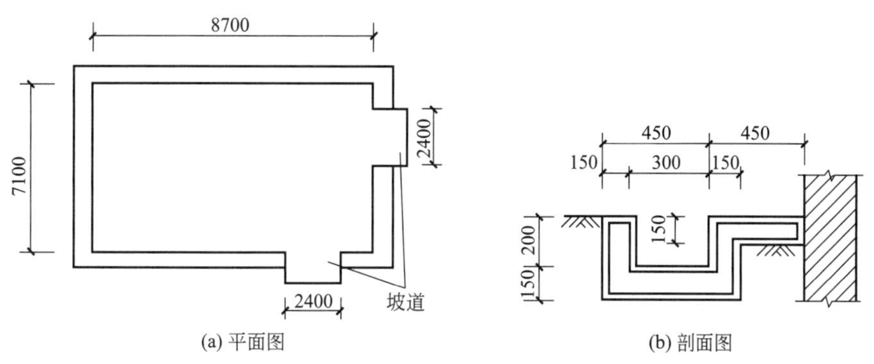

图 3-46　地沟示意图

【解】 项目编码：010507003　项目名称：电缆沟、地沟

工程量计算规则：按设计图示以中心线长计算。

地沟的工程量＝(8.7＋0.45×2＋7.1＋0.45×2)×2－2.4×2＝35.2－4.8＝30.4(m)

(八) 后浇带

工程量清单项目设置、项目特征描述的内容、计量单位、工程量计算规则应按表 3-37 的规定执行。

表 3-37　后浇带（编号：010508）

项目编码	项目名称	项目特征	计量单位	工程量计算规则	工作内容
010508001	后浇带	1. 混凝土类别 2. 混凝土强度等级	m^3	按设计图示尺寸以体积计算	1. 模板及支架(撑)制作、安装、拆除、堆放、运输及清理模内杂物、刷隔离剂 2. 混凝土制作、运输、浇筑、振捣、养护及混凝土交接面、钢筋等的清理

【例 3-46】 建筑工程现浇钢筋混凝土后浇带，如图 3-47 所示，采用 C35 混凝土，板的长度为 5500mm、宽度为 2500mm、厚度为 150mm，计算现浇板后浇带的工程量。

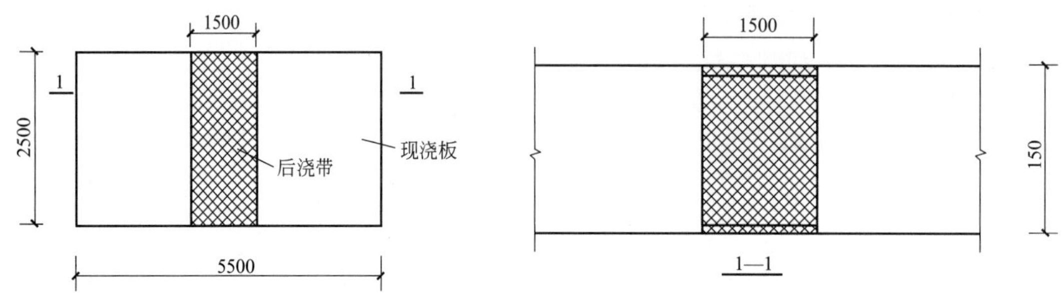

图 3-47 现浇板后浇带示意图

【解】 项目编码：010508001 项目名称：后浇带

工程量计算规则：按设计图示尺寸以体积计算。

后浇带的工程量＝1.5×2.5×0.15≈0.56(m^3)

（九）预制混凝土柱

工程量清单项目设置、项目特征描述的内容、计量单位、工程量计算规则应按表 3-38 的规定执行。

表 3-38 预制混凝土柱（编号：010509）

项目编码	项目名称	项目特征	计量单位	工程量计算规则	工作内容
010509001	矩形柱	1. 图代号 2. 单件体积 3. 安装高度 4. 混凝土强度等级 5. 砂浆（细石混凝土）强度等级、配合比	1. m^3 2. 根	1. 以立方米计量，按设计图示尺寸以体积计算 2. 以根计量，按设计图示尺寸以数量计算	1. 模板制作、安装、拆除、堆放、运输及清理模内杂物、刷隔离剂等 2. 混凝土制作、运输、浇筑、振捣、养护 3. 构件运输、安装 4. 砂浆制作、运输 5. 接头灌缝、养护
010509002	异形柱				

注：以根计量，必须描述单件体积。

（十）预制混凝土梁

工程量清单项目设置、项目特征描述的内容、计量单位、工程量计算规则应按表 3-39 的规定执行。

表 3-39 预制混凝土梁（编号：010510）

项目编码	项目名称	项目特征	计量单位	工程量计算规则	工作内容
010510001	矩形梁	1. 图代号 2. 单件体积 3. 安装高度 4. 混凝土强度等级 5. 砂浆（细石混凝土）强度等级、配合比	1. m^3 2. 根	1. 以立方米计量，按设计图示尺寸以体积计算。不扣除构件内钢筋、预埋铁件所占体积 2. 以根计量，按设计图示尺寸以数量计算	1. 模板制作、安装、拆除、堆放、运输及清理模内杂物、刷隔离剂等 2. 混凝土制作、运输、浇筑、振捣、养护 3. 构件运输、安装 4. 砂浆制作、运输 5. 接头灌缝、养护
010510002	异形梁				
010510003	过梁				
010510004	拱形梁				
010510005	鱼腹式吊车梁				
010510006	其他梁				

注：以根计量，必须描述单件体积。

(十一) 预制混凝土屋架

工程量清单项目设置、项目特征描述的内容、计量单位、工程量计算规则应按表3-40的规定执行。

表3-40　预制混凝土屋架（编号：010511）

项目编码	项目名称	项目特征	计量单位	工程量计算规则	工作内容
010511001	折线型	1. 图代号 2. 单件体积 3. 安装高度 4. 混凝土强度等级 5. 砂浆(细石混凝土)强度等级、配合比	1. m^3 2. 榀	1. 以立方米计量，按设计图示尺寸以体积计算。不扣除构件内钢筋、预埋铁件所占体积 2. 以榀计量，按设计图示尺寸以数量计算	1. 模板制作、安装、拆除、堆放、运输及清理模内杂物、刷隔离剂等 2. 混凝土制作、运输、浇筑、振捣、养护 3. 构件运输、安装 4. 砂浆制作、运输 5. 接头灌缝、养护
010511002	组合				
010511003	薄腹				
010511004	门式刚架				
010511005	天窗架				

知识拓展

① 以榀计量，必须描述单件体积。

② 三角形屋架应按表3-40中折线型屋架项目编码列项。

(十二) 预制混凝土板

工程量清单项目设置、项目特征描述的内容、计量单位、工程量计算规则应按表3-41的规定执行。

表3-41　预制混凝土板（编号：010512）

项目编码	项目名称	项目特征	计量单位	工程量计算规则	工作内容
010512001	平板	1. 图代号 2. 单件体积 3. 安装高度 4. 混凝土强度等级 5. 砂浆(细石混凝土)强度等级、配合比	1. m^3 2. 块	1. 以立方米计量，按设计图示尺寸以体积计算。不扣除单个尺寸≤300mm×300mm的孔洞所占体积，扣除空心板空洞体积 2. 以块计量，按设计图示尺寸以“数量”计算	1. 模板制作、安装、拆除、堆放、运输及清理模内杂物、刷隔离剂等 2. 混凝土制作、运输、浇筑、振捣、养护 3. 构件运输、安装 4. 砂浆制作、运输 5. 接头灌缝、养护
010512002	空心板				
010512003	槽形板				
010512004	网架板				
010512005	折线板				
010512006	带肋板				
010512007	大型板				
010512008	沟盖板、井盖板、井圈	1. 单件体积 2. 安装高度 3. 混凝土强度等级 4. 砂浆强度等级、配合比	1. m^3 2. 块(套)	1. 以立方米计量，按设计图示尺寸以体积计算。不扣除构件内钢筋、预埋铁件所占体积 2. 以块计量，按设计图示尺寸以“数量”计算	

知识拓展

① 以块、套计量，必须描述单件体积。

② 不带肋的预制遮阳板、雨篷板、挑檐板、栏板等，应按表 3-41 平板项目编码列项。

③ 预制 F 形板、双 T 形板、单肋板和带反挑檐的雨篷板、挑檐板、遮阳板等，应按表 3-41 带肋板项目编码列项。

④ 预制大型墙板、大型楼板、大型屋面板等，应按表 3-41 中大型板项目编码列项。

【例 3-47】 某教学楼工程预制混凝土柱采用矩形柱，该矩形柱高 5500mm，矩形柱截面为 500mm×800mm，混凝土强度等级为 C35，本工程共有此种矩形柱 25 根，计算矩形柱的工程量。

【解】 项目编码：010509001　项目名称：矩形柱

工程量计算规则：以立方米计量，按设计图示尺寸以体积计算；以根计量，按设计图示数量计算。

$$矩形柱的工程量=5.5\times0.5\times0.8\times25=55(m^3)$$

【例 3-48】 某建筑工程预制混凝土梁，如图 3-48 所示，该异形梁为 T 形，长为 8500mm，计算该异形梁的工程量。

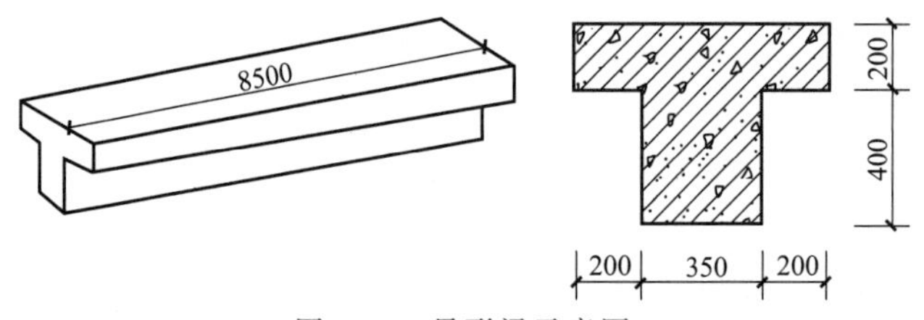

图 3-48　异形梁示意图

【解】 项目编码：010510002　项目名称：异形梁

工程量计算规则：以立方米计量，按设计图示尺寸以体积计算；以根计量，按设计图示数量计算。

$$异形梁的工程量=[0.2\times(0.2+0.35+0.2)+0.35\times0.4]\times8.5$$
$$=(0.15+0.14)\times8.5\approx2.47(m^3)$$

【例 3-49】 某工程预制混凝土过梁，如图 3-49 所示，该过梁长 3500mm，混凝土强度等级为 C30，计算该过梁的工程量。

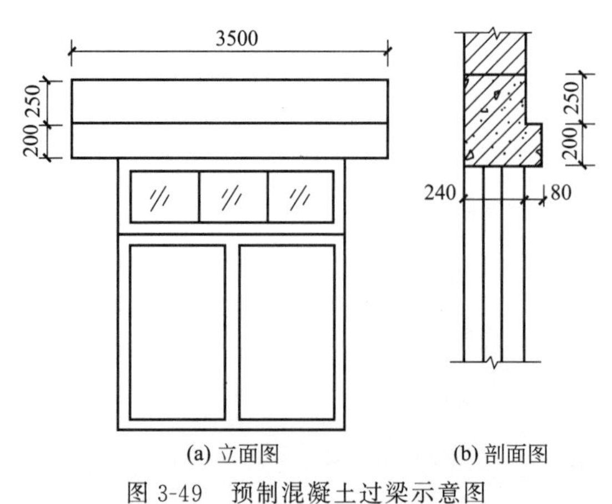

图 3-49　预制混凝土过梁示意图

【解】 项目编码：010510003　项目名称：过梁

工程量计算规则：以立方米计量，按设计图示尺寸以体积计算；以根计量，按设计图示数量计算。

$$过梁的工程量=[0.25\times0.24+0.2\times(0.24+0.08)]\times3.5\approx0.43(m^3)$$

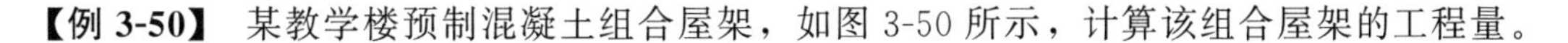

【例 3-50】 某教学楼预制混凝土组合屋架，如图 3-50 所示，计算该组合屋架的工程量。

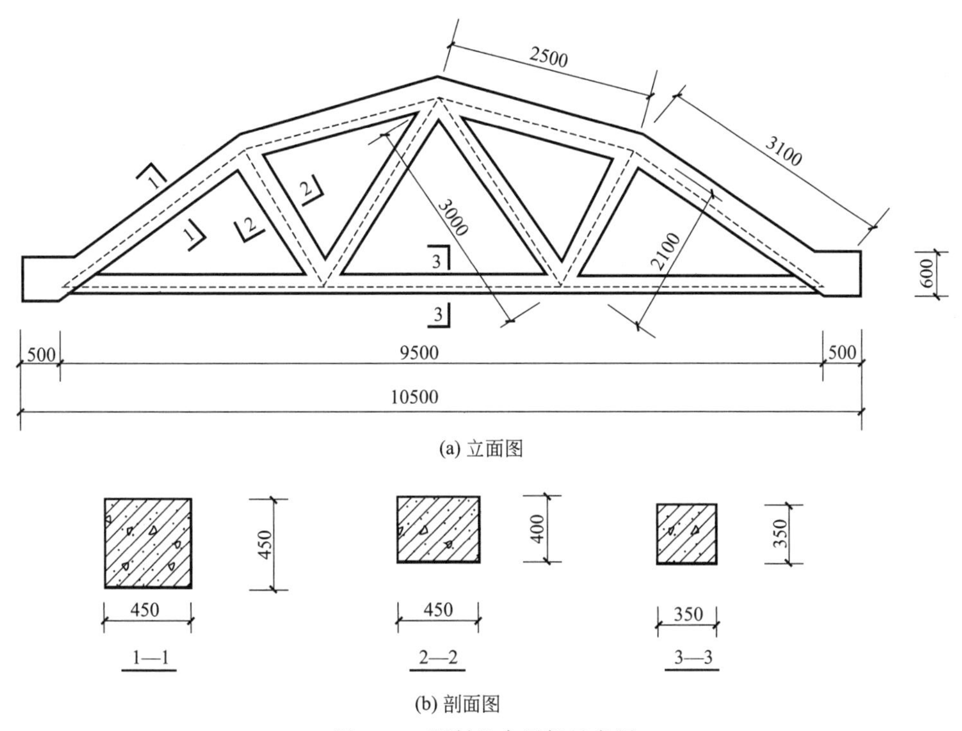

图 3-50　预制组合屋架示意图

【解】 项目编码：010511002　项目名称：组合

工程量计算规则：以立方米计量，按设计图示尺寸以体积计算；以榀计量，按设计图示数量计算。

组合屋架的工程量＝(2.5＋3.1)×2×0.45×0.45＋(3＋2.1)×2×0.45×0.4＋10.5×0.35×0.35≈2.27＋1.84＋1.29＝5.40(m^3)

【例 3-51】 某办公楼预制混凝土门式刚架屋架，如图 3-51 所示，计算门式刚架屋架的工程量。

【解】 项目编码：010511004　项目名称：门式刚架

工程量计算规则：以立方米计量，按设计图示尺寸以体积计算；以榀计量，按设计图示数量计算。

门式刚架屋架的工程量＝0.45×0.45×5.0×2＋0.45×0.5×4.06×2≈2.03＋1.83＝3.86(m^3)

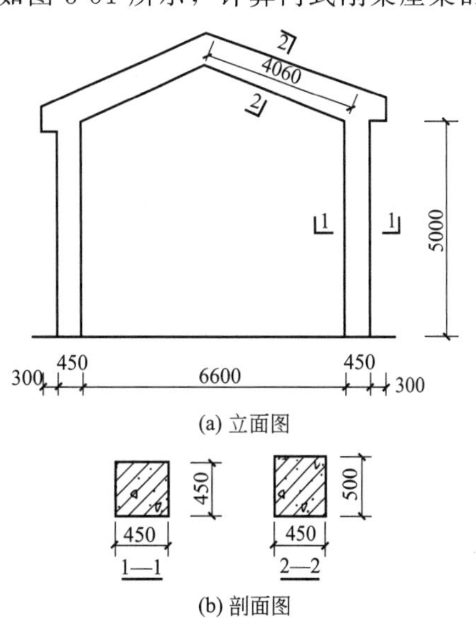

图 3-51　预制混凝土门式刚架屋架示意图

【例 3-52】 某预制混凝土空心板，如图 3-52 所示，混凝土强度等级为 C35，计算该空心板的工程量。

【解】 项目编码：010512002　项目名称：空心板

工程量计算规则：以立方米计量，按设计图示尺寸以体积计算，不扣除单个面积≤300mm×300mm 的孔洞所占面积，扣除空心板空洞体积；以块计量，按设计图示数量计算。

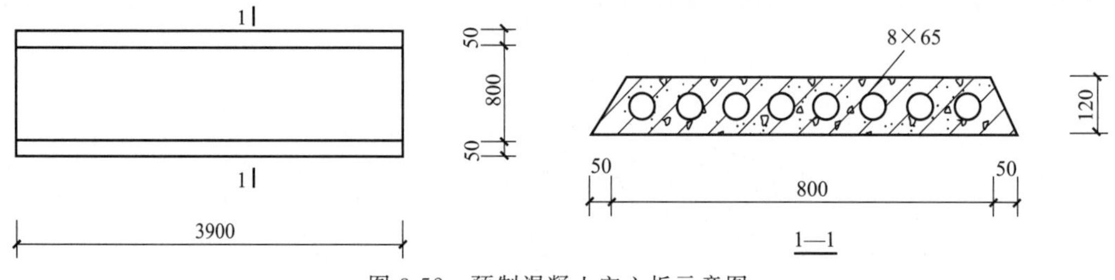

图 3-52 预制混凝土空心板示意图

$$预制混凝土空心板的工程量 \approx [(0.8+0.9)\times\frac{1}{2}\times0.12-\frac{3.14}{4}\times0.065^2\times8]\times3.9$$
$$\approx(0.102-0.027)\times3.9$$
$$\approx0.29(m^3)$$

【例 3-53】 某预制混凝土带肋板（双 T 形板），如图 3-53 所示，计算该板的工程量。

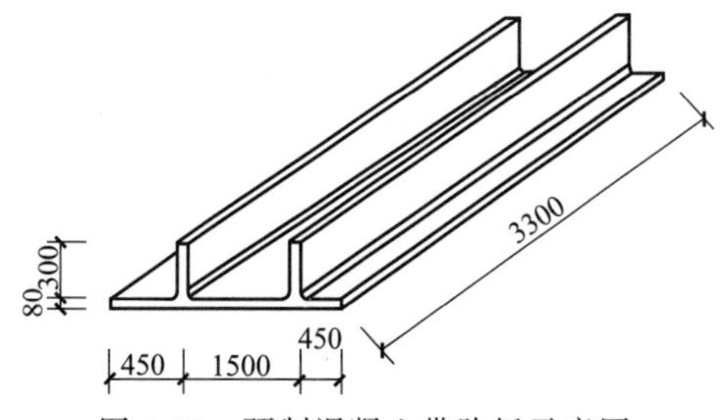

图 3-53 预制混凝土带肋板示意图

【解】 项目编码：010512006　项目名称：带肋板

工程量计算规则：以立方米计量，按设计图示尺寸以体积计算，不扣除单个尺寸≤300mm×300mm 的孔洞所占面积，扣除空心板空洞体积；以块计量，按设计图示数量计算。

$$预制混凝土带肋板的工程量=0.3\times0.08\times3.3\times2+(0.45\times2+1.5)\times0.08\times3.3$$
$$\approx0.158+0.634\approx0.79(m^3)$$

(十三) 预制混凝土楼梯

工程量清单项目设置、项目特征描述的内容、计量单位、工程量计算规则应按表 3-42 的规定执行。

表 3-42 预制混凝土楼梯（编号：010513）

项目编码	项目名称	项目特征	计量单位	工程量计算规则	工作内容
010513001	楼梯	1. 楼梯类型 2. 单件体积 3. 混凝土强度等级 4. 砂浆（细石混凝土）强度等级	1. m^3 2. 段	1. 以立方米计量，按设计图示尺寸以体积计算。不扣除构件内钢筋、预埋铁件所占体积，扣除空心踏步板空洞体积 2. 以段计量，按设计图示数量计算	1. 模板制作、安装、拆除、堆放、运输及清理模内杂物、刷隔离剂等 2. 混凝土制作、运输、浇筑、振捣、养护 3. 构件运输、安装 4. 砂浆制作、运输 5. 接头灌缝、养护

注：以块计量，必须描述单件体积。

（十四）其他预制构件

工程量清单项目设置、项目特征描述的内容、计量单位、工程量计算规则应按表 3-43 的规定执行。

表 3-43　其他预制构件（编号：010514）

<table>
<tr><th>项目编码</th><th>项目名称</th><th>项目特征</th><th>计量单位</th><th>工程量计算规则</th><th>工作内容</th></tr>
<tr><td>010514001</td><td>垃圾道、通风道、烟道</td><td>1. 单件体积
2. 混凝土强度等级
3. 砂浆强度等级</td><td rowspan="2">1. m³
2. m²
3. 根(块)</td><td rowspan="2">1. 以立方米计量，按设计图示尺寸以体积计算。不扣除单个面积 ≤ 300mm × 300mm 的孔洞所占体积，扣除烟道、垃圾道、通风道的孔洞所占体积
2. 以平方米计量，按设计图示尺寸以面积计算。不扣除单个面积 ≤ 300mm × 300mm 的孔洞所占面积
3. 以根计量，按设计图示尺寸以数量计算</td><td rowspan="2">1. 模板制作、安装、拆除、堆放、运输及清理模内杂物、刷隔离剂等
2. 混凝土制作、运输、浇筑、振捣、养护
3. 构件运输、安装
4. 砂浆制作、运输
5. 接头灌缝、养护</td></tr>
<tr><td>010514002</td><td>其他构件</td><td>1. 单件体积
2. 构件的类型
3. 混凝土强度等级
4. 砂浆强度等级</td></tr>
</table>

知识拓展

① 以块、根计量，必须描述单件体积。

② 预制钢筋混凝土小型池槽、压顶、扶手、垫块、隔热板、花格等，按表 3-43 中其他构件项目编码列项。

【例 3-54】 某建筑物内预制混凝土楼梯，如图 3-54 所示，该楼梯为直形楼梯，混凝土强度等级为 C30，计算该楼梯的工程量。

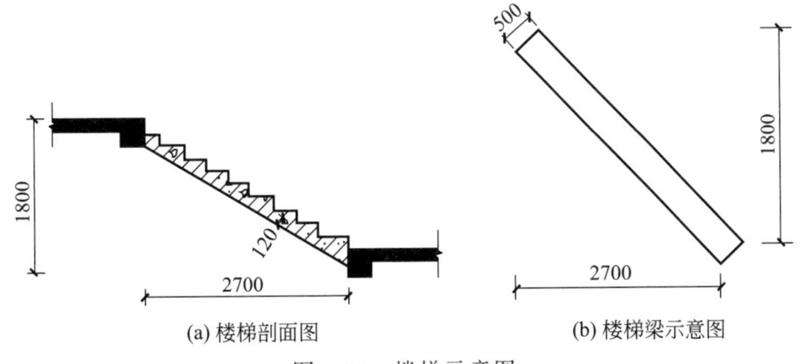

(a) 楼梯剖面图　　(b) 楼梯梁示意图

图 3-54　楼梯示意图

【解】 项目编码：010513001　项目名称：楼梯

工程量计算规则：以立方米计量，按设计图示尺寸以体积计算，扣除空心踏步板空洞体积；以块计量，按设计图示数量计算。

$$楼梯的工程量=\sqrt{2.7^2+1.8^2}\times0.5\times0.12\approx0.19(m^3)$$

【例 3-55】 某水磨石池槽，如图 3-55 所示，长 4.5m，计算该水磨石池槽的混凝土工程量。

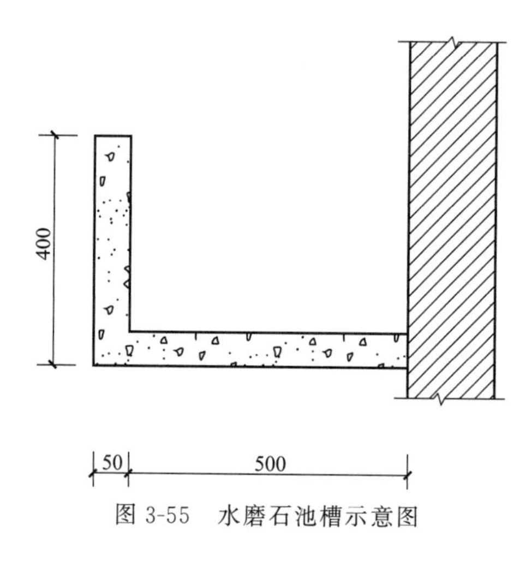

图 3-55 水磨石池槽示意图

【解】 项目编码：010514002 项目名称：其他构件

工程量计算规则：以立方米计量，按设计图示尺寸以体积计算，不扣除单个面积≤300mm×300mm 的孔洞所占体积，扣除烟道、垃圾道、通风道的孔洞所占体积；以平方米计量，按设计图示尺寸以面积计算，不扣除单个面积≤300mm×300mm 的孔洞所占面积；以根计量，按设计图示数量计算。

$$水磨石池槽的工程量=(0.5\times0.05+0.05\times0.4)\times4.5\approx0.20(m^3)$$

（十五）钢筋工程

工程量清单项目设置、项目特征描述的内容、计量单位、工程量计算规则应按表 3-44 的规定执行。

表 3-44 钢筋工程（编号：010515）

<table>
<tr><th>项目编码</th><th>项目名称</th><th>项目特征</th><th>计量单位</th><th>工程量计算规则</th><th>工作内容</th></tr>
<tr><td>010515001</td><td>现浇构件钢筋</td><td rowspan="4">钢筋种类、规格</td><td rowspan="5">t</td><td rowspan="4">按设计图示钢筋（网）长度（面积）×单位理论质量计算</td><td rowspan="2">1. 钢筋制作、运输
2. 钢筋安装
3. 焊接（绑扎）</td></tr>
<tr><td>010515002</td><td>预制构件钢筋</td></tr>
<tr><td>01051503</td><td>钢筋网片</td><td>1. 钢筋网制作、运输
2. 钢筋网安装
3. 焊接（绑扎）</td></tr>
<tr><td>01051504</td><td>钢筋笼</td><td>1. 钢筋笼制作、运输
2. 钢筋笼安装
3. 焊接（绑扎）</td></tr>
<tr><td>010515005</td><td>先张法预应力钢筋</td><td>1. 钢筋种类、规格
2. 锚具种类</td><td>按设计图示钢筋长度×单位理论质量计算</td><td>1. 钢筋制作、运输
2. 钢筋张拉</td></tr>
</table>

续表

项目编码	项目名称	项目特征	计量单位	工程量计算规则	工作内容
010515006	后张法预应力钢筋	1. 钢筋种类、规格 2. 钢丝种类、规格 3. 钢绞线种类、规格 4. 锚具种类 5. 砂浆强度等级	t	按设计图示钢筋(丝束、绞线)长度×单位理论质量计算 1. 低合金钢筋两端均采用螺杆锚具时,钢筋长度按孔道长度减 0.35m 计算,螺杆另行计算 2. 低合金钢筋一端采用镦头插片、另一端采用螺杆锚具时,钢筋长度按孔道长度计算,螺杆另行计算 3. 低合金钢筋一端采用镦头插片、另一端采用帮条锚具时,钢筋增加 0.15m 计算;两端均采用帮条锚具时,钢筋长度按孔道长度增加 0.3m 计算 4. 低合金钢筋采用后张混凝土自锚时,钢筋长度按孔道长度增加 0.35m 计算 5. 低合金钢筋(钢绞线)采用 JM、XM、QM 型锚具,孔道长度≤20m 时,钢筋长度增加 1m 计算;孔道长度>20m 时,钢筋长度增加 1.8m 计算 6. 碳素钢丝采用锥形锚具,孔道长度≤20m 时,钢丝束长度按孔道长度增加 1m 计算;孔道长度>20m 时,钢丝束长度按孔道长度增加 1.8m 计算 7. 碳素钢丝采用镦头锚具时,钢丝束长度按孔道长度增加 0.35m 计算	1. 钢筋、钢丝、钢绞线制作、运输 2. 钢筋、钢丝、钢绞线安装 3. 预埋管孔道铺设 4. 锚具安装 5. 砂浆制作、运输 6. 孔道压浆、养护
010515007	预应力钢丝				
010515008	预应力钢绞线				
010515009	支撑钢筋(铁马)	1. 钢筋种类 2. 规格		按钢筋长度×单位理论质量计算	钢筋制作、焊接、安装
010515010	声测管	1. 材质 2. 规格型号		按设计图示尺寸以质量计算	1. 检测管截断、封头 2. 套管制作、焊接 3. 定位、固定

知识拓展

① 现浇构件中伸出构件的锚固钢筋应并入钢筋工程量内。除设计（包括规范规定）标明的搭接外，其他施工搭接不计算工程量，在综合单价中综合考虑。

② 现浇构件中固定位置的支撑钢筋、双层钢筋用的“铁马”在编制工程量清单时，其工程数量可为暂估量，结算时按现场签证数量计算。

【例 3-56】 某教学楼钢筋工程矩形梁，如图 3-56 所示，该矩形梁截面尺寸为 240mm×

500mm，计算现浇构件钢筋的工程量。

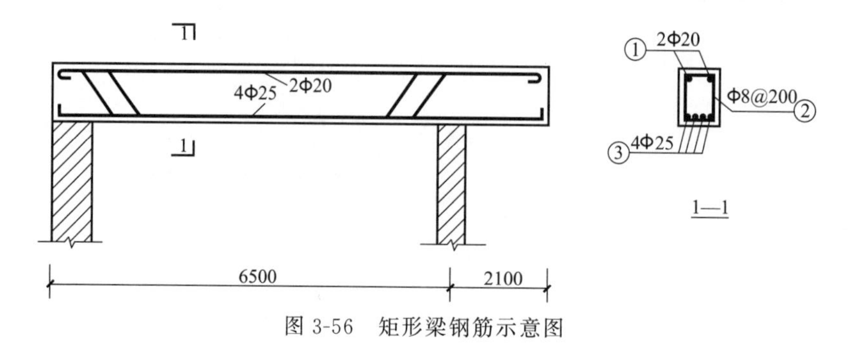

图 3-56 矩形梁钢筋示意图

【解】 项目编码：010515001 项目名称：现浇构件钢筋

工程量计算规则：按设计图示钢筋（网）长度（面积）×单位理论质量计算。

① 号钢筋 2Φ20（单位理论质量为 2.47kg）：

$$工程量=(6.5+2.1-0.025\times2+6.25\times0.02\times2)\times2\times2.47$$
$$=8.8\times2\times2.47$$
$$=43.472\ (kg)\ \approx0.043\ (t)$$

② 号钢筋Φ8@200（单位理论质量为 0.395kg）：

$$根数=\frac{6.5+2.1-0.025\times2}{0.2}+1\approx44(根)$$

$$单根长度=(0.24+0.5)\times2-0.025\times8-8\times0.008-3\times1.75\times0.008+2\times1.9\times0.008+2\times10\times0.008$$
$$=1.48-0.2-0.064-0.042+0.0304+0.16\approx1.36\ (m)$$

$$工程量\approx44\times1.36\times0.395\approx23.64(kg)\approx0.024(t)$$

③ 号钢筋 4Φ25（单位理论质量为 3.85kg）：

$$工程量=(6.5+2.1-0.025\times2-2\times1.75\times0.025+10\times0.025)\times4\times3.85$$
$$\approx8.71\times4\times3.85$$
$$\approx134.13(kg)\approx0.134(t)$$

【例 3-57】 某钢筋工程后张预应力吊车梁，如图 3-57 所示，下部后张预应力钢筋所用锚具为 XM 型锚具，计算后张法预应力钢筋的工程量。

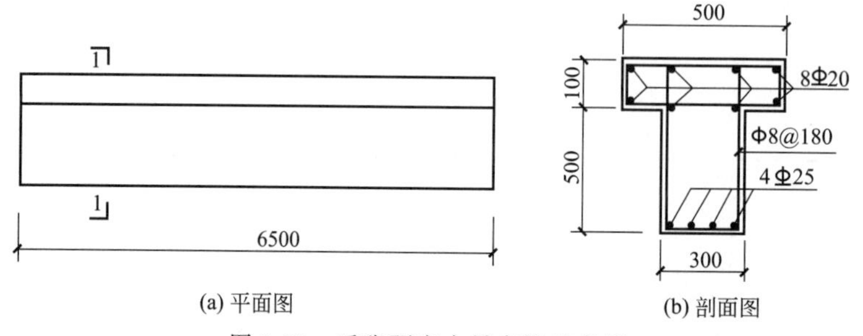

图 3-57 后张预应力吊车梁示意图

【解】 项目编码：010515006 项目名称：后张法预应力钢筋

工程量计算规则：按设计图示钢筋（丝束、绞线）长度×单位理论质量计算。

后张预应力钢筋（4 根直径为 25 的二级钢筋，单位理论质量为 3.85kg）：

后张法预应力钢筋的工程量=(设计图示钢筋长度+增加长度)×单位理论质量

=(6.5+1.00)×4×3.85
=115.50(kg)≈0.116(t)

(十六)螺栓、铁件

工程量清单项目设置、项目特征描述的内容、计量单位、工程量计算规则应按表3-45的规定执行。

表3-45 螺栓、铁件(编号:010516)

项目编码	项目名称	项目特征	计量单位	工程量计算规则	工作内容
010516001	螺栓	1.螺栓种类 2.规格	t	按设计图示尺寸以质量计算	1.螺栓、铁件制作、运输 2.螺栓、铁件安装
010516002	预埋铁件	1.钢材种类 2.规格 3.铁件尺寸			
010516003	机械连接	1.连接方式 2.螺纹套筒种类 3.规格	个	按数量计算	1.钢筋套丝 2.套筒连接

注:编制工程量清单时,如果设计未明确,其工程数量可为暂估量,实际工程量按现场签证数量计算。

【例3-58】 某办公楼工程预埋件,如图3-58所示,其埋入60mm×60mm×8mm方铁,共1500个,计算预埋件的工程量。

【解】 项目编码:010516002 项目名称:预埋铁件

工程量计算规则:按设计图示尺寸以质量计算。

预埋件的工程量=(0.060×0.060×0.008)×78×103×1500
≈347.07(kg)≈0.347(t)

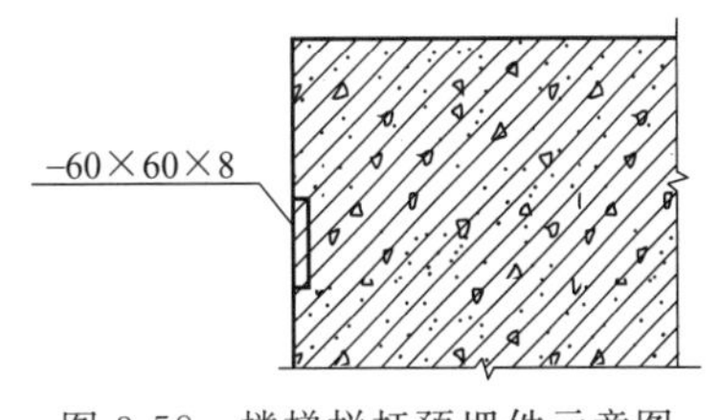

图3-58 楼梯栏杆预埋件示意图

二、混凝土及钢筋混凝土工程量计算规则详解

(一)相关概念

钢筋混凝土结构工程,包括混凝土工程、钢筋工程和模板工程三个部分。在施行清单计价方式后,模板工程被列入了措施项目,而在传统的定额计价体系中,模板工程是作为一个重要的分部分项工程,参与计量与计价。

知识拓展

① 混凝土工程包括配料、搅拌、运输、浇捣、养护等过程。混凝土工程按施工方法的不同分现浇和预制两种。预制混凝土工程的内容还包括构件的运输和安装。

② 钢筋工程包括配料、加工、捆绑和安装。有时还要进行冷拉、冷拔等冷加工;预应力还要张拉。钢筋的连接有焊接、机械连接和手工捆扎等。钢筋的钢种和规格不同,价格也不同。

1. 现浇混凝土工程

现浇混凝土工程有现浇混凝土基层、现浇混凝土柱、现浇混凝土梁、现浇混凝土墙、现浇混凝土板、现浇混凝土楼梯、现浇混凝土其他构件、后浇带8个分部工程。它按不同构件共分为30个分项工程。其体系详见图3-59。

2. 预制混凝土工程

预制混凝土工程有预制混凝土柱、预制混凝土梁、预制混凝土屋架、预制混凝土板、预制混凝土楼梯、其他预制构件、混凝土构筑物 7 个分部工程。它按不同构件共分为 29 个分项工程。其体系详见图 3-60。

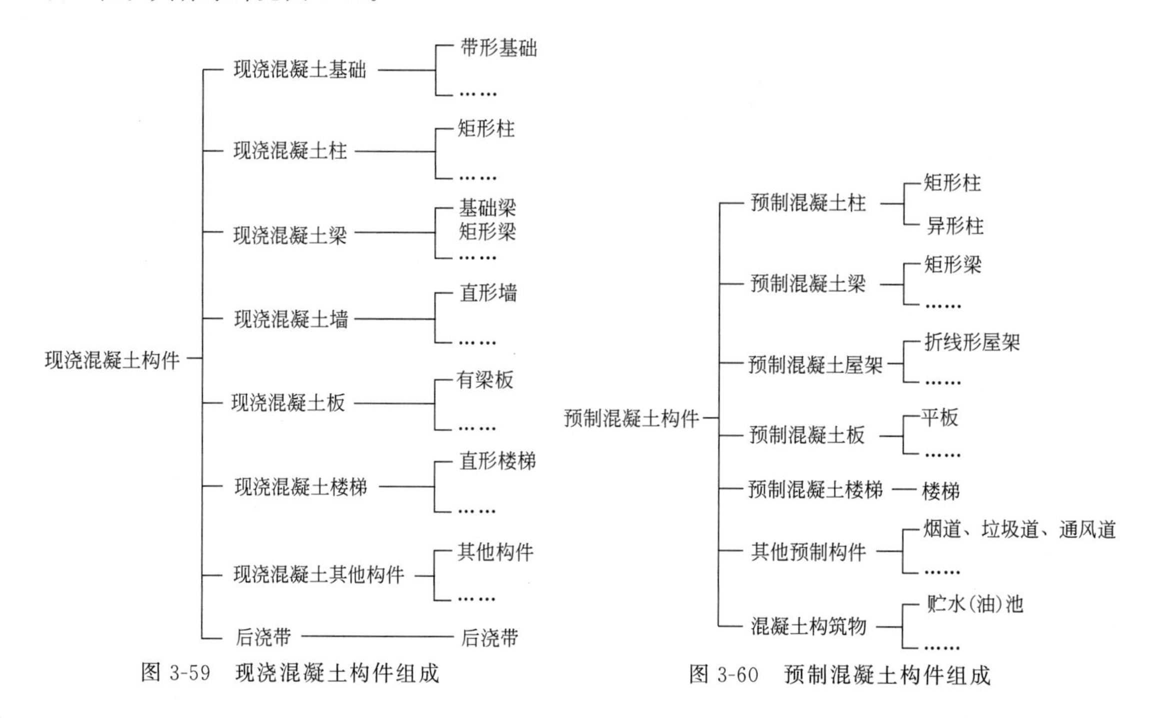

图 3-59 现浇混凝土构件组成

图 3-60 预制混凝土构件组成

3. 钢筋及铁件工程

钢筋及铁件工程分为钢筋工程和螺栓、铁件 2 个分部工程，10 个分项工程。其体系详见图 3-61。

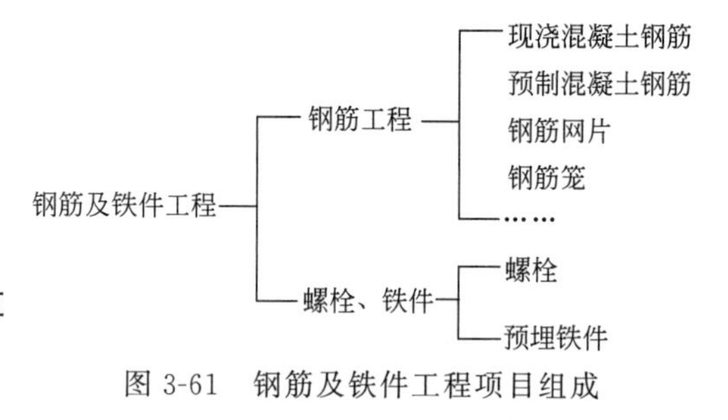

图 3-61 钢筋及铁件工程项目组成

（二）计算规则详解

1. 现浇混凝土及钢筋混凝土模板工程量计算

现浇混凝土及钢筋混凝土模板工程量按以下规定计算。

① 现浇混凝土及钢筋混凝土模板工程量，除另有规定者外，均应区别模板的不同材质，按混凝土与模板接触面的面积，以平方米计算。

② 现浇钢筋混凝土柱、梁、板、墙的支模高度（即室外地坪至板底或板面至板底之间的高度），以 3.6m 以内为准；超过 3.6m 以上部分，另按超过部分计算增加支撑工程量。

③ 现浇钢筋混凝土墙、板上单孔面积在 $0.3m^2$ 以内的孔洞，不予扣除，洞侧壁模板亦不增加；单孔面积在 $0.3m^2$ 以外时，应予扣除。洞侧壁模板面积并入墙、板模板工程量之内计算。

④ 现浇钢筋混凝土框架分别按梁、板、柱墙有关规定计算。附墙柱并入墙内工程量计算。

⑤ 杯形基础杯口高度大于杯口大边长度的，套高杯基础定额项目。

⑥ 柱与梁、柱与墙、梁与梁等连接的重叠部分以及伸入墙内的梁头、板头部分，均不

计算模板面积。

⑦ 构造柱外露面均应按图示外露部分计算模板面积。构造柱与墙接触面不计算模板面积。

⑧ 现浇钢筋混凝土悬挑板（雨篷、阳台）按图示外挑部分尺寸的水平投影面积计算。挑出墙外的牛腿梁及板边模板不另计算。

⑨ 现浇钢筋混凝土楼梯，以图示露明面尺寸的水平投影面积计算，不扣除小于50mm楼梯井所占面积。楼梯的踏步、踏步板平台梁等侧面模板，不另行计算。

⑩ 混凝土台阶不包括梯带，按图示台阶尺寸的水平投影面积计算，台阶端头两侧不另行计算模板面积。

⑪ 现浇混凝土小型池槽按构件外围体积计算，池槽内、外侧及底部的模板不应另行计算。

2. 预制钢筋混凝土构件模板工程量计算

预制钢筋混凝土构件模板工程量按以下规定计算：

① 预制钢筋混凝土模板工程量，除另有规定者外均按混凝土实体体积以立方米计算。

② 小型池槽按外形体积以立方米计算。

③ 预制桩尖按虚体积（不扣除桩尖虚体积部分）计算。

3. 构筑物钢筋混凝土模板工程量计算

构筑物钢筋混凝土模板工程量，按以下规定计算。

① 构筑物工程的模板工程量，除另有规定者外，区分现浇、预制和构件类别，分别按现浇混凝土及钢筋混凝土模板和预制钢筋混凝土构件模板的有关规定计算。

② 大型池槽等分别按基础、墙、板、梁、柱等有关规定计算，并套相应定额项目。

③ 液压滑升钢模板施工的烟囱、水塔塔身、贮仓等，均按混凝土体积，以立方米计算。预制倒圆锥形水塔罐壳模板，按混凝土体积，以立方米计算。

④ 预制倒圆锥形水塔罐壳组装、提升、就位，按不同容积以座计算。

4. 钢筋工程量计算

钢筋工程量按以下规定计算。

① 钢筋工程，应区分现浇、预制构件、不同钢种和规格，分别按设计长度乘以单位质量，以吨计算。

② 计算钢筋工程量时，设计已规定钢筋搭接长度的，按规定搭接长度计算；设计未规定搭接长度的，已包括在钢筋的损耗率之内，不另计算搭接长度。钢筋电渣压力焊接、套筒挤压等接头，以个计算。

③ 直钢筋长度的计算。

直钢筋长度＝混凝土构件长度－两端保护层厚度＋两端弯钩长度

当构件内布置的是两端无弯钩的直钢筋时，令弯钩长度为0即可。弯钩长度根据弯曲形状确定。对于半圆弯钩取 $6.25d$（d 为钢筋直径）；对于直弯钩取 $3.5d$；对于斜弯钩取 $4.9d$。钢筋保护层：为了使钢筋不与空气接触氧化而锈蚀，钢筋外面必须有一定厚度的混凝土作为钢筋的保护层。保护层厚度可按图纸规定。设计无明确规定时，按照施工及验收规范的规定执行。

墙和板：厚度≤100mm，保护层厚度10mm；
　　　　厚度＞100mm，保护层厚度15mm。

梁和柱：受力钢筋，保护层厚度25mm；
　　　　箍筋和构造筋，保护层厚度15mm。

基础：有垫层，保护层厚度 35mm；

无垫层，保护层厚度 70mm。

④ 弯曲钢筋长度计算。弯曲钢筋又称元宝钢筋，其长度根据设计图纸的尺寸，按下列公式计算：

弯曲钢筋长度=混凝土构件长度－两端保护层厚度＋两端弯钩长度＋弯起部分增加长度

式中，弯起部分增加长度=弯起筋斜长－弯起部分水平长度。

一般地，弯起部分增加长度，根据弯起角度和弯起高度，用弯起筋角度系数计算。若用 H' 表示弯起高度，如图 3-62 所示，则

弯曲高度 H'=梁(板)高(厚)－上下保护层厚度

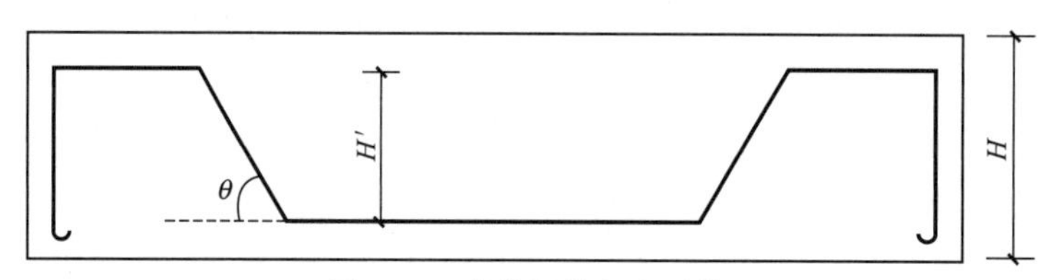

图 3-62 弯曲钢筋长度计算

当 $\theta=30°$ 时，每个弯起部分增加长度=$0.268H'$；

当 $\theta=45°$ 时，每个弯起部分增加长度=$0.414H'$；

当 $\theta=60°$ 时，每个弯起部分增加长度=$0.577H'$。

设计图纸无明确规定弯起角度时，可参照下列规定执行：

当 $150\text{mm}\leqslant H\leqslant 800\text{mm}$ 时，$\theta=45°$；

当 $H>800\text{mm}$ 时，$\theta=60°$；

当楼板厚度 $H<150\text{mm}$ 时，$\theta=30°$。

⑤ 箍筋长度计算。

a. 方形、矩形单箍筋，如图 3-63 所示。

$$箍筋长度=(H+B-4b+2d_0)\times 2+2\ 个弯钩长度$$

式中 B——构件截面宽度；

H——构件高度；

b——保护层厚度；

d_0——箍筋直径。

为简化计算，方形、矩形单箍筋若钢筋直径为 $\phi 10$ 以下的，可按不扣除保护层厚度也不增加弯钩长度计算，即

$$箍筋长度=2\times(H+B)$$

b. 方形双箍筋，如图 3-64 所示。

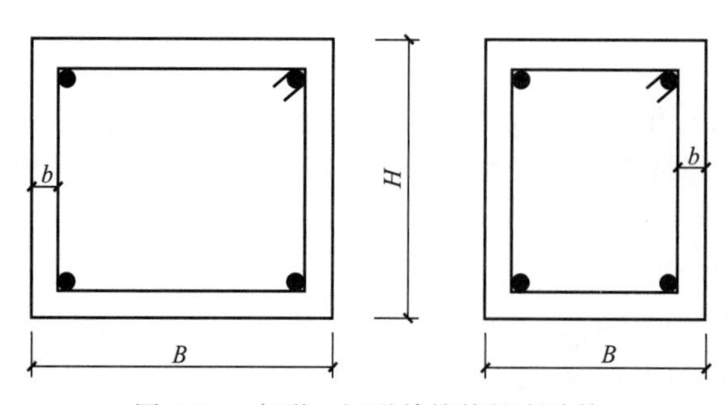

图 3-63 方形、矩形单箍筋长度计算

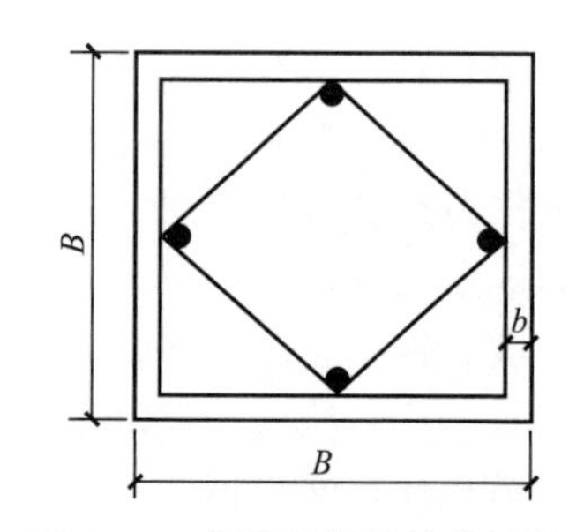

图 3-64 方形双箍筋长度计算

$$外箍筋长度=(B-2b+d_0)\times4+2个弯钩长度$$

$$内箍筋长度=\left[(B-2b)\times\frac{\sqrt{2}}{2}+d_0\right]\times4+2个弯钩长度$$

c. 矩形双箍筋，如图 3-65 所示。

$$每个箍筋长度=(H-2b+d_0)\times2+(B-2b+B'+2d_0)+2个弯钩长度$$

d. 三角箍筋，如图 3-66 所示。

$$每个箍筋长度=(B-2b+d_0)+\sqrt{4(H-2b+d_0)^2+(B-2b+d_0)^2}+2个弯钩长度$$

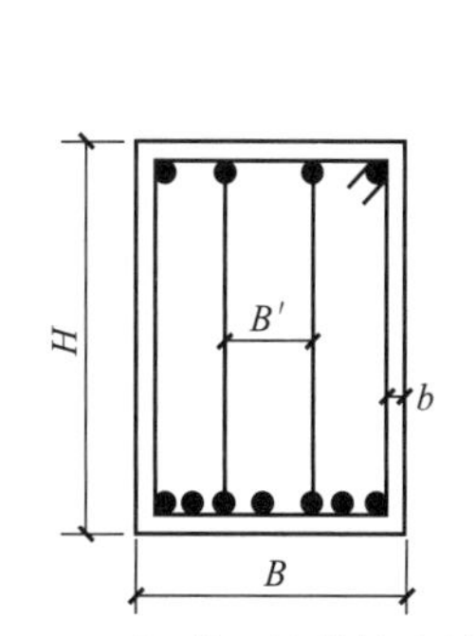

图 3-65　矩形双箍筋长度计算

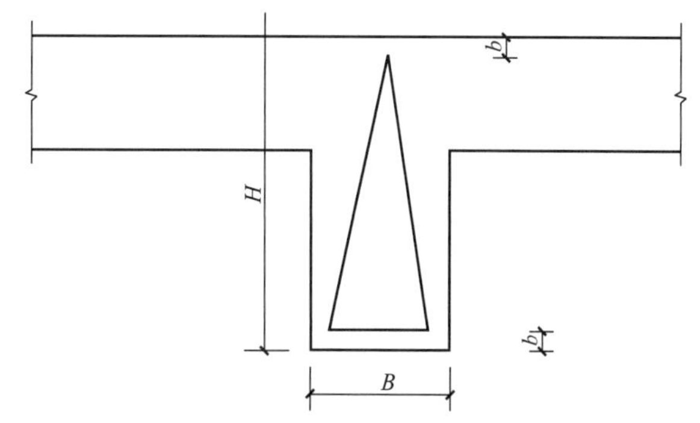

图 3-66　三角箍筋长度计算

e. S 箍筋（拉条），如图 3-67 所示。

$$箍筋长度=h+d_0+2个弯钩长度$$

f. 箍筋的根数。

$$箍筋的根数=\frac{箍筋配置段长度}{箍筋间距}+1$$

g. 螺旋形箍筋，如图 3-68 所示。

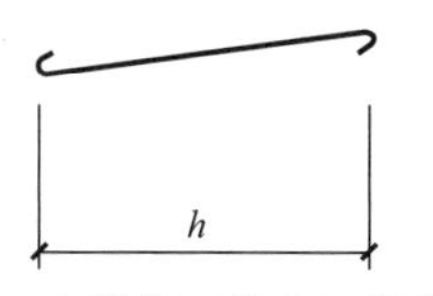

图 3-67　S 箍筋（拉条）长度计算

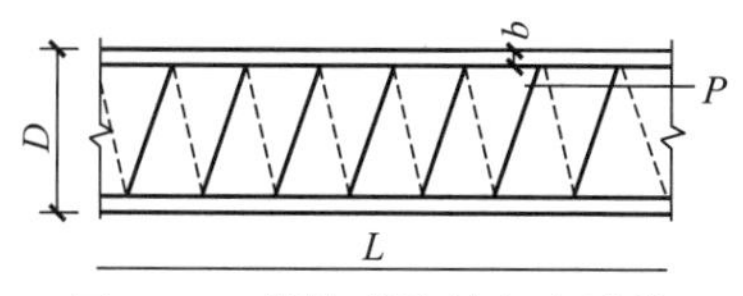

图 3-68　螺旋形箍筋长度计算

$$螺旋箍筋长度=N\sqrt{P^2+(D-2b+d_0)\pi^2}+2个弯钩长度$$

式中　N——螺线圈数，$N=\frac{L}{P}$；

P——螺距。

⑥ 先张法预应力钢筋，按构件外形尺寸计算长度，后张法预应力钢筋按设计图规定的预应力钢筋预留孔道长度，并区别不同的锚具类型，分别按下列规定计算。

a. 低合金钢筋两端采用螺杆锚具时，预应力的钢筋按预留孔道长度减 0.35m，螺杆另行计算。

b. 低合金钢筋一端采用镦头插片，另一端采用螺杆锚具时，预应力钢筋长度按预留孔道长度计算，螺杆另行计算。

c. 低合金钢筋一端采用镦头插片，另一端采用帮条锚具时，预应力钢筋增加 0.15m；两端均采用帮条锚具时，预应力钢筋共增加 0.3m 计算。

d. 低合金钢筋采用后张混凝土自锚时，预应力钢筋长度增加 0.35m 计算。

e. 低合金钢筋或钢绞线采用 JM、XM、QM 型锚具，孔道长度在 20m 以内时，预应力钢筋长度增加 1m；孔道长度 20m 以上时，预应力钢筋长度增加 0.35m 计算。

f. 碳素钢丝采用锥形锚具，孔道长在 20m 以内时，预应力钢筋长度增加 1m；孔道长在 20m 以上时，预应力钢筋长度增加 1.8m。

g. 碳素钢丝两端采用镦粗头时，预应力钢丝长度增加 0.35m 计算。

5. 钢筋混凝土构件预埋铁件工程量计算

钢筋混凝土构件预埋铁件工程量按设计图示尺寸，以吨计算。

6. 现浇混凝土工程量计算

现浇混凝土工程量，按以下规定计算。

① 混凝土工程量除另有规定者外，均按图示尺寸实体体积以立方米计算，不扣除构件内钢筋、预埋铁件及墙、板中 0.3m^2 内的孔洞所占体积。

② 基础：

a. 有肋带形混凝土基础，其肋高与肋宽之比在 4∶1 以内的，按有肋带形基础计算；超过 4∶1 时，其基础底按板式基础计算，以上部分按墙计算。

b. 箱式满堂基础应分别按无梁式满堂基础、柱、墙、梁、板有关规定计算，套相应定额项目。

c. 设备基础除块体以外，其他类型设备基础分别按基础、梁、柱、板、墙等有关规定计算，套相应的定额项目计算。

③ 柱：按图示断面尺寸乘以柱高，以立方米计算。柱高按下列规定确定。

a. 有梁板的柱高，应自柱基上表面（或楼板上表面）至上一层楼板上表面之间的高度计算。

b. 无梁板的柱高，应自柱基上表面（或楼板上表面）至柱帽下表面之间的高度计算。

c. 框架柱的柱高应自柱基上表面至柱顶高度计算。

d. 构造柱按全高计算，与砖墙嵌接部分的体积并入柱身体积内计算。

e. 依附柱上的牛腿，并入柱身体积内计算。

④ 梁：按图示断面尺寸乘以梁长以立方米计算。梁长按下列规定确定：

a. 梁与柱连接时，梁长算至柱侧面；

b. 主梁与次梁连接时，次梁长算至主梁侧面。伸入墙内梁头，梁垫体积并入梁体积内计算。

⑤ 板：按图示面积乘以板厚以立方米计算。其中：

a. 有梁板包括主、次梁与板，按梁、板体积之和计算。

b. 无梁板按板和柱帽体积之和计算。

c. 平板按板实体体积计算。

d. 现浇挑檐天沟与板（包括屋面板、楼板）连接时，以外墙为分界线；与圈梁（包括其他梁）连接时，以梁外边线为分界线。外墙边线以外或梁外边线以外为挑檐天沟。

e. 各类板伸入墙内的板头并入板体积内计算。

⑥ 墙：按图示中心线长度乘以墙高及厚度以立方米计算，应扣除门窗洞口及 0.3m^2 以外孔洞的体积，墙垛及突出部分并入墙体积内计算。

⑦ 整体楼梯包括休息平台、平台梁、斜梁及楼梯的连接梁，按水平投影面积计算，不扣除宽度小于 500mm 的楼梯井，伸入墙内部分不另增加。

⑧ 阳台、雨篷（悬挑板），按伸出外墙的水平投影面积计算，伸出外墙的牛腿不另计算。带反挑檐的雨篷按展开面积并入雨篷内计算。

⑨ 栏杆按净长度以延长米计算。伸入墙内的长度已综合在定额内。栏板以立方米计算，伸入墙内的栏板合并计算。

⑩ 预制板补现浇板缝时，按平板计算。

⑪ 预制钢筋混凝土框架柱现浇接头（包括梁接头），按设计规定断面和长度以立方米计算。

7. 预制混凝土工程量计算

预制混凝土工程量，按如下的规定计算。

① 混凝土工程量均按图示尺寸实体体积以立方米计算，不扣除构件内钢筋、铁件及小于300mm×300mm孔洞面积。

② 预制桩按桩全长（包括桩尖）乘以桩断面（空心桩应扣除孔洞体积），以立方米计算。

③ 混凝土与钢杆件组合的构件，混凝土部分按构件实体积以立方米计算，钢构件部分按吨计算，分别套相应的定额项目。

8. 固定预埋件工程量计算

固定预埋螺栓、铁件的支架，固定双层钢筋的铁马凳、垫铁件，按审定的施工组织设计规定计算，套相应定额项目。

9. 构筑物钢筋混凝土工程量计算

构筑物钢筋混凝土工程量，按以下规定计算。

① 构筑物混凝土除另有规定者外，均按图示尺寸扣除门窗洞口及0.3m^2以外孔洞所占体积，以实体体积计算。

② 水塔：塔具体内容计算如下。

a. 筒身与槽底以槽底连接的圈梁底为界，以上为槽底，以下为筒身。

b. 筒式塔身及依附于筒身的过梁、雨篷挑檐等并入筒身体积内计算，柱式塔身、柱、梁合并计算。

c. 塔顶及槽底，塔顶包括顶板和圈梁，槽底包括底板挑出的斜壁板和圈梁等合并计算。

③ 贮水池不分平底、锥底、坡底，均按池底计算；壁基梁、池壁不分圆形壁和矩形壁，均按池壁计算；其他项目均按现浇混凝土部分相应项目计算。

10. 钢筋混凝土构件接头灌缝

① 钢筋混凝土构件接头灌缝，包括构件坐浆、灌缝、堵板孔、塞板梁缝等，均按预制钢筋混凝土构件实体积，以立方米计算。

② 柱与柱基的灌缝，按首层柱体积计算；首层以上柱灌缝按各层柱体积计算。

③ 空心板堵孔的人工材料，已包括在定额内。如不堵孔，每10m^3空心板体积应扣除0.23m^3预制混凝土块和22个工日。

第八节 金属结构工程工程量的计算

一、钢架工程的计算规则

（一）钢网架

工程量清单项目设置及工程量计算规则见表3-46。

表 3-46 钢网架（编码：010601）

项目编码	项目名称	项目特征	计量单位	工程量计算规则	工程内容
010601001	钢网架	1.钢材品种、规格 2.网架节点形式、连接方式 3.网架跨度、安装高度 4.探伤要求 5.防火要求	t	按设计图示尺寸以质量计算。不扣除孔眼的质量，焊条、铆钉等不另增加质量	1.拼装 2.安装 3.探伤 4.补刷油漆

（二）钢屋架、钢托架、钢桁架、钢架桥

工程量清单项目设置及工程量计算规则见表 3-47。

表 3-47 钢屋架、钢托架、钢桁架、钢架桥（编码：010602）

<table>
<tr><th>项目编码</th><th>项目名称</th><th>项目特征</th><th>计量单位</th><th>工程量计算规则</th><th>工程内容</th></tr>
<tr><td>010602001</td><td>钢屋架</td><td>1.钢材品种、规格
2.单榀质量
3.屋架跨度、安装高度
4.螺栓种类
5.探伤要求
6.防火要求</td><td>1.榀
2.t</td><td>1.以榀计量，按设计图示数量计算
2.以吨计量，按设计图示尺寸以质量计算。不扣除孔眼的质量，焊条、铆钉、螺栓等不另增加质量</td><td rowspan="4">1.拼装
2.安装
3.探伤
4.补刷油漆</td></tr>
<tr><td>010602002</td><td>钢托架</td><td rowspan="2">1.钢材品种、规格
2.单榀质量
3.安装高度
4.螺栓种类
5.探伤要求
6.防火要求</td><td rowspan="3">t</td><td rowspan="3">按设计图示尺寸以质量计算。不扣除孔眼的质量，焊条、铆钉、螺栓等不另增加质量</td></tr>
<tr><td>010602003</td><td>钢桁架</td></tr>
<tr><td>010602004</td><td>钢架桥</td><td>1.桥类型
2.钢材品种、规格
3.单榀质量
4.安装高度
5.螺栓种类
6.探伤要求</td></tr>
</table>

知识拓展

以榀计量，按标准图设计的应注明标准图代号，按非标准图设计的项目特征必须描述单榀屋架的质量。

【例 3-59】 某厂房金属结构工程钢屋架，如图 3-69 所示。上弦钢材单位理论质量为 7.398kg，下弦钢材单位理论质量为 1.58kg，立杆钢材、斜撑钢材和檩托钢材单位理论质量为 3.77kg，连接板单位理论质量为 62.80kg。计算该钢屋架的工程量。

【解】 项目编码：010602001 项目名称：钢屋架

工程量计算规则：以榀计量，按图示数量计算；以吨计量，按设计图示尺寸以质量计算，不扣除孔眼的质量，焊条、铆钉、螺栓等不另增加质量。

杆件质量＝杆件设计图示长度×单位理论质量

上弦质量$=3.60\times2\times2\times7.398\approx106.53$(kg)

下弦质量$=6.40\times2\times1.58\approx20.22$(kg)

立杆质量$=1.70\times3.77\approx6.41$(kg)

斜撑质量$=1.50\times2\times2\times3.77=22.62$(kg)

檩托质量=0.14×12×3.77≈6.33(kg)

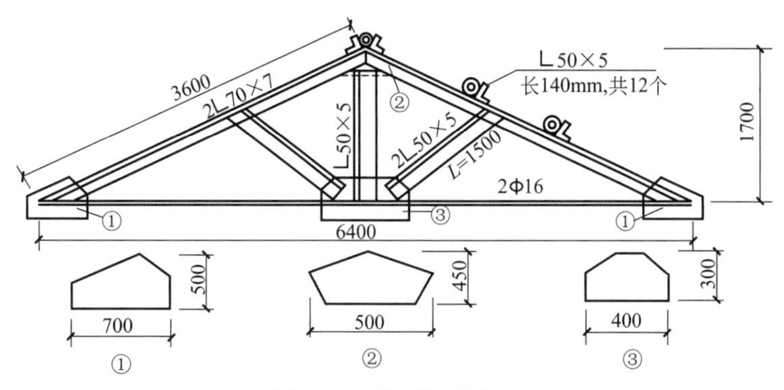

图 3-69　钢屋架示意图

多边形钢板质量=最大对角线长度×最大宽度×面密度

①号连接板质量=0.8×0.5×2×62.80=50.24(kg)

②号连接板质量=0.5×0.45×62.80=14.13(kg)

③号连接板质量=0.4×0.3×62.80≈7.54(kg)

钢屋架的工程量≈106.53+20.22+6.41+22.62+6.33+50.24+14.13+7.54
=234.02(kg)≈0.234(t)

二、钢柱、梁、板工程的计算规则

(一) 钢柱

工程量清单项目设置及工程量计算规则见表 3-48。

表 3-48　钢柱（编码：010603）

项目编码	项目名称	项目特征	计量单位	工程量计算规则	工程内容
010603001	实腹钢柱	1. 柱类型 2. 钢材品种、规格 3. 单根柱质量 4. 螺栓神类 5. 探伤要求 6. 防火要求	t	按设计图示尺寸以质量计算。不扣除孔眼的质量，焊条、铆钉、螺栓等不另增加质量，依附在钢柱上的牛腿及悬臂梁等并入钢柱工程量内	1. 拼装 2. 安装 3. 探伤 4. 补刷油漆
010603002	空腹钢柱				
010603003	钢管柱	1. 钢材品种、规格 2. 单根柱质量 3. 螺栓种类 4. 探伤要求 5. 防火要求		按设计图示尺寸以质量计算。不扣除孔眼的质量，焊条、铆钉、螺栓等不另增加质量，钢管柱上的节点板、加强环、内衬管、牛腿等并入钢管柱工程量内	

注：1. 实腹钢柱类型指十字形、T 形、L 形、H 形等。
2. 空腹钢柱类型指箱形、格构式等。
3. 型钢混凝土柱浇筑钢筋混凝土，其混凝土和钢筋应按《房屋建筑与装饰工程工程量计算规范》(GB 50854—2013) 中混凝土及钢筋混凝土工程中相关项目编码列项。

(二) 钢梁

工程量清单项目设置及工程量计算规则见表 3-49。

表 3-49 钢梁（编码：010604）

项目编码	项目名称	项目特征	计量单位	工程量计算规则	工程内容
010604001	钢梁	1.梁类型 2.钢材品种、规格 3.单根质量 4.螺栓种类 5.安装高度 6.探伤要求 7.防火要求	t	按设计图示尺寸以质量计算。不扣除孔眼的质量，焊条、铆钉、螺栓等不另增加质量，制动梁、制动板、制动桁架、车挡并入钢吊车梁工程量内	1.拼装 2.安装 3.探伤 4.补刷油漆
010604002	钢吊车梁	1.钢材品种、规格 2.单根质量 3.螺栓种类 4.安装高度 5.探伤要求 6.防火要求			

注：1.梁类型指H形、L形、T形、箱形、格构式等。

2.型钢混凝土梁浇筑钢筋混凝土，其混凝土和钢筋应按《房屋建筑与装饰工程工程量计算规范》（GB 50854—2013）中混凝土及钢筋混凝土工程中相关项目编码列项。

(三) 钢板楼板、墙板

工程量清单项目设置及工程量计算规则见表3-50。

表 3-50 钢板楼板、墙板（编码：010605）

项目编码	项目名称	项目特征	计量单位	工程量计算规则	工程内容
010605001	钢板楼板	1.钢材品种、规格 2.钢板厚度 3.螺栓种类 4.防火要求	m^2	按设计图示尺寸以铺设水平投影面积计算。不扣除单个≤0.3m^2柱、垛及孔洞所占面积	1.拼装 2.安装 3.探伤 4.补刷油漆
010605002	钢板墙板	1.钢材品种、规格 2.钢板厚度、复合板厚度 3.螺栓种类 4.复合板夹芯材料种类、层数、型号、规格 5.防火要求		按设计图示尺寸以铺挂展开面积计算。不扣除单个面积≤0.3m^2的梁、孔洞所占面积，包角、包边，窗台泛水等不另加面积	1.拼装 2.安装 3.探伤 4.补刷油漆

注：1.钢板楼板上浇筑钢筋混凝土，其混凝土和钢筋应按《房屋建筑与装饰工程工程量计算规范》（GB 50854—2013）中混凝土及钢筋混凝土工程中相关项目编码列项。

2.压型钢楼板按本表中钢板楼板项目编码列项。

【例3-60】 某教学楼采用H形实腹钢柱，如图3-70所示，钢柱长度为3500mm，计算该实腹钢柱的工程量（6mm厚钢板的单位理论质量为47.1kg/m^2，8mm厚钢板的单位理论质量为62.8kg/m^2）。

【解】 项目编码：010603001 项目名称：实腹钢柱

工程量计算规则：按设计图示尺寸以质量计算。不扣除孔眼的质量，焊条、铆钉、螺栓等不另增加质量，依附在钢柱上的牛腿及悬臂梁等并入钢柱工程量内。

$$翼缘板的工程量=62.8\times0.1\times3.5\times2=43.96(kg)\approx0.044(t)$$

$$腹翼板的工程量=47.1\times3.5\times(0.2-0.008\times2)=30.33(kg)\approx0.030(t)$$

$$实腹钢柱的工程量\approx0.044+0.030=0.074(t)$$

【例3-61】 某厂房钢管柱，如图3-71所示。8mm厚钢板的理论质量为62.8kg/m^2，5mm厚钢板的理论质量为39.2kg/m^2，⊏25a的理论质量为27.4kg/m；计算该钢管柱的工程量。

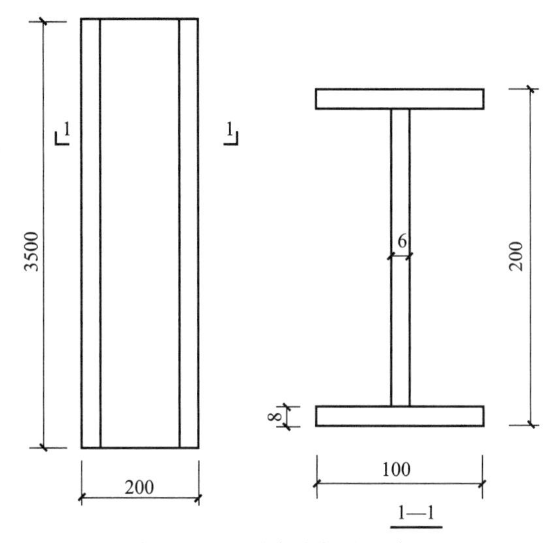

图 3-70 H 形实腹钢柱示意图

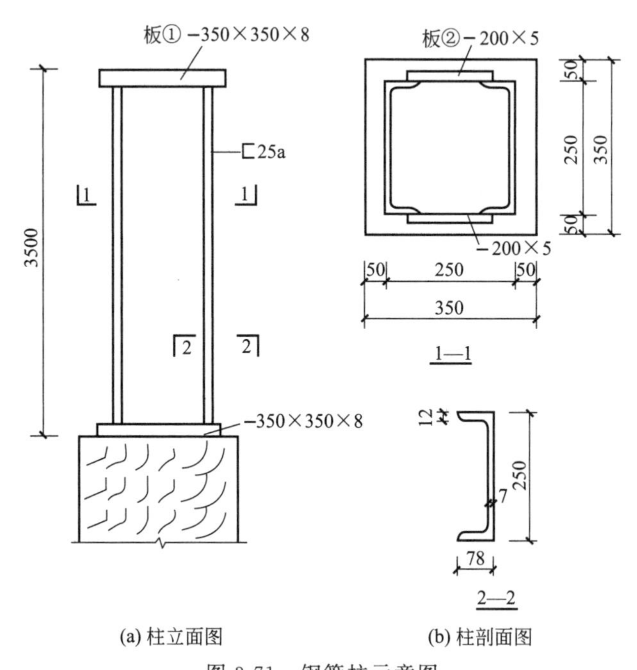

图 3-71 钢管柱示意图

【解】 项目编码：010603002 项目名称：实腹钢柱

工程量计算规则：按设计图示尺寸以质量计算。不扣除孔眼的质量，焊条、铆钉、螺栓等不另增加质量，依附在钢柱上的牛腿及悬臂梁等并入钢柱工程量内。

(1) 板①350mm×350mm×8mm 钢板的工程量

$$62.8\times0.35\times0.35\times2=15.386(\mathrm{kg})\approx0.015(\mathrm{t})$$

(2) 板②200mm×5mm 的钢板工程量

$$39.2\times0.2\times(3.5-0.008\times2)\times2=54.629(\mathrm{kg})\approx0.055(\mathrm{t})$$

(3) ⊏25a 的工程量

$$27.4\times(3.5-0.008\times2)\times2=190.92(\mathrm{kg})\approx0.191(\mathrm{t})$$

（4）总的工程量

$$0.015+0.055+0.191=0.261(t)$$

【例 3-62】 某教学楼工程钢梁，如图 3-72 所示，该钢梁长为 5500mm，⊏25b 的单位理论质量为 31.3kg/m，计算该钢梁的工程量。

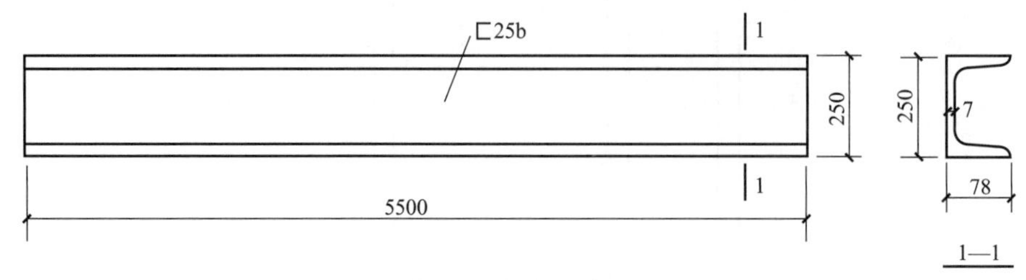

图 3-72 钢梁示意图

【解】 项目编码：010604001 项目名称：钢梁

工程量计算规则：按设计图示尺寸以质量计算。不扣除孔眼的质量，焊条、铆钉、螺栓等不另增加质量，制动梁、制动板、制动桁架、车挡并入钢吊车梁工程量内。

钢梁的工程量＝31.3×5.5＝172.15(kg)≈0.172(t)

【例 3-63】 某教学楼工程钢吊车梁，如图 3-73 所示，该钢吊车梁长为 15000mm，∟110×10 的单位理论质量为 16.69kg/m，5mm 厚钢板的单位理论质量为 39.2kg/m^2，计算该钢吊车梁的工程量。

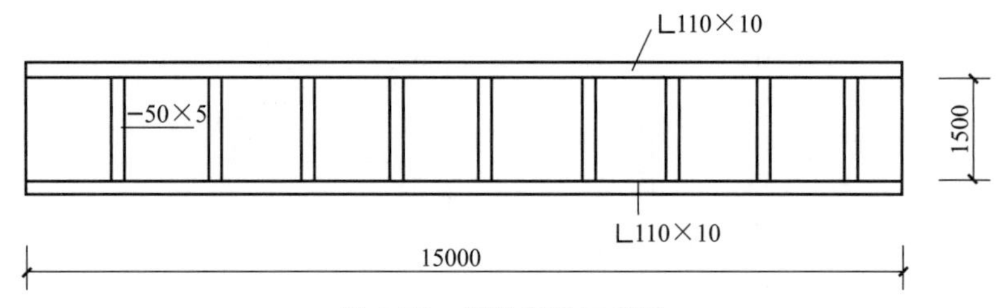

图 3-73 钢吊车梁示意图

【解】 项目编码：010604002 项目名称：钢吊车梁

工程量计算规则：按设计图示尺寸以质量计算。不扣除孔眼的质量，焊条、铆钉、螺栓等不另增加质量，制动梁、制动板、制动桁架、车挡并入钢吊车梁工程量内。

轨道的工程量＝16.69×15×2＝500.7(kg)≈0.501(t)

加强板的工程量＝39.2×0.05×1.5×9＝26.46(kg)≈0.026(t)

钢吊车梁的工程量≈0.501＋0.026＝0.527(t)

【例 3-64】 某建筑物压型板墙板，如图 3-74 所示，该板波高 80mm，计算该钢板墙板的工程量。

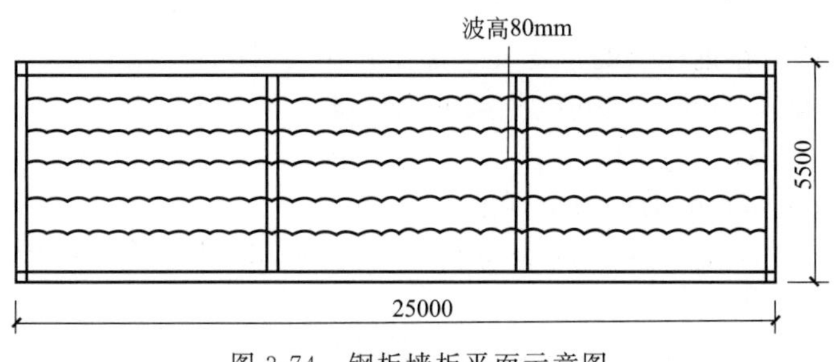

图 3-74 钢板墙板平面示意图

【解】 项目编码：010605002　项目名称：钢板墙板

工程量计算规则：按设计图示尺寸以铺挂展开面积计算，不扣除单个面积≤$0.3m^2$ 的梁、孔洞所占面积，包角、包边，窗台泛水等不另加面积。

钢板墙板的工程量＝25×5.5＝137.50(m^2)

三、钢构件及金属制品工程的计算规则

(一) 钢构件

工程量清单项目设置及工程量计算规则见表 3-51。

表 3-51　钢构件（编码：010606）

<table>
<tr><th>项目编码</th><th>项目名称</th><th>项目特征</th><th>计量单位</th><th>工程量计算规则</th><th>工程内容</th></tr>
<tr><td>010606001</td><td>钢支撑、钢拉条</td><td>1. 钢材品种、规格
2. 构件类型
3. 安装高度
4. 螺栓种类
5. 探伤要求
6. 防火要求</td><td rowspan="11">t</td><td rowspan="9">按设计图示尺寸以质量计算，不扣除孔眼的质量，焊条、铆钉、螺栓等不另增加质量</td><td rowspan="11">1. 拼装
2. 安装
3. 探伤
4. 补刷油漆</td></tr>
<tr><td>010606002</td><td>钢檩条</td><td>1. 钢材品种、规格
2. 构件类型
3. 单根质量
4. 安装高度
5. 螺栓种类
6. 探伤要求
7. 防火要求</td></tr>
<tr><td>010606003</td><td>钢天窗架</td><td>1. 钢材品种、规格
2. 单榀质量
3. 安装高度
4. 螺栓种类
5. 探伤要求
6. 防火要求</td></tr>
<tr><td>010606004</td><td>钢挡风架</td><td rowspan="2">1. 钢材品种、规格
2. 单榀质量
3. 螺栓种类
4. 探伤要求
5. 防火要求</td></tr>
<tr><td>010606005</td><td>钢墙架</td></tr>
<tr><td>010606006</td><td>钢平台</td><td rowspan="2">1. 钢材品种、规格
2. 螺栓种类
3. 防火要求</td></tr>
<tr><td>010606007</td><td>钢走道</td></tr>
<tr><td>010606008</td><td>钢梯</td><td>1. 钢材品种、规格
2. 钢梯形式
3. 螺栓种类
4. 防火要求</td></tr>
<tr><td>010606009</td><td>钢护栏</td><td>1. 钢材品种、规格
2. 防火要求</td></tr>
<tr><td>010606010</td><td>钢漏斗</td><td rowspan="2">1. 钢材品种、规格
2. 漏斗、天沟形式
3. 安装高度
4. 探伤要求</td><td rowspan="2">按设计图示尺寸以质量计算，不扣除孔眼的质量，焊条、铆钉、螺栓等不另增加质量，依附漏斗或天沟的型钢并入漏斗或天沟工程量内</td></tr>
<tr><td>010606011</td><td>钢板天沟</td></tr>
</table>

续表

项目编码	项目名称	项目特征	计量单位	工程量计算规则	工程内容
010606012	钢支架	1. 钢材品种、规格 2. 安装高度 3. 防火要求	t	按设计图示尺寸以质量计算，不扣除孔眼的质量，焊条、铆钉、螺栓等不另增加质量	1. 拼装 2. 安装 3. 探伤 4. 补刷油漆
010606013	零星钢构件	1. 构件名称 2. 钢材品种、规格			

注：1. 钢墙架项目包括墙架柱、墙架梁和连接杆件。
2. 钢支撑、钢拉条类型指单式、复式；钢檩条类型指型钢式、格构式；钢漏斗形式指方形、圆形；天沟形式指矩形沟或半圆形沟。
3. 加工铁件等小型构件，按本表中零星钢构件项目编码列项。

（二）金属制品

工程量清单项目设置及工程量计算规则见表 3-52。

表 3-52 金属制品（编码：010607）

项目编码	项目名称	项目特征	计量单位	工程量计算规则	工程内容
010607001	成品空调金属百叶护栏	1. 材料品种、规格 2. 边框材质	m^2	按设计图示尺寸以框外围展开面积计算	1. 安装 2. 校正 3. 预埋铁件及安螺栓
010607002	成品栅栏	1. 材料品种、规格 2. 边框及立柱型钢品种、规格			1. 安装 2. 校正 3. 预埋铁件 4. 安螺栓及金属立柱
010607003	成品雨篷	1. 材料品种、规格 2. 雨篷宽度 3. 晾衣杆品种、规格	1. m 2. m^2	1. 以米计量，按设计图示接触边以米计算 2. 以平方米计量，按设计图示尺寸以展开面积计算	1. 安装 2. 校正 3. 预埋铁件及安螺栓
010607004	金属网栏	1. 材料品种、规格 2. 边框及立柱型钢品种、规格	m^2	按设计图示尺寸以框外围展开面积计算	1. 安装 2. 校正 3. 安螺栓及金属立柱
010607005	砌块墙钢丝网加固	1. 材料品种、规格 2. 加固方式		按设计图示尺寸以面积计算	1. 铺贴 2. 锚固
010607006	后浇带金属网				

注：抹灰钢丝网加固按本表中砌块墙钢丝网加固项目编码列项。

【例 3-65】 某厂房建筑内钢檩条，如图 3-75 所示，8mm 厚钢板的单位理论质量为 $62.8kg/m^2$，6mm 厚钢板的单位理论质量为 $47.1kg/m^2$，计算该钢檩条的工程量。

【解】 项目编码：010606002 项目名称：钢檩条

工程量计算规则：按设计图示尺寸以质量计算，不扣除孔眼的质量，焊条、铆钉、螺栓等不另增加质量。

$$\text{翼缘的工程量}=62.8\times0.15\times3.9=36.738(kg)\approx0.037(t)$$

$$\text{腹板的工程量}=47.1\times0.092\times3.9\approx16.899(kg)\approx0.017(t)$$

$$\text{钢檩条的工程量}\approx0.037+0.017=0.054(t)$$

【例 3-66】 某厂房钢走道，如图 3-76 所示，该钢走道长为 15000mm，共 4 个，10mm 厚钢板的单位理论质量为 $78.5kg/m^2$，计算该钢走道的工程量。

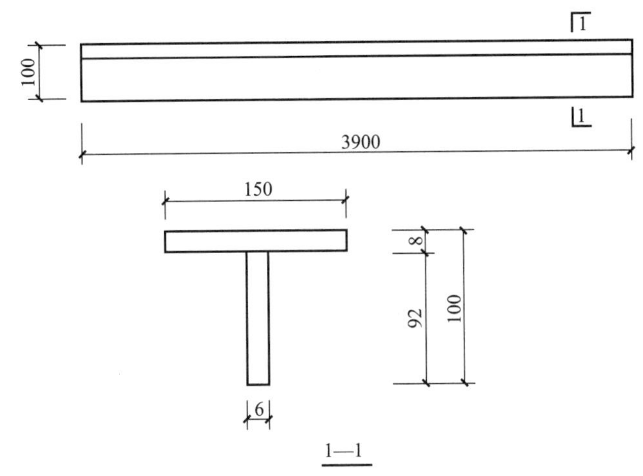

图 3-75 钢檩条示意图

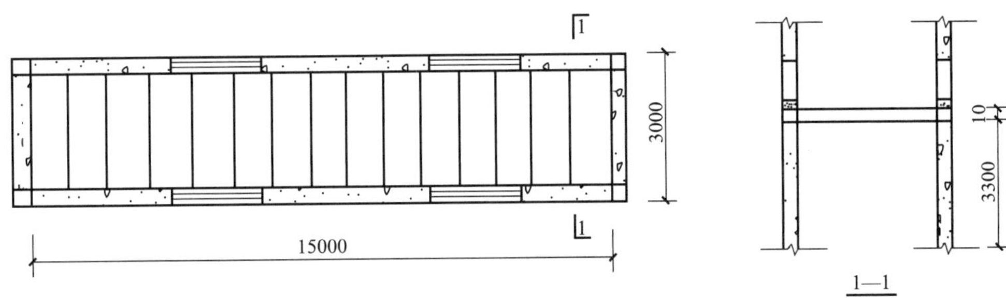

图 3-76 钢走道示意图

【解】 项目编码：010606007 项目名称：钢走道

工程量计算规则：按设计图示尺寸以质量计算，不扣除孔眼的质量，焊条、铆钉、螺栓等不另增加质量。

$$钢走道的工程量=78.5\times3\times15\times4=14130(kg)=14.130(t)$$

【例 3-67】 某建筑内阳台钢护栏，如图 3-77 所示，直径 20mm 的钢管的理论质量为 2.47kg/m，6mm 厚钢板的理论质量为 47.1kg/m^2，∟50×4 角钢的理论质量为 3.059kg/m，计算该钢护栏的工程量。

【解】 项目编码：010606009 项目名称：钢护栏

工程量计算规则：按设计图示尺寸以质量计算，不扣除孔眼的质量，焊条、铆钉、螺栓等不另增加质量。

$$\phi20\ 钢管的工程量=2.47\times2.8\times\left(\frac{3.3}{0.15}-1\right)=145.236(kg)\approx0.145(t)$$

$$6mm\ 厚钢板的工程量=47.1\times0.04\times3.3\times2\approx12.43(kg)\approx0.012(t)$$

$$∟50\times4\ 角钢的工程量=3.059\times3.3\approx10.09(kg)\approx0.010(t)$$

$$钢护栏的工程量\approx0.145+0.012+0.010=0.167(t)$$

【例 3-68】 某建筑工程零星钢构件，如图 3-78 所示，该构件为 3mm 厚的不等边六边形钢板，3mm 厚钢板的理论质量为 2.36kg/m^2，计算该零星钢构件钢板的工程量。

【解】 工程编码：010606013 项目名称：零星钢构件

工程量计算规则：按设计图示尺寸以质量计算，不扣除孔眼的质量，焊条、铆钉、螺栓等不另增加质量。

$$零星钢构件钢板的工程量=(2.5+5+2.5)\times(5+8)\times2.36=306.8(kg)\approx0.307(t)$$

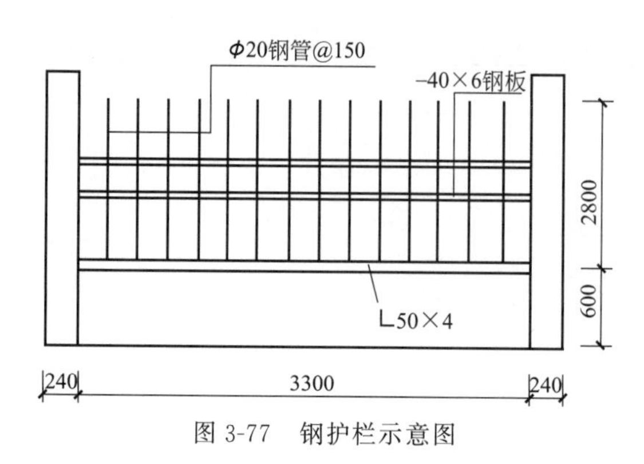

图 3-77 钢护栏示意图

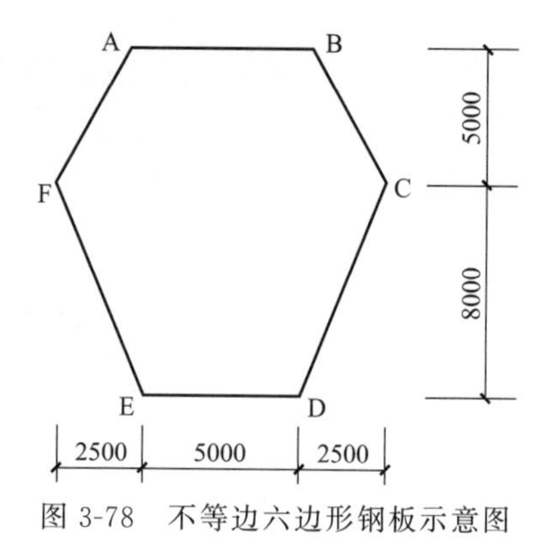

图 3-78 不等边六边形钢板示意图

第九节 屋面防水工程工程量的计算

一、瓦、型材及其他屋面工程的计算规则

瓦、型材及其他屋面工程量清单项目设置及工程量计算规则，见表 3-53。

表 3-53 瓦、型材及其他屋面（编码：010901）

项目编码	项目名称	项目特征	计量单位	工程量计算规则	工程内容
010901001	瓦屋面	1. 瓦品种、规格 2. 黏结层砂浆的配合比	m^2	按设计图示尺寸以斜面积计算 不扣除房上烟囱、风帽底座、风道、小气窗、斜沟等所占面积。小气窗的出檐部分不增加面积	1. 砂浆制作、运输、摊铺、养护 2. 安瓦、作瓦脊
010901002	型材屋面	1. 型材品种、规格 2. 金属檩条材料品种、规格 3. 接缝、嵌缝材料种类			1. 檩条制作、运输、安装 2. 屋面型材安装 3. 接缝、嵌缝
010901003	阳光板屋面	1. 阳光板品种、规格 2. 骨架材料品种、规格 3. 接缝、嵌缝材料种类 4. 油漆品种、刷漆遍数		按设计图示尺寸以斜面积计算 不扣除屋面面积≤0.3m^2孔洞所占面积	1. 骨架制作、运输、安装，刷防护材料、油漆 2. 阳光板安装 3. 接缝、嵌缝
010901004	玻璃钢屋面	1. 玻璃钢品种、规格 2. 骨架材料品种、规格 3. 玻璃钢固定方式 4. 接缝、嵌缝材料种类 5. 油漆品种、刷漆遍数			1. 骨架制作、运输、安装，刷防护材料、油漆 2. 玻璃钢制作、安装 3. 接缝、嵌缝
010901005	膜结构屋面	1. 膜布品种、规格 2. 支柱（网架）钢材品种、规格 3. 钢丝绳品种、规格 4. 锚固基座做法 5. 油漆品种、刷漆遍数		按设计图示尺寸以需要覆盖的水平投影面积计算	1. 膜布热压胶接 2. 支柱（网架）制作、安装 3. 膜布安装 4. 穿钢丝绳、锚头锚固 5. 锚固基座、挖土、回填 6. 刷防护材料，油漆

注：1. 瓦屋面若是在木基层上铺瓦，项目特征不必描述黏结层砂浆的配合比，瓦屋面铺防水层，按《房屋建筑与装饰工程工程量计算规范》屋面防水及其他中相关项目编码列项。

2. 型材屋面、阳光板屋面、玻璃钢屋需的柱、梁、屋架，按《房屋建筑与装饰工程工程量计算规范》金属结构工程、木结构工程中相关项目编码列项。

【例 3-69】 某厂房金属压型板单坡屋面，如图 3-79 所示，该屋面长为 50m、宽为 12m，檩距为 7m，计算该型材屋面的工程量。

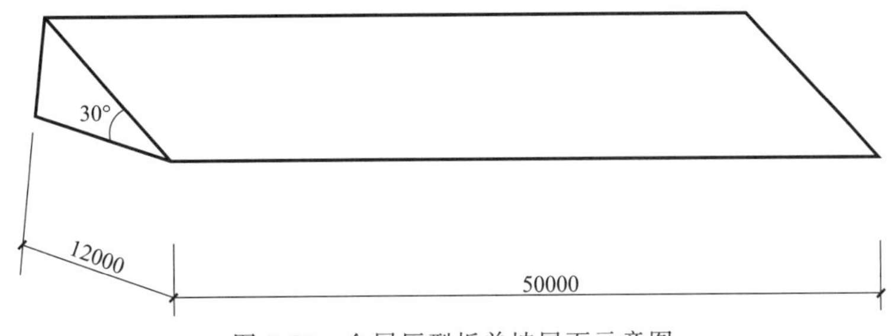

图 3-79 金属压型板单坡屋面示意图

【解】 项目编码：010901002 项目名称：型材屋面

工程量计算规则：按设计图示尺寸以斜面面积计算；不扣除房上烟囱、风帽底座、风道、小气窗、斜沟等所占面积。小气窗的出檐部分不增加面积。

扫码看视频

屋面防水工程量

$$金属压型板屋面的工程量=50\times12\times\frac{2\sqrt{3}}{3}\approx692.82(m^2)$$

二、屋面防水及其他工程的计算规则（附视频）

屋面防水及其他工程量清单项目设置及工程量计算规则，见表 3-54。

表 3-54 屋面防水及其他（编码：010902）

<table>
<tr><th>项目编码</th><th>项目名称</th><th>项目特征</th><th>计量单位</th><th>工程量计算规则</th><th>工程内容</th></tr>
<tr><td>010902001</td><td>屋面
卷材防水</td><td>1. 卷材品种、规格、厚度
2. 防水层数
3. 防水层做法</td><td rowspan="3">m²</td><td rowspan="2">按设计图示尺寸以面积计算
1. 斜屋顶(不包括平屋顶找坡)按斜面积计算，平屋顶按水平投影面积计算
2. 不扣除房上烟囱、风帽底座、风道、屋面小气窗和斜沟所占面积
3. 屋面的女儿墙、伸缩缝和天窗等处的弯起部分，并入屋面工程量内</td><td>1. 基层处理
2. 刷底油
3. 铺油毡卷材、接缝</td></tr>
<tr><td>010902002</td><td>屋面
涂膜防水</td><td>1. 防水膜品种
2. 涂膜厚度、遍数
3. 增强材料种类</td><td>1. 基层处理
2. 刷基层处理剂
3. 铺布、喷涂防水层</td></tr>
<tr><td>010902003</td><td>屋面
刚性层</td><td>1. 刚性层厚度
2. 混凝土种类
3. 混凝土强度等级
4. 嵌缝材料种类
5. 钢筋规格、型号</td><td>按设计图示尺寸以面积计算。不扣除房上烟囱、风帽底座、风道等所占面积</td><td>1. 基层处理
2. 混凝土制作、运输、铺筑、养护
3. 钢筋制作、安装</td></tr>
<tr><td>010902004</td><td>屋面
排水管</td><td>1. 排水管品种、规格
2. 雨水斗、山墙出水口品种、规格
3. 接缝、嵌缝材料种类
4. 油漆品种、刷漆遍数</td><td>m</td><td>按设计图示尺寸以长度计算。如设计未标注尺寸，以檐口至设计室外散水上表面垂直距离计算</td><td>1. 排水管及配件安装、固定
2. 雨水斗、山墙出水口、雨水箅子安装
3. 接缝、嵌缝
4. 刷漆</td></tr>
</table>

续表

项目编码	项目名称	项目特征	计量单位	工程量计算规则	工程内容
010902005	屋面排(透)气管	1. 排(透)气管品种、规格 2. 接缝、嵌缝材料种类 3. 油漆品种、刷漆遍数	m	按设计图示尺寸以长度计算	1. 排(透)气管及配件安装、固定 2. 铁件制作、安装 3. 接缝、嵌缝 4. 刷漆
010902006	屋面(廊、阳台)泄(吐)水管	1. 吐水管品种、规格 2. 接缝、嵌缝材料种类 3. 吐水管长度 4. 油漆品种、刷漆遍数	根(个)	按设计图示数量计算	1. 水管及配件安装、固定 2. 接缝、嵌缝 3. 刷漆
010902007	屋面天沟、檐沟	1. 材料品种、规格 2. 接缝、嵌缝材料种类	m^2	按设计图示尺寸以展开面积计算	1. 天沟材料铺设 2. 天沟配件安装 3. 接缝、嵌缝 4. 刷防护材料
010902008	屋面变形缝	1. 嵌缝材料种类 2. 止水带材料种类 3. 盖缝材料 4. 防护材料种类	m	按设计图示以长度计算	1. 清缝 2. 填塞防水材料 3. 止水带安装 4. 盖缝制作、安装 5. 刷防护材料

注：1. 屋面刚性层无钢筋，其钢筋项目特征不必描述。
2. 层面找平层按《房屋建筑与装饰工程工程量计算规范》楼地面装饰工程“平面砂浆找平层”项目编码列项。
3. 屋面防水搭接及附加层用量不另行计算，在综合单价中考虑。
4. 屋面保温找坡层按《房屋建筑与装饰工程工程量计算规范》保温、隔热、防腐工程“保温隔热屋面”项目编码列面。

【例 3-70】 某建筑物屋面卷材防水工程，如图 3-80 所示，该屋面屋顶为平屋顶，采用自粘聚合物改性沥青防水卷材，计算该屋面卷材防水的工程量。

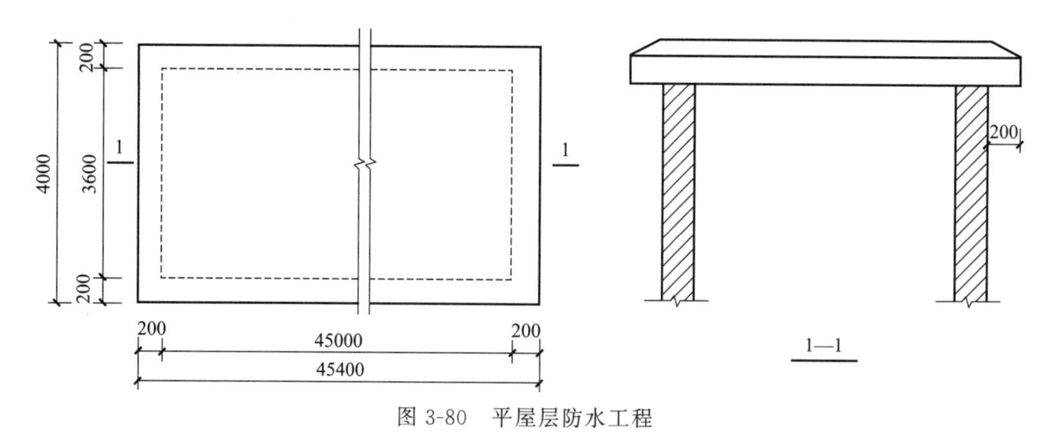

图 3-80　平屋层防水工程

【解】 项目编码：010902001　项目名称：屋面卷材防水

工程量计算规则：按设计图示尺寸以面积计算。

屋面卷材防水的工程量＝4.0×45.4＝181.60(m^2)

【例 3-71】 某厂房屋面天沟，如图 3-81 所示，长 25m，计算该屋面天沟的工程量。

【解】 项目编码：010902007　项目名称：屋面天沟、檐沟

工程量计算规则：按设计图示尺寸以展开面积计算。

屋面天沟的工程量＝25×(0.035×2＋0.045×2＋0.12×2＋0.09)＝12.25(m^2)

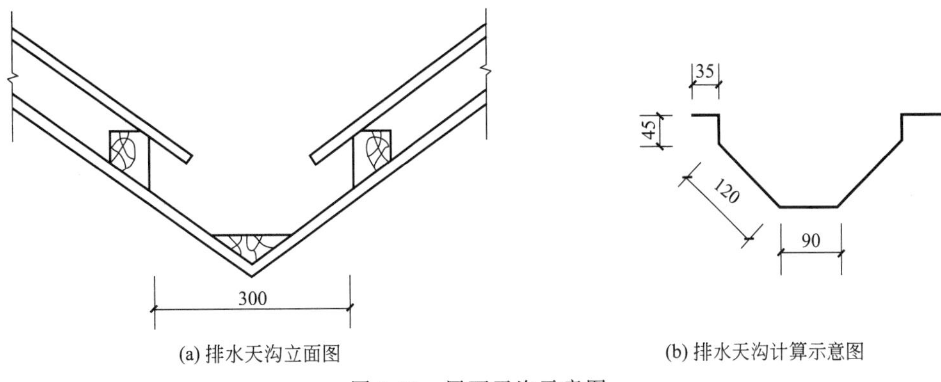

(a) 排水天沟立面图　　(b) 排水天沟计算示意图

图 3-81　屋面天沟示意图

三、墙面防水、防潮工程的计算规则

墙面防水、防潮工程量清单项目设置及工程量计算规则，见表 3-55。

表 3-55　墙面防水、防潮（编码：010903）

项目编码	项目名称	项目特征	计量单位	工程量计算规则	工程内容
010903001	墙面卷材防水	1. 卷材品种、规格、厚度 2. 防水层数 3. 防水层做法	m^2	按设计图示尺寸以面积计算	1. 基层处理 2. 刷黏结剂 3. 铺防水卷材 4. 接缝、嵌缝
010903002	墙面涂膜防水	1. 防水膜品种 2. 涂膜厚度、遍数 3. 增强材料种类			1. 基层处理 2. 刷基层处理剂 3. 铺布、喷涂防水层
010903003	墙面砂浆防水（防潮）	1. 防水层做法 2. 砂浆厚度、配合比 3. 钢丝网规格			1. 基层处理 2. 挂钢丝网片 3. 设置分格缝 4. 砂浆制作、运输、摊铺、养护
010903004	墙面变形缝	1. 嵌缝材料种类 2. 止水带材料种类 3. 盖缝材料 4. 防护材料种类	m	按设计图示以长度计算	1. 清缝 2. 填塞防水材料 3. 止水带安装 4. 盖缝制作、安装 5. 刷防护材料

注：1. 墙面防水搭接及附加层用量不另行计算，在综合单价中考虑。
　　2. 墙面变形缝，若做双面，工程×系数 2。
　　3. 墙面找平层按《房屋建筑与装饰工程工程量计算规范》墙、柱面装饰与隔断、幕墙工程“立面砂浆找平层”项目编码。

【例 3-72】 某住宅楼墙面涂膜防水示意图，如图 3-82 所示，采用高聚物改性沥青防水涂料，计算该墙面涂膜防水的工程量。

【解】 项目编码：010903002　项目名称：墙面涂膜防水

工程量计算规则：按设计图示尺寸以面积计算。

$$外墙基工程量=(7.2+6.3+7.2+6.3+4.5)\times2\times0.24=15.12(m^2)$$

$$内墙基工程量=[(4.5+6.3-0.24)\times2+(7.2-0.24)\times2+(6.3-0.24)]\times0.24\approx9.86(m^2)$$

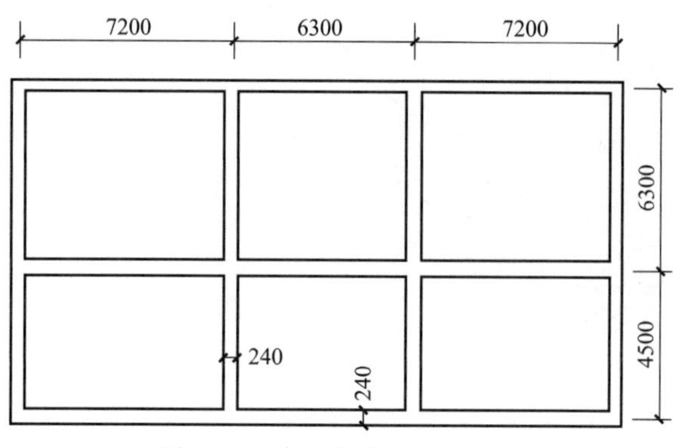

图 3-82 墙面涂膜防水示意图

墙面涂膜防水的工程量≈15.12+9.86=24.98（m^2）

【例 3-73】 某住宅楼外墙墙面变形缝宽 10mm、长 15000mm，接缝用密封材料封严，计算该墙面变形缝的工程量。

【解】 项目编码：010903004 项目名称：墙面变形缝

工程量计算规则：按设计图示尺寸以长度计算。

墙面变形缝的工程量=15(m)

四、楼（地）面防水、防潮工程的计算规则

楼（地）面防水、防潮工程量清单项目设置及工程量计算规则，见表 3-56。

表 3-56 楼（地）面防水、防潮（编码：010904）

项目编码	项目名称	项目特征	计量单位	工程量计算规则	工程内容
010904001	楼(地)面卷材防水	1.卷材品种、规格、厚度 2.防水层数 3.防水层做法 4.反边高度	m^2	按设计图示尺寸以面积计算 1.楼(地)面防水：按主墙间净空面积计算，扣除凸出地面的构筑物、设备基础等所占面积，不扣除间壁墙及单个面积≤0.3m^2柱、垛、烟囱和孔洞所占面积 2.楼(地)面防水反边高度≤300mm算作地面防水，反边高度>300mm按墙面防水计算	1.基层处理 2.刷黏结剂 3.铺防水卷材 4.接缝、嵌缝
010904002	楼(地)面涂膜防水	1.防水膜品种 2.涂膜厚度、遍数 3.增强材料种类 4.反边高度			1.基层处理 2.刷基层处理剂 3.铺布、喷涂防水层
010904003	楼(地)面砂浆防水(防潮)	1.防水层做法 2.砂浆厚度、配合比 3.反边高度			1.基层处理 2.砂浆制作、运输、摊铺、养护
010904004	楼(地)面变形缝	1.嵌缝材料种类 2.止水带材料种类 3.盖缝材料 4.防护材料种类	m	按设计图示以长度计算	1.清缝 2.堵塞防水材料 3.止水带安装 4.盖缝制作、安装 5.刷防护材料

注：1. 楼（地）面防水找平层按《房屋建筑与装饰工程工程量计算规范》楼地面装饰工程“平面砂浆找平层”项目编码列项。

2. 楼（地）面防水搭接及附加层用量不另行计算，在综合单价中考虑。

扫码看视频

装饰装修楼地面工程量

第十节 装饰装修工程工程量的计算

一、楼地面装饰工程的计算规则（附视频）

（一）抹灰工程

楼地面抹灰工程量清单项目设置及工程量计算规则，见表 3-57。

表 3-57 楼地面抹灰（编码：011101）

项目编码	项目名称	项目特征	计量单位	工程量计算规则	工程内容
011101001	水泥砂浆楼地面	1.垫层材料种类、厚度 2.找平层厚度、砂浆配合比 3.素水泥浆遍数 4.面层厚度、砂浆配合比 5.面层做法要求	m^2	按设计图示尺寸以面积计算。扣除凸出地面构筑物、设备基础、室内管道、地沟等所占面积，不扣除间壁墙及≤0.3m^2柱、垛、附墙烟囱及孔洞所占面积。门洞、空圈、暖气包槽、壁龛的开口部分不增加面积	1.基层清理 2.垫层铺设 3.抹找平层 4.抹面层 5.材料运输
011101002	现浇水磨石楼地面	1.垫层材料种类、厚度 2.找平层厚度、砂浆配合比 3.面层厚度、水泥石子砂浆配合比 4.嵌条材料种类、规格 5.石子种类、规格、颜色 6.颜料种类、颜色 7.图案要求 8.磨光、酸洗、打蜡要求			1.基层清理 2.垫层铺设 3.抹找平层 4.面层铺设 5.嵌缝条安装 6.磨光、酸洗打蜡 7.材料运输
011101003	细石混凝土楼地面	1.垫层材料种类、厚度 2.找平层厚度、砂浆配合比 3.面层厚度、混凝土强度等级			1.基层清理 2.垫层铺设 3.抹找平层 4.面层铺设 5.材料运输
011101004	菱苦土楼地面	1.垫层材料种类、厚度 2.找平层厚度、砂浆配合比 3.面层厚度 4.打蜡要求			1.基层清理 2.垫层铺设 3.抹找平层 4.面层铺设 5.打蜡 6.材料运输
011101005	自流坪楼地面	1.垫层材料种类、厚度 2.找平层砂浆配合比、厚度			1.基层清理 2.抹找平层 3.材料运输
011101006	平面砂浆找平层	1.找平层砂浆配合比、厚度 2.界面剂材料种类 3.中层漆材料种类、厚度 4.面漆材料种类、厚度 5.面层材料种类		按设计图示尺寸以面积计算	1.基层处理 2.抹找平层 3.涂界面剂 4.涂刷中层漆 5.打磨、吸尘 6.镘自流平面漆(浆) 7.拌和自流平浆料 8.铺面层

注：1.水泥砂浆面层处理是拉毛还是提浆压光应在面层做法要求中描述
2.平面砂浆找平层只适用于仅做找平层的平面抹灰。
3.间壁墙指墙厚≤120mm 的墙。

(二) 块料面层

楼地面镶贴工程量清单项目设置及工程量计算规则，见表3-58。

表3-58 楼地面镶贴（编码：011102）

项目编码	项目名称	项目特征	计量单位	工程量计算规则	工程内容
011102001	石材楼地面	1.找平层厚度、砂浆配合比 2.结合层厚度、砂浆配合比 3.面层材料品种、规格、颜色 4.嵌缝材料种类 5.防护层材料种类 6.酸洗、打蜡要求	m^2	按设计图示尺寸以面积计算。门洞、空圈、暖气包槽、壁龛的开口部分并入相应的工程量内	1.基层清理、抹找平层 2.面层铺设、磨边 3.嵌缝 4.刷防护材料 5.酸洗、打蜡 6.材料运输
011102002	碎石材楼地面				
011102003	块料楼地面	1.垫层材料种类、厚度 2.找平层厚度、砂浆配合比 3.结合层厚度、砂浆配合比 4.面层材料品种、规格、颜色 5.嵌缝材料种类 6.防护层材料种类 7.酸洗、打蜡要求			

注：1.在描述碎石材项目的面层材料特征时可不用描述规格、品牌、颜色。
2.石材、块料与黏结材料的结合面刷防渗材料的种类在防护层材料种类中描述。
3.上表工作内容中的磨边指施工现场磨边，后面章节工作内容中涉及的磨边含义同此条。

(三) 橡塑面层

橡塑面层工程量清单项目设置及工程量计算规则，见表3-59。

表3-59 橡塑面层（编码：011103）

项目编码	项目名称	项目特征	计量单位	工程量计算规则	工程内容
011103001	橡胶板楼地面	1.黏结层厚度、材料种类 2.面层材料品种、规格、颜色 3.压线条种类	m^2	按设计图示尺寸以面积计算。门洞、空圈、暖气包槽、壁龛的开口部分并入相应的工程量内	1.基层清理 2.面层铺贴 3.压缝条装钉 4.材料运输
011103002	橡胶板卷材楼地面				
011103003	塑料板楼地面				
011103004	塑料卷材楼地面				

(四) 其他材料面层

其他材料面层工程量清单项目设置及工程量计算规则，见表3-60。

表 3-60　其他材料面层（编码：011104）

项目编码	项目名称	项目特征	计量单位	工程量计算规则	工程内容
011104001	地毯楼地面	1.面层材料品种、规格、颜色 2.防护材料种类 3.黏结材料种类 4.压线条种类	m^2	按设计图示尺寸以面积计算。门洞、空圈、暖气包槽、壁龛的开口部分并入相应的工程量内	1.基层清理 2.铺贴面层 3.刷防护材料 4.装钉压条 5.材料运输
011104002	竹木地板	1.龙骨材料种类、规格、铺设间距 2.基层材料种类、规格 3.面层材料品种、规格、颜色 4.防护材料种类			1.基层清理 2.龙骨铺设 3.基层铺设 4.面层铺贴 5.刷防护材料 6.材料运输
011104003	金属复合地板				
011104004	防静电活动地板	1.支架高度、材料种类 2.面层材料品种、规格、颜色 3.防护材料种类			1.基层清理 2.固定支架安装 3.活动面层安装 4.刷防护材料 5.材料运输

(五) 踢脚线

踢脚线工程量清单项目设置及工程量计算规则，见表 3-61。

表 3-61　踢脚线（编码：011105）

项目编码	项目名称	项目特征	计量单位	工程量计算规则	工程内容
011105001	水泥砂浆踢脚线	1.踢脚线高度 2.底层厚度、砂浆配合比 3.面层厚度、砂浆配合比	1. m^2 2. m	1.按设计图示长度×高度以面积计算 2.按延长米计算	1.基层清理 2.底层和面层抹灰 3.材料运输
011105002	石材踢脚线	1.踢脚线高度 2.粘贴层厚度、材料种类 3.面层材料品种、规格、颜色 4.防护材料种类			1.基层清理 2.底层抹灰 3.面层铺贴、磨边 4.擦缝 5.磨光、酸洗、打蜡 6.刷防护材料 7.材料运输
011105003	块料踢脚线				
011105004	塑料板踢脚线	1.踢脚线高度 2.黏结层厚度、材料种类 3.面层材料种类、规格、颜色			1.基层清理 2.基层铺贴 3.面层铺贴 4.材料运输
011105005	木质踢脚线	1.踢脚线高度 2.基层材料种类、规格 3.面层材料品种、规格、颜色			
011105006	金属踢脚线				
011105007	防静电踢脚线				

注：石材、块料与黏结材料的结合面刷防渗材料的种类在防护层材料种类中描述。

(六) 楼梯面层

楼梯面层工程量清单项目设置及工程量计算规则，见表 3-62。

表 3-62 楼梯面层（编码：011106）

项目编码	项目名称	项目特征	计量单位	工程量计算规则	工程内容
011106001	石材楼梯面层	1. 找平层厚度、砂浆配合比 2. 黏结层厚度、材料种类 3. 面层材料品种、规格、颜色 4. 防滑条材料种类、规格 5. 勾缝材料种类 6. 防护材料种类 7. 酸洗、打蜡要求	m^2	按设计图示尺寸以楼梯（包括踏步、休息平台及≤500mm的楼梯井）水平投影面积计算。楼梯与楼地面相连时，算至梯口梁内侧边沿；无梯口梁者，算至最上一层踏步边沿加300mm	1. 基层清理 2. 抹找平层 3. 面层铺贴、磨边 4. 贴嵌防滑条 5. 勾缝 6. 刷防护材料 7. 酸洗、打蜡 8. 材料运输
011106002	块料楼梯面层				
011106003	拼碎块料楼梯面层				
011106004	水泥砂浆楼梯面层	1. 找平层厚度、砂浆配合比 2. 面层厚度、砂浆配合比 3. 防滑条材料种类、规格			1. 基层清理 2. 抹找平层 3. 抹面层 4. 抹防滑条 5. 材料运输
011106005	现浇水磨石楼梯面层	1. 找平层厚度、砂浆配合比 2. 面层厚度、水泥石子浆配合比 3. 防滑条材料种类、规格 4. 石子种类、规格、颜色 5. 颜料种类、颜色 6. 磨光、酸洗、打蜡要求		楼梯与楼地面相连时，算至梯口梁内侧边沿；无梯口梁者，算至最上一层踏步边沿加300mm	1. 基层清理 2. 抹找平层 3. 抹面层 4. 贴嵌防滑条 5. 磨光、酸洗、打蜡 6. 材料运输
011106006	地毯楼梯面层	1. 基层种类 2. 面层材料品种、规格、颜色 3. 防护材料种类 4. 黏结材料种类 5. 固定配件材料种类、规格			1. 基层清理 2. 铺贴面层 3. 固定配件安装 4. 刷防护材料 5. 材料运输
011106007	木板楼梯面层	1. 基层材料种类、规格 2. 面层材料品种、规格、颜色 3. 黏结材料种类 4. 防护材料种类			1. 基层清理 2. 基层铺贴 3. 面层铺贴 4. 刷防护材料 5. 材料运输
011106008	橡胶板楼梯面层	1. 黏结层厚度、材料种类 2. 面层材料品种、规格、颜色 3. 压线条种类			1. 基层清理 2. 面层铺贴 3. 压缝条装钉 4. 材料运输
011106009	塑料板楼梯面层				

注：1. 在描述碎石材项目的面层材料特征时可不用描述规格、品牌、颜色。
2. 石材、块料与黏结材料的结合面刷防渗材料的种类在防护层材料种类中描述。

（七）台阶装饰

台阶装饰工程量清单项目设置及工程量计算规则，见表 3-63。

表 3-63　台阶装饰（编码：011107）

项目编码	项目名称	项目特征	计量单位	工程量计算规则	工程内容
011107001	石材台阶面	1. 找平层厚度、砂浆配合比 2. 黏结材料种类 3. 面层材料品种、规格、颜色 4. 勾缝材料种类 5. 防滑条材料种类、规格 6. 防护材料种类	m^2	按设计图示尺寸以台阶(包括最上层踏步边沿加 300mm)水平投影面积计算	1. 基层清理 2. 抹找平层 3. 面层铺贴 4. 贴嵌防滑条 5. 勾缝 6. 刷防护材料 7. 材料运输
011107002	块料台阶面				
011107003	拼碎块料台阶面				
011107004	水泥砂浆台阶面	1. 找平层厚度、砂浆配合比 2. 面层厚度、砂浆配合比 3. 防滑条材料种类			1. 基层清理 2. 抹找平层 3. 抹面层 4. 抹防滑条 5. 材料运输
011107005	现浇水磨石台阶面	1. 找平层厚度、砂浆配合比 2. 面层厚度、水泥石子浆配合比 3. 防滑条材料种类、规格 4. 石子种类、规格、颜色 5. 颜料种类、颜色 6. 磨光、酸洗、打蜡要求			1. 清理基层 2. 抹找平层 3. 抹面层 4. 贴嵌防滑条 5. 打磨、酸洗、打蜡 6. 材料运输
011107006	剁假石台阶面	1. 找平层厚度、砂浆配合比 2. 面层厚度、砂浆配合比 3. 剁假石要求			1. 清理基层 2. 抹找平层 3. 抹面层 4. 剁假石 5. 材料运输

注：1. 在描述碎石材项目的面层材料特征时可不用描述规格、品牌、颜色。
2. 石材、块料与黏结材料的结合面刷防渗材料的种类在防护层材料种类中描述。

(八) 零星装饰项目

零星装饰项目工程量清单项目设置及工程量计算规则见表 3-64。

表 3-64　零星装饰项目（编码：011108）

项目编码	项目名称	项目特征	计量单位	工程量计算规则	工程内容
011108001	石材零星项目	1. 工程部位 2. 找平层厚度、砂浆配合比 3. 结合层厚度、材料种类 4. 面层材料品种、规格、颜色 5. 勾缝材料种类 6. 防护材料种类 7. 酸洗、打蜡要求	m^2	按设计图示尺寸以面积计算	1. 清理基层 2. 抹找平层 3. 面层铺贴、磨边 4. 勾缝 5. 刷防护材料 6. 酸洗、打蜡 7. 材料运输
011108002	拼碎石材零星项目				
011108003	块料零星项目				
011108004	水泥砂浆零星项目	1. 工程部位 2. 找平层厚度、砂浆配合比 3. 面层厚度、砂浆厚度			1. 清理基层 2. 抹找平层 3. 抹面层 4. 材料运输

注：1. 楼梯、台阶牵边和侧面镶贴块料面层，$\leqslant 0.5m^2$ 的少量分散的楼地面镶贴块料面层应按零星装饰项目执行。
2. 石材、块料与黏结材料的结合面刷防渗材料的种类在防护层材料种类中描述。

【例 3-74】 某房屋平面如图 3-83 所示。已知内、外墙墙厚均为 240mm，水泥砂浆踢脚线高 150mm，门均为 900mm 宽。要求计算：① 100mmC15 混凝土地面垫层工程量。②20mm 厚水泥砂浆面层工程量。

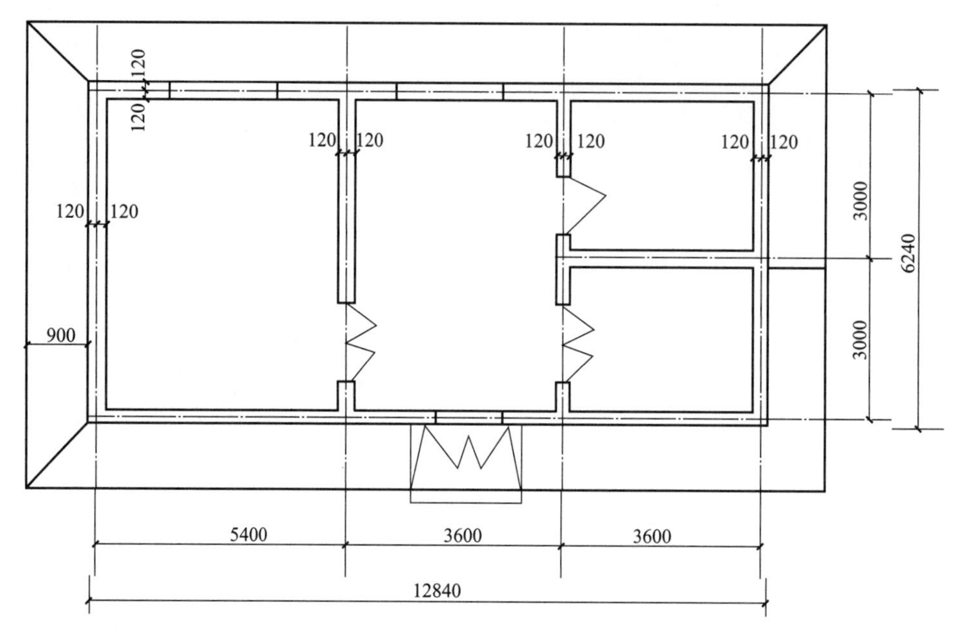

图 3-83 某房屋平面图

【解】 项目编码：011106004 项目名称：水泥砂浆楼梯面层

工程量计算规则：按设计图示尺寸以楼梯（包括踏步、休息平台及≤500mm 的楼梯井）水平投影面积计算。楼梯与楼地面相连时，算至楼梯口梁内侧边沿；无楼梯梁者，算至最上一层踏步边沿加 300mm。

（1）100mmC15 混凝土面层垫层

地面垫层工程量＝主墙间净空面积×垫层厚度

$=[(12.84-0.24\times3)\times(6.0-0.24)-(3.6-0.24)\times0.24]\times0.1\approx6.9(m^3)$

（2）20mm 厚水泥砂浆面层

地面面层工程量＝主墙间净空面积

$=[(12.84-0.24\times3)\times(6.0-0.24)-(3.6-0.24)\times0.24]\approx69(m^2)$

【例 3-75】 某住宅二层选用大理石石材做踢脚线，其构造尺寸如图 3-84 所示，住宅楼二层墙厚均为 240mm，非成品踢脚线高为 120mm，计算大理石踢脚线的工程量。

【解】 项目编码：011105002 项目名称：石材踢脚线

工程量计算规则：以平方米计量，按设计图纸长度×高度以面积计算。

大理石踢脚线的工程量＝(内墙踢脚线长度$-M_1-M_2-M_3+$墙垛)×0.12

$=[(3.9-0.24)+6.6-0.24)\times2+(5.4-0.24+3.3-0.24)\times2\times2]\times0.12-(1\times2+1.2+0.9)\times0.12+0.12\times2\times0.12$

$\approx(20.04+32.88)\times0.12-0.492+0.0288\approx5.89(m^2)$

【例 3-76】 某房屋采用高成品木质踢脚线，其构造尺寸如图 3-85 所示，该房屋墙厚均为 240mm，踢脚线高为 150mm，计算木质踢脚线的工程量。

【解】 项目编码：011105005 项目名称：木质踢脚线

工程量计算规则：以平方米计量，按设计图纸长度×高度以面积计算。

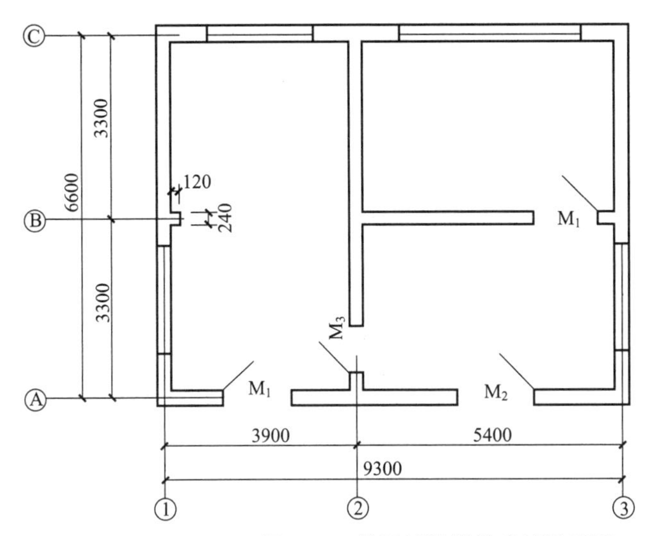

编号	门宽
M_1	1000
M_2	1200
M_3	900

图 3-84　某石材踢脚线建筑平面图

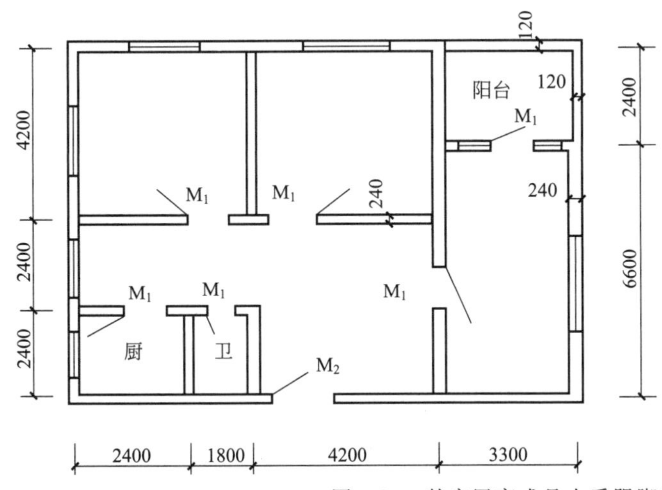

编号	M_1	M_2
尺寸	900×2000	1200×2000

图 3-85　某房屋高成品木质踢脚线平面图

房屋踢脚线长度＝房屋宽度×房屋长度

＝(4.2－0.24＋4.2－0.24)×2×2＋(2.4－0.24＋2.4＋1.8＋4.2－0.24)×2＋(3.3－0.24＋6.6－0.24)×2

＝31.68＋20.64＋18.84＝71.16(m)

应扣除的门洞宽度＝M_1 门宽度×9＋M_2 门宽度

＝0.9×9＋1.2＝9.3(m)

应增加的侧壁长度＝0.24m 墙厚×6＋0.12m 墙厚×8＝0.24×6＋0.12×8＝2.4(m)

踢脚线的工程量＝(房屋踢脚线长度－应扣除的门洞宽度＋应增加的侧壁长度)×踢脚线高度＝(71.16－9.3＋2.4)×0.15＝64.26×0.15≈9.64(m^2)

扫码看视频

装饰装修墙面抹灰工程量

二、墙、柱面装饰与隔断、幕墙工程的计算规则（附视频）

（一）墙面抹灰

墙面抹灰工程量清单项目设置及工程量计算规则，见表 3-65。

表 3-65　墙面抹灰（编码：011201）

<table>
<tr><th>项目编码</th><th>项目名称</th><th>项目特征</th><th>计量单位</th><th>工程量计算规则</th><th>工程内容</th></tr>
<tr><td>011201001</td><td>墙面一般抹灰</td><td rowspan="2">1. 墙体类型
2. 底层厚度、砂浆配合比
3. 面层厚度、砂浆配合比
4. 装饰面材料种类
5. 分格缝宽度、材料种类</td><td rowspan="4">m^2</td><td rowspan="4">按设计图示尺寸以面积计算。扣除墙裙，门窗洞口及单个＞$0.3m^2$ 的孔洞面积，不扣除踢脚线、挂镜线和墙与构件交接处的面积，门窗洞口和孔洞的侧壁及顶面不增加面积。附墙柱、梁、垛、烟囱侧壁并入相应的墙面面积内
1. 外墙抹灰面积按外墙垂直投影面积计算
2. 外墙裙抹灰面积按其长度×高度计算
3. 内墙抹灰面积按主墙间的净长×高度计算
(1)无墙裙的，高度按室内楼地面至天棚底面计算
(2)有墙裙的，高度按墙裙顶至天棚底面计算
(3)有吊顶天棚抹灰，高度算至天棚底
4. 内墙裙抹灰面按内墙净长×高度计算</td><td rowspan="2">1. 基层清理
2. 砂浆制作、运输
3. 底层抹灰
4. 抹面层
5. 抹装饰面
6. 勾分格缝</td></tr>
<tr><td>011201002</td><td>墙面装饰抹灰</td></tr>
<tr><td>011201003</td><td>墙面勾缝</td><td>1. 勾缝类型
2. 勾缝材料种类</td><td>1. 基层清理
2. 砂浆制作、运输
3. 勾缝</td></tr>
<tr><td>011201004</td><td>立面砂浆找平层</td><td>1. 基层类型
2. 找平层砂浆厚度、配合比</td><td>1. 基层清理
2. 砂浆制作、运输
3. 抹灰找平</td></tr>
</table>

注：1. 立面砂浆找平层项目适用于仅做找平层的立面抹灰。
2. 墙面抹石灰砂浆、水泥砂浆、混合砂浆、聚合物水泥砂浆、麻刀石灰浆、石膏灰砂浆等按本表中墙面一般抹灰列项；墙面水刷石、斩假石、干粘石、假面砖等按本表中墙面装饰抹灰列项。
3. 飘窗凸出外墙面增加的抹灰并入外墙工程量内。
4. 有吊顶天棚的内墙面抹灰，抹至吊顶以上部分在综合单价中考虑。

（二）柱（梁）面抹灰

柱（梁）面抹灰工程量清单项目设置及工程量计算规则，见表 3-66。

表 3-66　柱（梁）面抹灰（编码：011202）

<table>
<tr><th>项目编码</th><th>项目名称</th><th>项目特征</th><th>计量单位</th><th>工程量计算规则</th><th>工程内容</th></tr>
<tr><td>011202001</td><td>柱、梁面一般抹灰</td><td rowspan="2">1. 柱(梁)体类型
2. 底层厚度、砂浆配合比
3. 面层厚度、砂浆配合比
4. 装饰面材料种类
5. 分格缝宽度、材料种类</td><td rowspan="4">m^2</td><td rowspan="3">1. 柱面抹灰：按设计图示柱断面周长×高度以面积计算
2. 梁面抹灰：按设计图示梁断面周长×长度以面积计算</td><td rowspan="2">1. 基层清理
2. 砂浆制作、运输
3. 底层抹灰
4. 抹面层
5. 勾分格缝</td></tr>
<tr><td>011202002</td><td>柱、梁面装饰抹灰</td></tr>
<tr><td>011202003</td><td>柱、梁面砂浆找平</td><td>1. 柱(梁)体类型
2. 找平的砂浆厚度、配合比</td><td>1. 基层清理
2. 砂浆制作、运输
3. 抹灰找平</td></tr>
<tr><td>011202004</td><td>柱面勾缝</td><td>1. 勾缝类型
2. 勾缝材料种类</td><td>按设计图示柱断面周长×高度以面积计算</td><td>1. 基层清理
2. 砂浆制作、运输
3. 勾缝</td></tr>
</table>

注：1. 砂浆找平层项目适用于仅做找平层的柱（梁）面抹灰。
2. 柱（梁）面抹石灰砂浆、水泥砂浆、混合砂浆、聚合物水泥砂浆、麻刀石灰浆、石膏灰砂浆等按本表中柱、梁面一般抹灰列项；柱（梁）面水刷石、斩假石、干粘石、假面砖等按本表中柱（梁）面装饰抹灰项目编码列项。

（三）零星抹灰

零星抹灰工程量清单项目设置及工程量计算规则，见表 3-67。

表 3-67　零星抹灰（编码：011203）

项目编码	项目名称	项目特征	计量单位	工程量计算规则	工程内容
011203001	零星项目一般抹灰	1. 基层类型、部位 2. 底层厚度、砂浆配合比 3. 面层厚度、砂浆配合比 4. 装饰面材料种类 5. 分格缝宽度、材料种类	m^2	按设计图示尺寸以面积计算	1. 基层清理 2. 砂浆制作、运输 3. 底层抹灰 4. 抹面层 5. 抹装饰面 6. 勾分格缝
011203002	零星项目装饰抹灰				
011203003	零星项目砂浆找平	1. 基层类型、部位 2. 找平的砂浆厚度 3. 配合比			1. 基层清理 2. 砂浆制作、运输 3. 抹灰找平

注：1. 零星项目抹石灰砂浆、水泥砂浆、混合砂浆、聚合物水泥砂浆、麻刀石灰浆、石膏灰砂浆等按本表中零星项目一般抹灰列项；水刷石、斩假石、干粘石、假面砖等按本表中零星项目装饰抹灰项目编码列项。

2. 墙、柱（梁）面≤$0.5m^2$ 的少量分散的抹灰按本表中零星抹灰项目编码列项。

（四）墙面块料面层

墙面块料面层工程量清单项目设置及工程量计算规则，见表 3-68。

表 3-68　墙面块料面层（编码：011204）

项目编码	项目名称	项目特征	计量单位	工程量计算规则	工程内容
011204001	石材墙面	1. 墙体类型 2. 安装方式 3. 面层材料品种、规格、颜色 4. 缝宽、嵌缝材料种类 5. 防护材料种类 6. 磨光、酸洗、打蜡要求	m^2	按镶贴表面积计算	1. 基层清理 2. 砂浆制作、运输 3. 黏结层铺贴 4. 面层安装 5. 嵌缝 6. 刷防护材料 7. 磨光、酸洗、打蜡
011204002	拼碎石材墙面				
011204003	块料墙面				
011204004	干挂石材钢骨架	1. 骨架种类、规格 2. 防锈漆品种遍数	t	按设计图示以质量计算	1. 骨架制作、运输、安装 2. 刷漆

注：1. 在描述碎石材项目的面层材料特征时可不用描述规格、品牌、颜色。

2. 石材、块料与黏结材料的结合面刷防渗材料的种类在防护层材料种类中描述。

3. 安装方式可描述为砂浆或黏结剂粘贴、挂贴、干挂等，不论哪种安装方式，都要详细描述与组价相关的内容

（五）柱（梁）面镶贴块料

柱（梁）面镶贴块料工程量清单项目设置及工程量计算规则，见表 3-69。

表 3-69　柱（梁）面镶贴块料（编码：011205）

项目编码	项目名称	项目特征	计量单位	工程量计算规则	工程内容
011205001	石材柱面	1. 柱截面类型、尺寸 2. 安装方式 3. 面层材料品种、规格、颜色 4. 缝宽、嵌缝材料种类 5. 防护材料种类 6. 磨光、酸洗、打蜡要求	m^2	按镶贴表面积计算	1. 基层清理 2. 砂浆制作、运输 3. 黏结层铺贴 4. 面层安装 5. 嵌缝 6. 刷防护材料 7. 磨光、酸洗、打蜡
011205002	块料柱面				
011205003	拼碎块柱面				
011205004	石材梁面				

续表

项目编码	项目名称	项目特征	计量单位	工程量计算规则	工程内容
011205005	块料梁面	1. 安装方式 2. 面层材料品种、规格、颜色 3. 缝宽、嵌缝材料种类 4. 防护材料种类 5. 磨光、酸洗、打蜡要求	m^2	按镶贴表面积计算	1. 基层清理 2. 砂浆制作、运输 3. 黏结层铺贴 4. 面层安装 5. 嵌缝 6. 刷防护材料 7. 磨光、酸洗、打蜡

注：1. 在描述碎块项目的面层材料特征时可不用描述规格、品牌、颜色。
2. 石材、块料与黏结材料的结合面刷防渗材料的种类在防护层材料种类中描述。

(六) 镶贴零星块料

镶贴零星块料工程量清单项目设置及工程量计算规则，见表 3-70。

表 3-70 镶贴零星块料（编码：011206）

项目编码	项目名称	项目特征	计量单位	工程量计算规则	工程内容
011206001	石材零星项目	1. 基层类型、部位 2. 安装方式 3. 面层材料品种、规格、颜色 4. 缝宽、嵌缝材料种类 5. 防护材料种类 6. 磨光、酸洗、打蜡要求	m^2	按镶贴表面积计算	1. 基层清理 2. 砂浆制作、运输 3. 面层安装 4. 嵌缝 5. 刷防护材料 6. 磨光、酸洗、打蜡
011206002	块料零星项目				
011206003	拼碎块零星项目				

注：1. 在描述碎块项目的面层材料特征时可不用描述规格、品牌、颜色。
2. 石材、块料与黏结材料的结合面刷防渗材料的种类在防护层材料种类中描述。

(七) 墙饰面

墙饰面工程量清单项目设置及工程量计算规则，见表 3-71。

表 3-71 墙饰面（编码：011207）

项目编码	项目名称	项目特征	计量单位	工程量计算规则	工程内容
011207001	墙面装饰板	1. 龙骨材料种类、规格、中距 2. 隔离层材料种类、规格 3. 基层材料种类、规格 4. 面层材料品种、规格、颜色 5. 压条材料种类、规格	m^2	按设计图示墙净长×净高以面积计算。扣除门窗洞口及单个＞0.3m^2的孔洞所占面积	1. 基层清理 2. 龙骨制作、运输、安装 3. 钉隔离层 4. 基层铺钉 5. 面层铺贴

(八) 柱（梁）饰面

柱（梁）饰面工程量清单项目设置及工程量计算规则，见表 3-72。

表 3-72 柱（梁）饰面（编码：011208）

项目编码	项目名称	项目特征	计量单位	工程量计算规则	工程内容
011208001	柱(梁)面装饰	1. 龙骨材料种类、规格、中距 2. 隔离层材料种类 3. 基层材料种类、规格 4. 面层材料品种、规格、颜色 5. 压条材料种类、规格	m^2	按设计图示饰面外围尺寸以面积计算。柱帽、柱墩并入相应柱饰面工程量内	1. 清理基层 2. 龙骨制作、运输、安装 3. 钉隔离层 4. 基层铺钉 5. 面层铺贴

续表

项目编码	项目名称	项目特征	计量单位	工程量计算规则	工程内容
011208002	成品装饰柱	1. 柱截面、高度尺寸 2. 柱材质	1. 根 2. m	1. 以根计量，按设计数量计算 2. 以米计量，按设计长度计算	柱运输、固定、安装

（九）幕墙工程

幕墙工程工程量清单项目设置及工程量计算规则，见表 3-73。

表 3-73　幕墙工程（编码：011209）

项目编码	项目名称	项目特征	计量单位	工程量计算规则	工程内容
011209001	带骨架幕墙	1. 骨架材料种类、规格、中距 2. 面层材料品种、规格、颜色 3. 面层固定方式 4. 隔离带、框边封闭材料品种、规格 5. 嵌缝、塞口材料种类	m^2	按设计图示框外围尺寸以面积计算。与幕墙同种材质的窗所占面积不扣除	1. 骨架制作、运输、安装 2. 面层安装 3. 隔离带、框边封闭 4. 嵌缝、塞口 5. 清洗
011209002	全玻（无框玻璃）幕墙	1. 玻璃品种、规格、颜色 2. 黏结塞口材料、种类 3. 固定方式		按设计图示尺寸以面积计算。带肋全玻幕墙按展开面积计算	1. 幕墙安装 2. 嵌缝、塞口 3. 清洗

（十）隔断

隔断工程量清单项目设置及工程量计算规则，见表 3-74。

表 3-74　隔断（编码：011210）

项目编码	项目名称	项目特征	计量单位	工程量计算规则	工程内容
011210001	木隔断	1. 骨架、边框材料种类、规格 2. 隔板材料品种、规格、颜色 3. 嵌缝、塞口材料品种 4. 压条材料种类	m^2	按设计图示框外围尺寸以面积计算。不扣除单个≤0.3m^2 的孔洞所占面积；浴厕门的材质与隔断相同时，门的面积并入隔断面积内	1. 骨架及边框制作、运输、安装 2. 隔板制作、运输、安装 3. 嵌缝、塞口 4. 装钉压条
011210002	金属隔断	1. 骨架、边框材料种类、规格 2. 隔板材料品种、规格、颜色 3. 嵌缝、塞口材料品种			1. 骨架及边框制作、运输、安装 2. 隔板制作、运输、安装 3. 嵌缝、塞口
011210003	玻璃隔断	1. 边框材料种类、规格 2. 玻璃品种、规格、颜色 3. 嵌缝、塞口材料品种		按设计图示框外围尺寸以面积计算。不扣除单个≤0.3m^2 的孔洞所占面积	1. 边框制作、运输、安装 2. 玻璃制作、运输、安装 3. 嵌缝、塞口
011210004	塑料隔断	1. 边框材料种类、规格 2. 隔板材料品种、规格、颜色 3. 嵌缝、塞口材料品种			1. 骨架及边框制作、运输、安装 2. 隔板制作、运输、安装 3. 嵌缝、塞口

续表

项目编码	项目名称	项目特征	计量单位	工程量计算规则	工程内容
011210005	成品隔断	1. 隔断材料品种、规格、颜色 2. 配件品种、规格	1. m^2 2. 间	1. 以平方米计量，按设计图示框外围尺寸以面积计算 2. 以间计量，按设计间的数量计算	1. 隔断运输、安装 2. 嵌缝、塞口
011210006	其他隔断	1. 骨架、边框材料种类、规格 2. 隔板材料品种、规格、颜色 3. 嵌缝、塞口材料品种	m^2	按设计图示框外围尺寸以面积计算。不扣除单个≤0.3m^2 的孔洞所占面积	1. 骨架及边框安装 2. 隔板安装 3. 嵌缝、塞口

【例 3-77】 某砖混结构工程如图 3-86 所示，外墙面抹水泥砂浆，底层 1∶3 水泥砂浆打底，14mm 厚，面层为 1∶2 水泥砂浆抹面，6mm 厚。外墙裙水刷石，1∶3 水泥砂浆打底，12mm 厚，刷素水泥浆 2 遍，1∶2.5 水泥白石子，10mm 厚。挑檐水刷白石子，厚度、配合比与定额相同。内墙面抹 1∶2 水泥砂浆打底，1∶3 石灰砂浆找平层，麻刀石灰浆面层，共 20mm 厚。内墙裙采用 1∶3 水泥砂浆打底，19mm 厚，1∶2.5 水泥砂浆面层，6mm 厚。计算内、外墙抹灰工程量。

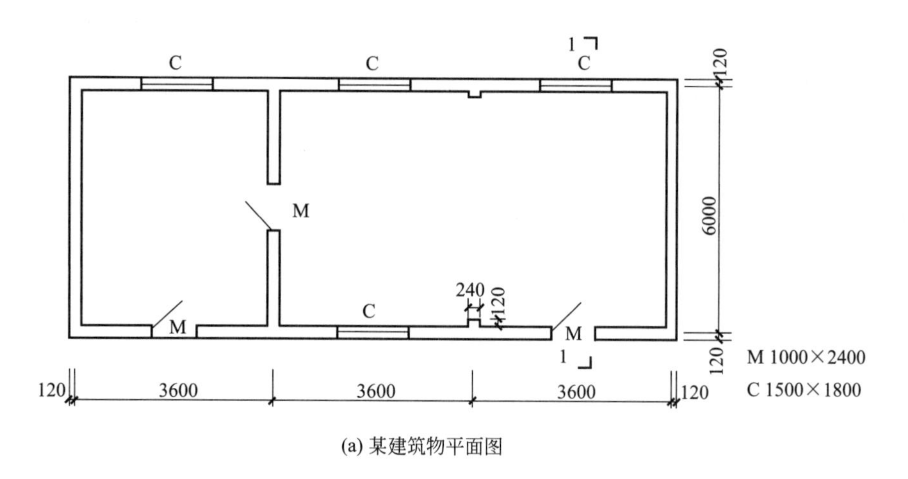

(a) 某建筑物平面图

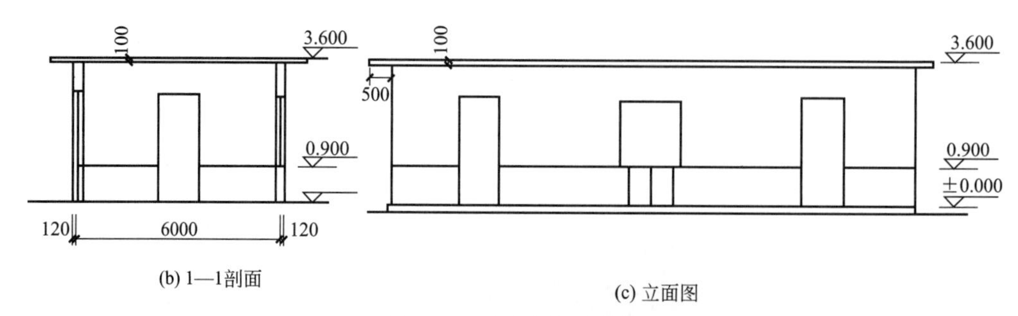

(b) 1—1剖面

(c) 立面图

图 3-86 某建筑物示意图

【解】 项目编码：011201001 项目名称：墙面一般抹灰

工程量计算规则：按设计图纸尺寸以面积计算。扣除墙裙、门窗洞口及单个＞0.3m^2 的孔洞面积，不扣除踢脚线、挂镜线和墙与构件交接处的面积，门窗洞口和孔洞的侧壁及顶面不增加面积。附墙柱、梁、垛、烟囱侧壁并入相应的墙面面积内。

（1）外墙抹灰面积按外墙垂直投影面积计算

（2）外墙裙抹灰面积按其长度×高度计算

（3）内墙抹灰面积按主墙间的净长×高度计算

① 无墙裙的，高度按室内楼地面至天棚底面计算。

② 有墙裙的，高度按墙裙顶至天棚底面计算。

（4）内墙裙抹灰按内墙净长×高度计算

内墙：

内墙面抹灰工程量＝内墙面面积－门窗洞口的空圈所占面积＋墙垛、附墙烟囱侧壁面积

＝[(3.6×3－0.24×2＋0.12×2)×2＋(6.0－0.24)×4]×(3.60－0.10－0.90)－1.0×(2.40－0.90)×4－1.50×1.80×4≈98.02(m^2)

内墙裙抹灰工程量＝内墙面净长度×内墙裙抹灰高度－门窗洞口和空圈所占面积＋墙垛、附墙烟囱侧壁面积

＝[(3.6×3－0.24×2＋0.12×2)×2＋(6.0－0.24)×4－1.0×4]×0.90≈36.14(m^2)

外墙：

外墙面水泥砂浆工程量＝外墙周长×外墙面水泥砂浆高度－门的宽度×外墙面水泥砂浆高度

＝(3.6×3＋0.24＋6.0＋0.24)×2×(3.60－0.10－0.90)－1.0×(2.40－0.90)×2－1.50×1.80×4≈76.06(m^2)

外墙裙水刷白石子工程量＝(外墙周长－门宽)×墙裙水刷白石子高度

＝[(3.6×3＋0.24＋6.0＋0.24)×2－1.0×2]×0.90≈29.3(m^2)

内、外墙抹灰工程量汇总：内墙面抹灰工程量 98.02m^2；

内墙裙抹灰工程量 36.14m^2；

外墙面水泥砂浆工程量 76.06m^2

外墙裙水刷白石子工程量 29.3m^2。

【例 3-78】 某工程挑檐天沟剖面，其构造尺寸如图 3-87 所示，该挑檐天沟长度为 120m，计算正面水刷白石子挑檐天沟墙面装饰抹灰的工程量。

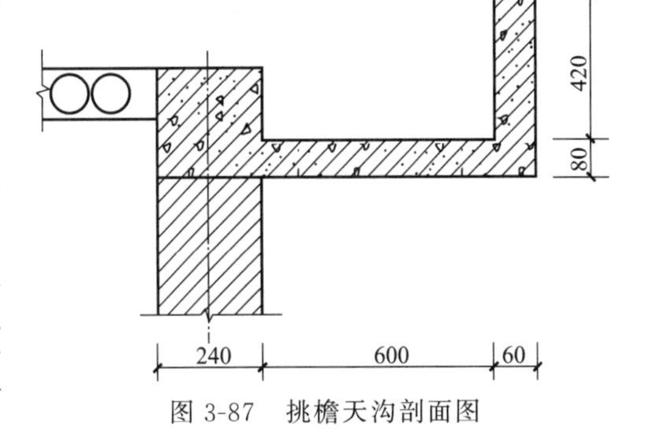

图 3-87　挑檐天沟剖面图

【解】 工程量计算规则：按设计图纸尺寸以面积计算。扣除墙裙、门窗洞口及单个＞0.3m^2的孔洞面积，不扣除踢脚线、挂镜线和墙与构件交接处的面积，门窗洞口和孔洞的侧壁及顶面不增加面积。附墙柱、梁、垛、烟囱侧壁并入相应的墙面面积内。

（1）外墙抹灰面积按外墙垂直投影面积计算

（2）外墙裙抹灰面积按其长度×高度计算

（3）内墙抹灰面积按主墙间的净长×高度计算

① 无墙裙的，高度按室内楼地面至天棚底面计算。

② 有墙裙的，高度按墙裙顶至天棚底面计算。

（4）内墙裙抹灰面按内墙净长×高度计算

挑檐天沟正面的工程量＝挑檐天沟宽度×挑檐天沟长度

＝(0.42＋0.08)×120＝60.00(m^2)

【例 3-79】 某建筑有一圆形混凝土柱，其构造尺寸如图 3-88 所示，计算圆形混凝土柱

面一般抹灰的工程量。

【解】 项目编码：011202001　项目名称：柱、梁面一般抹灰

工程量计算规则：按设计图示柱断面周长×高度以面积计算。

$$柱面一般抹灰的工程量 \approx 圆形混凝土柱直径 \times 3.14 \times 高度$$
$$= 0.27 \times 3.14 \times 4.8 \approx 4.07(m^2)$$

【例 3-80】 某房间用水刷石装饰方柱的柱面，其构造尺寸如图 3-89 所示，该房间总共有这样的柱子 6 根。计算该柱装饰面的工程量。

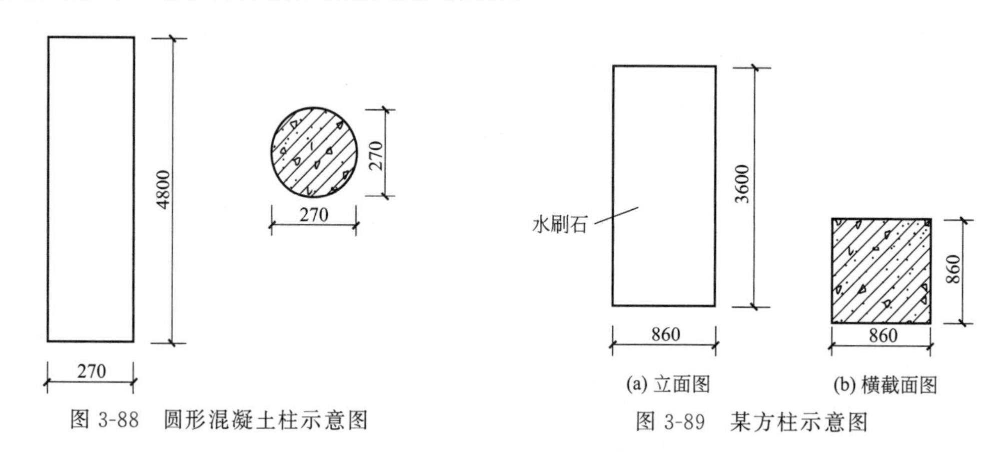

图 3-88　圆形混凝土柱示意图

图 3-89　某方柱示意图

【解】 项目编码：011202002　项目名称：柱、梁面装饰抹灰

工程量计算规则：按设计图示柱断面周长×高度以面积计算。

$$柱面装饰抹灰的工程量 = 方柱的柱面周长 \times 柱高 \times 6$$
$$= 0.86 \times 4 \times 3.6 \times 6 \approx 74.30(m^2)$$

【例 3-81】 某房间有一木隔断，其构造尺寸如图 3-90 所示，该木隔断上有一木质门，木质门规格为 1500mm×2100mm。计算木隔断的工程量。

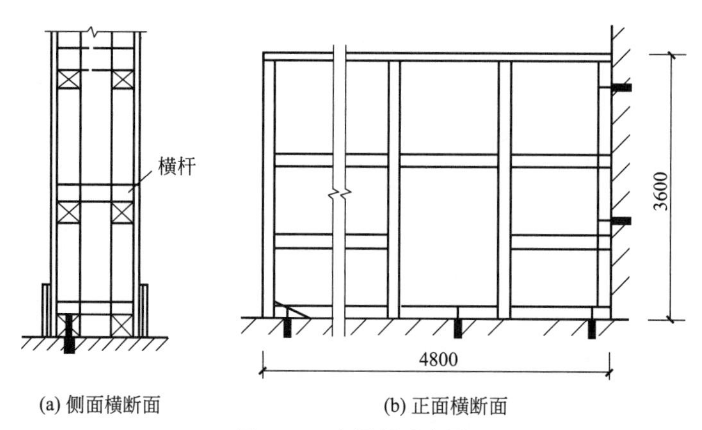

图 3-90　木隔断示意图

【解】 项目编码：011210001　项目名称：木隔断

工程量计算规则：按设计图示框外围尺寸以面积计算。不扣除单个 $\leqslant 0.2m^2$ 的孔洞所占面积；浴厕门的材质与隔断相同时，门的面积并入隔断面积内。

$$木隔断的工程量 = 木隔断的长度 \times 木隔断的宽度$$
$$= 4.8 \times 3.6 = 17.28(m^2)$$

【例 3-82】 某带骨架幕墙，其构造尺寸如图 3-91 所示，这样的幕墙共有两堵，其中有一堵幕墙上开了一个带亮窗，其规格为 1500mm×2100mm。计算带骨架幕墙的工程量。

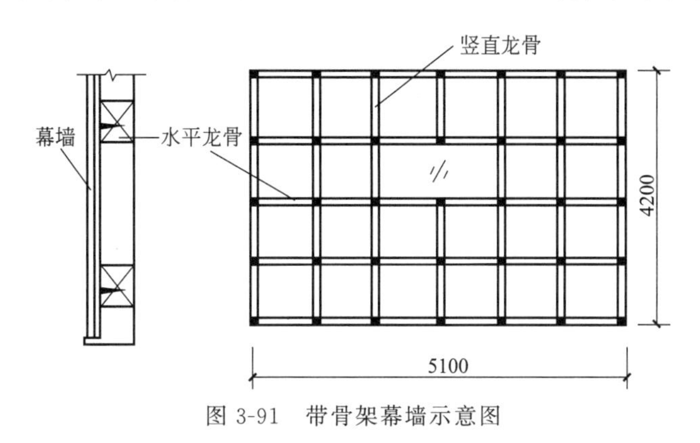

图 3-91 带骨架幕墙示意图

【解】 项目编码：011209001 项目名称：带骨架幕墙

工程量计算规则：按设计图示框外围尺寸以面积计算，与幕墙同种材质的窗所占面积不扣除。

带骨架幕墙的工程量＝带骨架幕墙长度×带骨架幕墙宽度×数量－带亮窗的面积

＝5.1×4.2×2－2.1×1.5＝39.69(m^2)

三、天棚工程的计算规则

（一）天棚抹灰

天棚抹灰工程量清单项目设置及工程量计算规则，见表 3-75。

表 3-75 天棚抹灰（编码：011301）

项目编码	项目名称	项目特征	计量单位	工程量计算规则	工程内容
011301001	天棚抹灰	1.基层类型 2.抹灰厚度、材料种类 3.砂浆配合比	m^2	按设计图示尺寸以水平投影面积计算。不扣除间壁墙、垛、柱、附墙烟囱、检查口和管道所占的面积，带梁天棚的梁两侧抹灰面积并入天棚面积内，板式楼梯底面抹灰按斜面积计算，锯齿形楼梯底板抹灰按展开面积计算	1.基层清理 2.底层抹灰 3.抹面层

（二）天棚吊顶

天棚吊顶工程量清单项目设置及工程量计算规则，见表 3-76。

表 3-76 天棚吊顶（编码：011302）

项目编码	项目名称	项目特征	计量单位	工程量计算规则	工程内容
011302001	吊顶天棚	1.吊顶形式、吊杆规格、高度 2.龙骨材料种类、规格、中距 3.基层材料种类、规格 4.面层材料品种、规格 5.压条材料种类、规格 6.嵌缝材料种类 7.防护材料种类	m^2	按设计图示尺寸以水平投影面积计算。天棚面中的灯槽及跌级、锯齿形、吊挂式、藻井式天棚面积不展开计算。不扣除间壁墙、检查口、附墙烟囱、柱垛和管道所占面积，扣除单个＞0.3m^2的孔洞、独立柱及与天棚相连的窗帘盒所占的面积	1.基层清理、吊杆安装 2.龙骨安装 3.基层板铺贴 4.面层铺贴 5.嵌缝 6.刷防护材料

续表

项目编码	项目名称	项目特征	计量单位	工程量计算规则	工程内容
011302002	格栅吊顶	1. 龙骨材料种类、规格、中距 2. 基层材料种类、规格 3. 面层材料品种、规格 4. 防护材料种类	m^2	按设计图示尺寸以水平投影面积计算	1. 基层清理 2. 安装龙骨 3. 基层板铺贴 4. 面层铺贴 5. 刷防护材料
011302003	吊筒吊顶	1. 吊筒形状、规格 2. 吊筒材料种类 3. 防护材料种类			1. 基层清理 2. 吊筒制作安装 3. 刷防护材料
011302004	藤条造型悬挂吊顶	1. 骨架材料种类、规格 2. 面层材料品种、规格			1. 基层清理 2. 龙骨安装 3. 铺贴面层
011302005	织物软雕吊顶				
011302006	网架(装饰)吊顶	网架材料品种、规格			1. 基层清理 2. 网架制作安装

(三) 采光天棚

采光天棚工程量清单项目设置及工程量计算规则，见表3-77。

表3-77 采光天棚（编码：011303）

项目编码	项目名称	项目特征	计量单位	工程量计算规则	工程内容
011303001	采光天棚	1. 骨架类型 2. 固定类型、固定材料品种、规格 3. 面层材料品种、规格 4. 嵌缝、塞口材料种类	m^2	按框外围展开面积计算	1. 清理基层 2. 面层制作安装 3. 嵌缝、塞口 4. 清洗

(四) 天棚其他装饰

天棚其他装饰工程量清单项目设置及工程量计算规则，见表3-78。

表3-78 天棚其他装饰（编码：011304）

项目编码	项目名称	项目特征	计量单位	工程量计算规则	工程内容
011304001	灯带(槽)	1. 灯带形式、尺寸 2. 格栅片材料品种、规格 3. 安装固定方式	m^2	按设计图示尺寸以框外围面积计算	安装、固定
011304002	送风口、回风口	1. 风口材料品种、规格 2. 安装固定方式 3. 防护材料种类	个	按设计图示数量计算	1. 安装、固定 2. 刷防护材料

【例3-83】 某钢筋混凝土天棚如图3-92所示。已知板厚100mm，计算该天棚抹灰工程量。

【解】 项目编码：011301001 项目名称：天棚抹灰

工程量计算规则：按设计图示尺寸以水平投影面积计算。不扣除间壁墙、垛、柱、附墙烟囱、检查口和管道所占的面积，带梁天棚、梁两侧抹灰面积并入天棚面积内，板式楼梯底面抹灰按斜面积计算，锯齿形楼梯底板抹灰按展开面积计算。

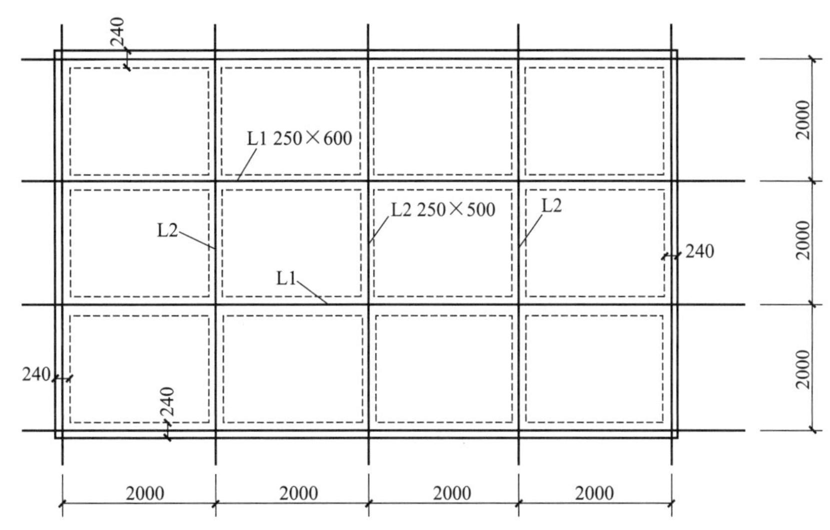

图 3-92　某钢筋混凝土天棚示意图

主墙间净面积＝钢筋混凝土天棚长度×钢筋混凝土天棚宽度

$=(2.0\times4-0.24)\times(2.0\times3-0.24)\approx44.70(m^2)$

L1 的侧面抹灰面积＝L1 的侧面抹灰长度×L1 的侧面抹灰宽度

$=[(2.0-0.12-0.125)\times2+(2.0-0.125\times2)\times2]\times(0.6-0.1)\times2\times2+0.1\times0.25\times2\times2\times2\approx14.22(m^2)$

L2 的侧面抹灰面积＝L2 的侧面抹灰长度×L2 的侧面抹灰宽度

$=[(2-0.12-0.125)\times2+(2-0.125\times2)]\times(0.5-0.1)\times2\times3\approx12.63(m^2)$

顶棚抹灰工程量＝主墙间净面积＋L1、L2 的侧面积抹灰面积

$\approx44.70+14.22+12.63=71.55(m^2)$

【例 3-84】 某工程有一套三室两厅商品房，其客厅为不上人型轻钢龙骨石膏板吊顶，如图 3-93 所示，龙骨间距为 450mm×450mm。计算天棚工程量。

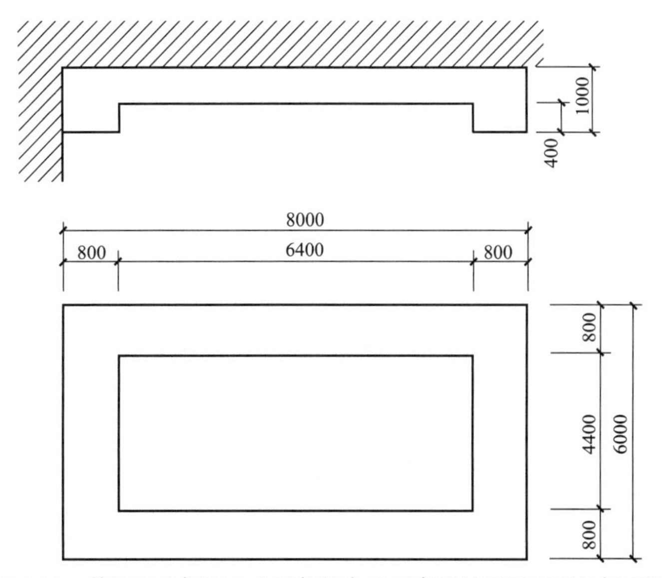

图 3-93　某工程天棚不上人型轻钢龙骨石膏板吊顶平面图及剖面图

【解】 项目编码：011302001　项目名称：吊顶天棚

工程量计算规则：按设计图示尺寸以水平投影面积计算。天棚面中的灯槽及跌级、锯齿形、吊挂式、藻井式天棚面积不展开计算。不扣除间壁墙、检查口、附墙烟囱、柱垛和管道所占面积，扣除单个＞$0.3m^2$ 的孔洞、独立柱及与天棚相连的窗帘盒所占的面积。

$$天棚工程量＝天棚长度×天棚宽度＝8.0×6.0＝48.0(m^2)$$

第十一节　措施项目工程量的计算

一、措施项目工程量计算规则

(一) 脚手架工程

工程量清单项目设置、项目特征描述的内容、计量单位及工程量计算规则，应按表3-79的规定执行。

表3-79　脚手架工程（编码：011701）

项目编码	项目名称	项目特征	计量单位	工程量计算规则	工作内容
011701001	综合脚手架	1.建筑结构形式 2.檐口高度	m^2	按建筑面积计算	1.场内、场外材料搬运 2.搭、拆脚手架、斜道、上料平台 3.安全网的铺设 4.选择附墙点与主体连接 5.测试电动装置、安全锁等 6.拆除脚手架后材料的堆放
011701002	外脚手架	1.搭设方式 2.搭设高度 3.脚手架材质		按所服务对象的垂直投影面积计算	1.场内、场外材料搬运 2.搭、拆脚手架、斜道、上料平台 3.安全网的铺设 4.拆除脚手架后材料的堆放
011701003	里脚手架				
011701004	悬空脚手架	1.搭设方式 2.悬挑宽度 3.脚手架材质		按搭设的水平投影面积计算	
011701005	挑脚手架		m	按搭设长度乘以搭设层数以延长米计算	
011701006	满堂脚手架	1.搭设方式 2.搭设高度 3.脚手架材质	m^2	按搭设的水平投影面积计算	
011701007	整体提升架	1.搭设方式及启动装置 2.搭设高度		按所服务对象的垂直投影面积计算	1.场内、场外材料搬运 2.选择附墙点与主体连接 3.搭、拆脚手架、斜道、上料平台 4.安全网的铺设 5.测试电动装置、安全锁等 6.拆除脚手架后材料的堆放
011701008	外装饰吊篮	1.升降方式及启动装置 2.搭设高度及吊篮型号			1.场内、场外材料搬运 2.吊篮的安装 3.测试电动装置、安全锁、平衡控制器等 4.吊篮的拆卸

知识拓展

① 使用综合脚手架时，不再使用外脚手架、里脚手架等单项脚手架；综合脚手架适用于能够按“建筑面积计算规则”计算建筑面积的建筑工程脚手架，不适用于房屋加层、构筑物及附属工程脚手架。

② 同一建筑物有不同檐高时，按建筑物竖向切面分别按不同檐高编列清单项目。

③ 整体提升架已包括 2m 高的防护架体设施。

④ 脚手架材质可以不描述，但应注明由投标人根据工程实际情况按照《建筑施工扣件式钢管脚手架安全技术规范》《建筑施工附着升降脚手架管理规定》等规范自行确定。

（二）混凝土模板及支架（撑）

工程量清单项目设置、项目特征描述的内容、计量单位、工程量计算规则及工作内容，应按表 3-80 的规定执行。

表 3-80　混凝土模板及支架（撑）（编码：011702）

项目编码	项目名称	项目特征	计量单位	工程量计算规则	工作内容
011702001	基础	基础类型	m^2	按模板与现浇混凝土构件的接触面积计算 1. 现浇钢筋混凝土墙、板单孔面积≤0.3mm² 的孔洞不予扣除，洞侧壁模板亦不增加；单孔面积＞0.3m² 时应予扣除，洞侧壁模板面积并入墙、板工程量内计算 2. 现浇框架分别按梁、板、柱有关规定计算；附墙柱、暗梁、暗柱并入墙内工程量内计算 3. 柱、梁、墙、板相互连接的重叠部分，均不计算模板面积 4. 构造柱按图示外露部分计算模板面积	1. 模板制作 2. 模板安装、拆除、整理堆放及场内外运输 3. 清理模板黏结物及模内杂物、刷隔离剂等
011702002	矩形柱	柱截面形状			
011702003	构造柱				
011702004	异形柱				
011702005	基础梁	梁截面形状			
011702006	矩形梁	支撑高度			
011702007	异形梁	1. 梁截面 2. 支撑高度			
011702008	圈梁	梁截面			
011702009	过梁				
011702010	弧形、拱形梁	1. 梁截面 2. 支撑高度			
011702011	直形墙	墙厚度			
011702012	弧形墙				
011702013	短肢剪力墙、电梯井壁				
011702014	有梁板	板厚度			
011702015	无梁板				
011702016	平板				
011702017	拱板				
011702018	薄壳板				
011702019	空心板				
011702020	其他板				
011702021	栏板				

续表

项目编码	项目名称	项目特征	计量单位	工程量计算规则	工作内容
011702022	天沟、檐沟	构件类型	m^2	按模板与现浇混凝土构件的接触面积计算	
011702023	雨篷、悬挑板、阳台板	1. 构件类型 2. 板厚度		按图示外挑部分尺寸的水平投影面积计算，挑出墙外的悬臂梁及板边不另计算	
011702024	楼梯	类型		按楼梯（包括休息平台、平台梁、斜梁和楼层板的连接梁）的水平投影面积计算，不扣除宽度≤500mm 的楼梯井所占面积，楼梯踏步、踏步板、平台梁等侧面模板不另计算，伸入墙内部分亦不增加	
011702025	其他现浇构件	构件类型		按模板与现浇混凝土构件的接触面积计算	
011702026	电缆沟、地沟	1. 沟类型 2. 沟截面		按模板与电缆沟、地沟接触的面积计算	
011702027	台阶	形状		按图示台阶水平投影面积计算，台阶端头两侧不另计算模板面积。架空式混凝土台阶按现浇楼梯计算	
011702028	扶手	扶手断面尺寸		按模板与扶手的接触面积计算	
011702029	散水	坡度		按模板与散水的接触面积计算	
011702030	后浇带	后浇带部位		按模板与后浇带的接触面积计算	
011702031	化粪池	1. 化粪池部位 2. 化粪池规格		按模板与混凝土接触面积计算	
011702032	检查井	1. 检查井部位 2. 检查井规格			

知识拓展

① 原槽浇灌的混凝土基础、垫层，不计算模板。

② 混凝土模板及支撑（架）项目，只适用于以平方米计量，按模板与混凝土构件的接触面积计算。

③ 采用清水模板时，应在特征中注明。

④ 现浇混凝土梁、板支撑高度超过 3.6m 时，项目特征应描述支撑高度。

（三）垂直运输

工程量清单项目设置、项目特征描述的内容、计量单位、工程量计算规则应按表 3-81 的规定执行。

表 3-81　垂直运输（011703）

项目编码	项目名称	项目特征	计量单位	工程量计算规则	工作内容
011703001	垂直运输	1.建筑物建筑类型及结构形式 2.地下室建筑面积 3.建筑物檐口高度、层数	1.m^2 2.天	1.按建筑面积计算 2.按施工工期日历天数	1.垂直运输机械的固定装置、基础制作、安装 2.行走式垂直运输机械轨道的铺设、拆除、摊销

知识拓展

① 建筑物的檐口高度是指设计室外地坪至檐口滴水的高度（平屋顶系指屋面板底高度），突出主体建筑物屋顶的电梯机房、楼梯出口间、水箱间、瞭望塔、排烟机房等不计入檐口高度。

② 垂直运输机械指施工工程在合理工期内所需垂直运输机械。

③ 同一建筑物有不同檐高时，按建筑物的不同檐高做纵向分割，分别计算建筑面积，以不同檐高分别编码列项。

（四）超高施工增加

工程量清单项目设置、项目特征描述的内容、计量单位、工程量计算规则应按表 3-82 的规定执行。

表 3-82　超高施工增加（011704）

项目编码	项目名称	项目特征	计量单位	工程量计算规则	工作内容
011704001	超高施工增加	1.建筑物建筑类型及结构形式 2.建筑物檐口高度、层数 3.单层建筑物檐口高度超过 20m，多层建筑物超过 6 层部分的建筑面积	m^2	按建筑物超高部分的建筑面积计算	1.建筑物超高引起的人工工效降低以及由人工工效降低引起的机械降效 2.高层施工用水加压水泵的安装、拆除及工作台班 3.通信联络设备的使用及摊销

知识拓展

① 单层建筑物檐口高度超过 20m，多层建筑物超过 6 层时，可按超高部分的建筑面积计算超高施工增加。计算层数时，地下室不计入层数。

② 同一建筑物有不同檐高时，可按不同高度的建筑面积分别计算建筑面积，以不同檐高分别编码列项。

（五）大型机械设备进出场及安拆

大型机械设备进出场及安拆工程量清单项目设置、项目特征描述的内容、计量单位及工程量计算规则应按表 3-83 的规定执行。

表 3-83　大型机械设备进出场及安拆（编码：011705）

项目编码	项目名称	项目特征	计量单位	工程量计算规则	工作内容
011705001	大型机械设备进出场及安拆	1.机械设备名称 2.机械设备规格、型号	台次	按使用机械设备的数量计算	1.安拆费包括施工机械、设备在现场进行安装、拆卸所需的人工、材料、机械和试运转费用以及机械辅助设施的折旧、搭设、拆除等费用 2.进出场费包括施工机械、设备整体或分体自停放场地运至施工现场或由一个施工地点运至另一个施工地点所发生的运输、装卸、辅助材料等费用

（六）施工排水、降水

施工排水、降水工程量清单项目设置、项目特征描述的内容、计量单位及工程量计算规则应按表 3-84 的规定执行。

表 3-84　施工排水、降水（编码：011706）

项目编码	项目名称	项目特征	计量单位	工程量计算规则	工作内容
011706001	成井	1. 成井方式 2. 地层情况 3. 成井直径 4. 井（滤）管类型、直径	m	按设计图示尺寸以钻孔深度计算	1. 准备钻孔机械、埋设护筒、钻机就位；泥浆制作、固壁；成孔、出渣、清孔等 2. 对接上、下井管（滤管），焊接，安放，下滤料，洗井，连接试抽等
011706002	排水、降水	1. 机械规格、型号 2. 降排水管规格	昼夜	按排、降水日历天数计算	1. 管道安装、拆除，场内搬运等 2. 抽水、值班、降水设备维修等

注：相应专项设备不具备时，可按暂估量计算。

（七）安全文明施工及其他措施项目

安全文明施工及其他措施项目工程量清单项目设置、计量单位、工作内容及包含范围应按表 3-85 的规定执行。

表 3-85　安全文明施工及其他措施项目（编码：011707）

项目编码	项目名称	工作内容及包含范围
011707001	安全文明施工（含环境保护、文明施工、安全施工、临时设施）	1. 环境保护：现场施工机械设备降低噪声、防扰民措施；水泥和其他易飞扬细颗粒建筑材料密闭存放或采取覆盖措施等；工程防扬尘洒水；土石方、建渣外运车辆冲洗、防洒漏等；现场污染源的控制、生活垃圾清理外运、场地排水排污措施；其他环境保护措施 2. 文明施工："五牌一图"；现场围挡的墙面美化（包括内外粉刷、刷白、标语等）、压顶装饰；现场厕所便槽刷白、贴面砖，水泥砂浆地面或地砖，建筑物内临时便溺设施；其他施工现场临时设施的装饰装修、美化措施；现场生活卫生设施；符合卫生要求的饮水设备、淋浴、消毒等设施；生活用洁净燃料；防煤气中毒、防蚊虫叮咬等措施；施工现场操作场地的硬化；现场绿化、治安综合治理；现场配备医药保健器材、物品费用和急救人员培训；用于现场工人的防暑降温费，电风扇、空调等设备及用电；其他文明施工措施 3. 安全施工包含范围：安全资料、特殊作业专项方案的编制，安全施工标志的购置及安全宣传；"三宝"（安全帽、安全带、安全网）、"四口"（楼梯口、电梯井口、通道口、预留洞口），"五临边"（阳台围边、楼板围边、屋面围边、槽坑围边、卸料平台两侧），水平防护架、垂直防护架、外架封闭等防护；施工安全用电，包括配电箱三级配电、两级保护装置要求、外电防护措施；起重机、塔吊等起重设备（含井架、门架）和外用电梯的安全防护措施（含警示标志）及卸料平台的临边防护、层间安全门、防护棚等设施；建筑工地起重机械的检验检测；施工机具防护棚及其围栏的安全保护设施；施工安全防护通道；工人的安全防护用品、用具购置；消防设施与消防器材的配置；电气保护、安全照明设施；其他安全防护措施 4. 临时设施包含范围：施工现场采用彩色、定型钢板，砖、混凝土砌块等围挡的安砌、维修、拆除费或摊销；施工现场临时建筑物、构筑物的搭设、维修、拆除或摊销，如临时宿舍、办公室，食堂、厨房、厕所、诊疗所、临时文化福利用房、临时仓库、加工厂、搅拌台、临时简易水塔、水池等；施工现场临时设施的搭设、维修、拆除或摊销，如临时供水管道、临时供电管线、小型临时设施等；施工现场规定范围内临时简易道路铺设，临时排水沟、排水设施安砌、维修、拆除；其他临时设施搭设、维修、拆除
011707002	夜间施工	1. 夜间固定照明灯具和临时可移动照明灯具的设置、拆除 2. 夜间施工时，施工现场交通标志、安全标牌、警示灯等的设置、移动、拆除 3. 包括夜间照明设备摊销及照明用电、施工人员夜班补助、夜间施工劳动效率降低等
011707003	非夜间施工照明	为保证工程施工正常进行，在如地下室等特殊施工部位施工时所采用的照明设备的安拆、维护、摊销及照明用电等
011707004	二次搬运	包括由于施工场地条件限制而发生的材料、成品、半成品等一次运输不能到达堆放地点，必须进行二次或多次搬运的费用

续表

项目编码	项目名称	工作内容及包含范围
011707005	冬雨季施工	1.冬雨(风)季施工时增加的临时设施(防寒保温、防雨、防风设施)的搭设、拆除 2.冬雨(风)季施工时,对砌体、混凝土等采用的特殊加温、保温和养护措施 3.冬雨(风)季施工时,施工现场的防滑处理、对影响施工的雨雪的清除 4.包括冬雨(风)季施工时增加的临时设施的摊销、施工人员的劳动保护用品、冬雨(风)季施工劳动效率降低等费用
011707006	地上、地下设施、建筑物的临时保护设施	在工程施工过程中,对已建成的地上、地下设施和建筑物进行的遮盖、封闭、隔离等必要保护措施所发生的费用
011707007	已完工程及设备保护	对已完工程及设备采取的覆盖、包裹、封闭、隔离等必要保护措施所发生的费用

注：本表所列项目应根据工程实际情况计算措施项目费用，需分摊的应合理计算摊销费用。

二、措施项目工程量计算规则详解

1. 脚手架工程量计算一般规则

① 建筑物外墙脚手架，凡设计室外地坪至檐口（或女儿墙上表面）的砌筑高度在15m以下的按单排脚手架计算；砌筑高度在15m以上的或砌筑高度虽不足15m，但外墙门窗及装饰面积超过外墙表面积60%时，均按双排脚手架计算。

② 建筑物内墙脚手架，凡设计室内地坪至顶板下表面（或山墙高度的1/2处）的砌筑高度在3.6m以下的，按里脚手架计算；砌筑高度超过3.6m时，按单排脚手架计算。

③ 石砌墙体，凡砌筑高度超过1.0m时，按外脚手架计算。

④ 计算内、外墙脚手架时，均不扣除门、窗洞口、空圈洞口等所占的面积。

⑤ 同一建筑物高度不同时，应按不同高度分别计算。

⑥ 现浇钢筋混凝土框架柱、梁按双排脚手架计算。

⑦ 围墙脚手架，凡室外自然地坪至围墙顶面的砌筑高度在3.6m以下的，按里脚手架计算；砌筑高度超过3.6m时，按单排脚手架计算。

⑧ 室内天棚装饰面距设计室内地坪在3.6m以上时，应计算满堂脚手架，计算满堂脚手架后，墙面装饰工程则不再计算脚手架。

⑨ 滑升模板施工的钢筋混凝土烟囱、筒仓，不另计算脚手架。

⑩ 砌筑贮仓，按双排外脚手架计算。

⑪ 贮水（油）池，大型设备基础，凡距地坪高度超过1.2m的，均按双排脚手架计算。

⑫ 整体满堂钢筋混凝土基础，凡其宽度超过3m时，按其底板面积计算满堂脚手架。

2. 砌筑脚手架工程量计算

① 外脚手架按外墙外边线长度乘以外墙砌筑高度以平方米计算，突出墙外宽度在24cm以内的墙垛，附墙烟囱等不计算脚手架；宽度超过24cm以外时按图示尺寸展开计算，并入外脚手架工程量之内。

② 里脚手架按墙面垂直投影面积计算。

③ 独立柱按图示柱结构外围周长另加3.6m乘以砌筑高度以平方米计算，套用相应外脚手架定额。

3. 现浇钢筋混凝土框架脚手架工程量计算

① 现浇钢筋混凝土柱，按柱图示周长尺寸另加3.6m乘以柱高以平方米计算，套用相应外脚手架定额。

② 现浇钢筋混凝土梁、墙，按设计室外地坪或楼板上表面至楼板底之间的高度乘以梁、墙净长以平方米计算，套用相应双排外脚手架定额。

4. 装饰工程脚手架工程量计算

① 满堂脚手架，按室内净面积计算，其高度在3.6～5.2m之间时，计算基本层，超过5.2m时，每增加1.2m按增加一层计算，不足0.6m的不计。计算式表示如下：

$$满堂脚手架增加层=\frac{室内净高度-5.2(m)}{1.2(m)}$$

② 挑脚手架，按搭设长度和层数，以延长米计算。

③ 悬空脚手架，按搭设水平投影面积以平方米计算。

④ 高度超过3.6m墙面装饰不能利用原砌筑脚手架时，可以计算装饰脚手架。装饰脚手架按双排脚手架乘以0.3计算。

5. 其他脚手架工程量计算

① 水平防护架，按实际铺板的水平投影面积，以平方米计算。

② 垂直防护架，按自然地坪至最上一层横杆之间的搭设高度，乘以实际搭设长度，以平方米计算。

③ 架空运输脚手架，按搭设长度以延长米计算。

④ 烟囱、水塔脚手架，区别不同搭设高度，以座计算。

⑤ 电梯井脚手架，按单孔以座计算。

⑥ 斜道，区别不同高度以座计算。

⑦ 砌筑贮仓脚手架，不分单筒或贮仓组均按单筒外边线周长，乘以设计室外地坪至贮仓上口之间高度，以平方米计算。

⑧ 贮水（油）池脚手架，按外壁周长乘以室外地坪至池壁顶面之间高度，以平方米计算。

⑨ 大型设备基础脚手架，按其外形周长乘以地坪至外形顶面边线之间高度，以平方米计算。

⑩ 建筑物垂直封闭工程量按封闭面的垂直投影面积计算。

6. 安全网工程量计算

① 立挂式安全网按架网部分的实挂长度乘以实挂高度计算。

② 挑出式安全网按挑出的水平投影面积计算。

7. 垂直运输机械台班用量计算

① 建筑物垂直运输机械台班用量，区分不同建筑物的结构类型及高度按建筑面积以平方米计算。建筑面积按本章第二节内容规定计算。

② 构筑物垂直运输机械台班以座计算。超过规定高度时再按每增高1m定额项目计算，其高度不足1m时，亦按1m计算。

8. 降效系数

① 各项降效系数中包括的内容指建筑物基础以上的全部工程项目，但不包括垂直运输、各类构件的水平运输及各项脚手架。

② 人工降效按规定内容中的全部人工费乘以定额系数计算。

③ 吊装机械降效按吊装项目中的全部机械费乘以定额系数计算。

④ 其他机械降效按规定内容中的全部机械费（不包括吊装机械）乘以定额系数计算。

9. 建筑物施工用水水泵台班计算

建筑物施工用水加压增加的水泵台班，按建筑面积以平方米计算。

第十二节 工程量速算方法

工程量速算方法详见二维码文件。

第十三节 工程量复核方法

工程量复核方法详见二维码文件。

第四章

预算定额的应用

第一节　建筑工程基础定额

一、建筑工程基础定额手册的组成内容

建筑工程基础定额是以分项工程表示的人工、材料、机械用量的消耗标准，是按照正常的施工条件、目前多数企业的装备程度，在合理的工期、施工工艺、劳动组织条件下编制的，反映了社会平均消耗水平。

知识拓展

建筑工程基础定额

建筑工程基础定额是统一全国定额项目划分、计量单位、工程量计算规则的国家基础定额。它是依据现行国家标准、设计规范和施工验收规范、质量评定标准、安全操作规程，并参考了专业、地方标准，以及有代表性的工程设计、施工资料和其他资料而编制的。建筑工程基础定额可以作为编制全国统一、专业统一、地区统一的概算（综合）定额、投资估算指标的基础；也可以作为企业制定预算定额和投标报价的基础。

建筑工程基础定额手册由目录、总说明、各个分部工程（其中每个分部工程又由分部工程说明、定额项目表组成）和有关附录等部分组成。

1. 目录

目录按章划分，每一章为一分部工程。分部工程是将单位工程中结构性质相近、材料大致相同的施工对象结合在一起，分部工程下设各分项工程。

2. 总说明

基础定额总说明阐述了基础定额编制的依据和原则、定额的水平、定额的作用及适用范围、定额使用方法及相应规定和说明等。总说明还包括人工工日消耗量、材料消耗量、机械台班消耗量的确定。

3. 分部工程

分部工程由分部工程说明和分项工程定额项目表组成。

(1) 分部工程说明　分部工程说明概述了定额的适用范围，介绍了分部工程定额中包括的主要分项工程及使用定额的一些基本规定。

例如混凝土及钢筋混凝土工程说明：现浇混凝土梁、板、柱、墙是按支模高度（地面至板底）3.6m 编制的，超过 3.6m 时，对超过部分工程量另按超高的项目计算；钢筋工程按钢筋的不同品种、不同规格，依现浇构件钢筋、预制构件钢筋、预应力钢筋及箍筋分别列项等。

（2）分项工程定额项目表　建筑工程基础定额分项工程定额项目表和预算定额分项工程项目表形式基本一致，它是以各分部工程归类，并又以不同内容划分为若干个分项工程子项目排列的定额项目表。它主要由分项工程名称、工作内容、子目栏和附录等部分组成。分项工程定额项目表的基本形式，见表 4-1。

表 4-1　砌块墙项目表

工作内容：1. 调、运、铺砂浆，运砖；
2. 砌砖包括窗台虎头砖、腰线、门窗套；
3. 安放木砖、铁件等。

定额编号			4-33	4-34	4-35
项目		单位	小型空心砌块墙	硅酸盐砌块墙	加气混凝土砌块墙
人工	综合工日	工日	12.27	10.47	10.01
材料	水泥混合砂浆 M5	m^3	0.870	0.810	0.800
	空心砌块 390mm×190mm×190mm	块	573.80	—	—
	空心砌块 190mm×190mm×190mm	块	150.00	—	—
	空心砌块 90mm×190mm×190mm	块	115.00	—	—
	硅酸盐砌块 880mm×430mm×240mm	块	—	72.40	—
	硅酸盐砌块 580mm×430mm×240mm	块	—	8.50	—
	硅酸盐砌块 280mm×430mm×240mm	块	—	25.25	—
	普通黏土砖	千块	—	0.276	—
	加气混凝土块 600mm×240mm×150mm	块	—	—	460.00
	水	m^3	0.700	1.000	1.000
机械	灰浆搅拌机 200L	台班	0.14	0.14	0.13

在定额项目表中，人工、材料、机械消耗量的确定见表 4-2。

表 4-2　定额项目表中的内容

名称	内容
人工工日消耗量的确定	基础定额人工工日不分工种、技术等级，一律以综合工日表示。其包括内容有：基本用工、超运距用工、人工幅度差、辅助用工。基础定额内未考虑现行劳动定额允许各省、自治区、直辖市调整的部分
材料消耗的确定	定额中计量单位内的材料消耗包括主要材料、辅助材料、零星材料等
施工机械台班消耗量的确定	挖掘机械、打桩机械、吊装机械、运输机械（包括推土机、铲运机、土石方及构件运输机械等）分别按机械、容量或性能及工作对象，按单机或主机与配合辅助机械，分别以台班消耗量表示

4. 定额附录

定额附录主要作为定额换算和编制补充定额的基本依据，基础定额附录包括：

① 附录 1，混凝土配合比参考表；

② 附录 2，耐酸、耐腐蚀及特种砂浆、混凝土配合比表；

③ 附录 3，抹灰砂浆配合比表。

二、基础定额的应用特点

（一）全国统一、通用

基础定额是作为全国统一、专业统一、地区统一的概算（综合）定额，投资估算指标的基础，适用于全国范围，是统一全国定额项目划分、计量单位、工程量计算规则的国家定额。定额的划分更加趋于合理化。

（二）量、价分离

建筑工程预算定额既包括定额基价和其中的人工费、材料费、机械费，也包括人工、材料、机械的消耗量，是量价结合。而基础定额只包括人工、材料、机械的消耗量，不包括定额基价和人工费、材料费、机械费，是量价分离。这是因为基础定额是全国统一的，由于不同地区的经济条件差别很大，无法统一价格，因此，在具体应用基础定额时，需要结合地区和企业的人工、材料、机械的价格具体计算费用。

第二节 预算定额

一、预算定额的概念

建筑工程预算定额，是指在正常合理的施工条件下，规定完成一定计量单位的分项工程或结构构件所必需的人工、材料和施工机械台班，以及价值货币表现合理消耗的数量标准。建筑工程预算定额由国家或各省、自治区、直辖市主管部门或授权单位组织编制并颁发执行。

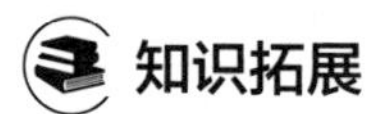

预算定额

预算定额主要用来确定工程预算成本，而施工定额则是确定工程计划成本以及进行成本核算的依据。一般来说，施工定额项目的划分比预算定额要细一些、精确程度相对高一些，是编制预算定额的基础资料。

现行的建筑工程预算定额是以施工定额为基础编制的，但是两种定额水平确定的原则是不相同的。预算定额按社会消耗的平均劳动时间确定其定额水平，预算定额基本上是反映了社会平均水平；施工定额反映的则是平均先进水平。

因为预算定额比施工定额考虑的可变因素多，需要保留一个合理的水平幅度差，即预算定额的水平比施工定额水平相对低一些，一般预算定额水平低于施工定额水平10%左右。

二、预算定额的作用

预算定额的具体作用如下。

① 建筑工程预算定额是编制施工图预算、确定工程预算造价的基本依据。

② 建筑工程预算定额是对设计方案进行技术经济评价，对新结构、新材料进行技术经济分析的主要依据。

③ 建筑工程预算定额是推行投标报价、投资包干、招标承包制的重要依据。

④ 建筑工程预算定额是施工企业与建设单位办理工程结算的依据。

⑤ 建筑工程预算定额是建筑企业进行经济核算和考核工程成本的依据。

⑥ 建筑工程预算定额是国家对基本建设进行统一计划管理的重要工具之一。

⑦ 建筑工程预算定额是编制概算定额的基础。

三、预算定额的内容及使用

为了便于确定各分部分项工程或结构构件的人工、材料和机械台班等的消耗指标，及相应的价值货币表观的标准，将预算定额按一定的顺序汇编成册。这种汇编成册的预算定额，称为建筑工程预算定额手册。

建筑工程预算定额手册由目录、总说明、建筑面积计算规则、分部分项工程说明及其相应的工程量计算规则、定额项目表和有关附录等组成，见表 4-3。

表 4-3　建筑工程预算定额内容

序号	内容	说明
1	定额总说明	它概述了建筑工程预算定额的编制目的、指导思想、编制原则、编制依据、定额的适用范围和作用，以及有关问题的说明和使用方法
2	建筑面积计算规则	建筑面积计算规则严格、系统地规定了计算建筑面积内容范围和计算规则
3	分部工程说明	它介绍了分部工程定额中包括的主要分项工程和使用定额的一些基本规定，并阐述了该分部工程中各项工程的工程量计算规则和方法
4	分项工程定额项目表	它列有完成定额计量单位建筑产品的分项工程造价和其中的人工费、材料费和机械费，同时还列有人工(按人工、普通工、辅助和其他用工数分列)、材料(按主要材料分列)和机械台班(按机械类型及台班数量分列)。它主要由说明、子目栏和附注等部分组成，表 4-4 为某省建筑预算定额分项工程定额项目表形式
5	定额附录	建筑工程预算定额手册中的附录包括机械台班价格、材料预算价格，主要作为定额换算和编制补充预算定额的基本依据

表 4-4　天窗、混凝土框上装木门扇及玻璃窗定额项目表

工作内容：1. 制作安装窗框、窗扇、亮子，刷清油、刷防腐油、塞油膏，安装上下挡、托木，铺钉封口板(序号 42)。

2. 安装钢筋混凝土门框等。

定额编号				7-50	7-41	7-42	7-43	7-44	77-45
项目		单位	单价/元	天窗			钢筋混凝土框上木门扇	混凝土框上安单层玻璃窗	天窗安有框铁丝网
				全中悬天窗	中悬带固天窗	木屋架天窗上下挡板			
				100m² 框外围面积		100m²	100m² 框外围面积		100m²
基价		元		11131.72/11096.02	9358.35/9338.67	8089.50	11646.12/11567.41	7283.43/7166.20	138.44
其中	人工费	元		1430.00	1132.38	377.68	1284.74	1606.68	107.60
	材料费	元		9423.90	8002.82	7711.82	9952.70	5323.39	30.84
	机械费	元		277.82/242.12	223.39/203.71	—	408.68/329.97	353.36/236.13	—
(一)制作									
人工	合计	工日	21.52	33.00	28.46	12.21	27.73	16.23	—
	技工	工日	21.52	25.63	21.59	6.72	21.24	11.22	—
	普通工	工日	21.52	0.96	0.60	0.70	0.76	0.49	—
	辅助工	工日	21.52	3.68	3.68	3.68	0.21	3.04	—
	其他工	工日	21.52	3.00	2.59	1.11	2.52	1.48	—

续表

定额编号				7-50	7-41	7-42	7-43	7-44	77-45
项目		单位	单价/元	天窗			钢筋混凝土框上木门扇	混凝土框上安单层玻璃窗	天窗安有框铁丝网
				全中悬天窗	中悬带固天窗	木屋架天窗上下挡板			
				100m² 框外围面积		100m²	100m² 框外围面积		100m²
材料	一等小方(红松、细)	m³	2105.14	1.716	1.029	—	2.770	2.055	—
	一等中板(红松、细)	m³	2105.14	—	—	—	1.321	—	—
	一等中方(红白松、框料)	m³	1818.96	2.929	2.366	1.434	—	—	—
	一等薄板(红松、细)	m³	2105.14	—	—	2.110	—	—	—
	二等中方(白松)	m³	1132.95	0.014	0.014	—	—	—	—
	胶(皮质)	kg	18.38	4.250	2.510	—	4.070	4.070	—
	铁钉(综合)	kg	6.16	7.930	6.310	—	2.310	0.280	—
	清油	kg	18.49	8.230	8.230	8.230	6.550	6.830	—
	油漆溶剂油	kg	3.70	5.500	5.500	5.550	4.380	4.600	—
	木材干燥费	m³	107.66	4.008	3.395	3.544	4.091	2.055	—
	其他材料费	元	2.00	4.480	4.480	4.480	3.710	3.700	—
机械	圆锯机 ϕ1000mm 以内	台班	67.20	0.68	0.56	—	1.29	0.54	—
	压刨机三面 400mm 以内	台班	65.97	1.61	1.33	—	1.65	104	—
	打眼机 ϕ50mm 以内	台班	11.60	1.38	1.29	—	1.03	1.32	—
	开榫机 160mm 以内	台班	58.46	0.74	0.67	—	0.99	0.80	—
	载口机多面 400mm	台班	42.40	0.43	0.35	—	0.64	0.40	—
(二)安装									
材料	二等中方(白松)	m²	1132.95	0.248	0.248	—	0.464	0.424	—
	有框铁丝网	m²	—	—	—	—	—	—	(72.82)
	铁钉(综合)	kg	6.16	1.57	1.61	16.00	3.75	2.97	—
	铁件	kg	4.70	84.17	84.17	—	—	—	—
	铁件(精加)	kg	5.14	—	—	—	—	—	6.00
	防腐油(或臭油水)	kg	10.89	6.48	6.48	—	—	—	—
	毛毡(防寒)	m²	3.64	25.49	25.49	32.30	—	—	—
	其他材料费	元	2.00	18.51	17.52	—	—	25.09	—
机械	塔式起重机(综合)/卷扬机单块 1t 以内	台班	484.08/66.92	0.10/0.19	0.06/0.14	—	0.24/0.56	0.35/0.78	—

有关预算定额的具体使用，在本书第一章第三节“建筑工程定额计价”部分已有介绍。

第三节 概算定额

一、概算定额的概念

建筑工程概算定额是由国家或主管部门制定颁发，规定完成一定计量单位的建筑工程扩大结构构件、分部工程或扩大分项工程所需人工、材料、机械消耗和费用的数量标准。因此，它也称扩大结构定额。

概算定额

概算定额是指在相应预算定额的基础上，根据有代表性的设计图纸和标准图等经过适当地综合、扩大以及合并而成的，介于预算定额和概算指标之间的一种定额。

由于概算定额是在预算定额的基础上，经适当地合并、综合和扩大后编制的，所以二者是有区别的，主要表现在以下两方面。

① 预算定额基本上反映了社会平均水平，而概算定额在编制过程中，为满足规划、设计和施工的要求，正确反映大多数企业或部门在正常情况下的设计、施工和管理水平，而与预算定额水平基本一致，但它们之间应保留一个必要、合理的幅度差，以便用概算定额编制的概算能控制用预算定额编制的施工图预算。

② 预算定额是按分项工程或结构构件划分和编号的，而概算定额是按工程形象部位，以主体结构分部为主，将预算定额中一些施工顺序相衔接、相关性较大的分项工程合并成一个分项工程项目。如概算定额中的砖砌外墙项目，就包括了预算定额中的砌砖、钢筋砖过梁、砖平梁、钢筋混凝土过梁、伸缩勾缝（或抹灰）等六个分项工程。由此可见，概算定额不论在工程量计算书方面，还是在编制概算书方面，都比预算简化了计算程序，省时省事。当然，精确性也相对降低了一些。

二、概算定额的作用

概算定额具体的作用如下。

① 概算定额是编制基本建设投资规划的基础。

② 概算定额是对建设项目进行可行性研究、编制总概算和设计任务书、控制基本建设投资、考核建设成本、比较设计方案的先进合理性、确定基本建设项目贷款、拨款和施工图预算、进行竣工决算的依据。

③ 概算定额是建筑安装企业编制施工组织设计大纲或总设计、拟定施工总进度计划、主要材料和设备申请计划的计算基础。

④ 概算定额是编制概算指标、投资估算指标和进行工程价款定期结算的依据。

三、概算定额的内容

概算定额表现为按地区特点和专业特点汇编而成的定额手册，其内容基本由文字说明、定额项目表和附录等组成。例如，某省建筑工程概算定额主要包括了总说明、土建分册、水暖通风分册和电气照明分册等四部分内容。

（一）总说明

在总说明中，阐述了本定额的编制依据、编制原则、手册划分、定额的作用、适用范围和使用时应注意的问题等。

（二）分册内容

每一个分册都是根据专业施工顺序和结构部位排列，划分章节进行编制。例如土建分册就包括：分册说明、建筑面积计算规则、土石方工程、基础工程、墙壁工程、脚手架工程、梁柱工程、楼地面工程、房盖工程、门窗工程、耐酸防腐工程、厂区工程和构筑物工程等内容。表 4-5 为土建分册双面清水墙部分概算定额形式。

表 4-5 砖砌外墙

工作内容：砖砌、砌块、必要镶砖、钢筋砖过梁、砌平石梁、钢筋混凝土过梁、钢筋加固、伸缩缝、刷红土子浆、抹灰勾缝和刷白。

编号			1	2	3	4	5	6
项目		单位	双面清水墙					
			实砌				空斗	
			一砖	一砖半	二砖	每增减半砖	二砖	每增减半砖
基价		元/100m²	1645.42	2399.99	3130.91	721.43	2573.09	584.80
其中	人工费	元/100m²	206.48	262.71	310.81	54.03	268.47	43.67
	材料费	元/100m²	1358.20	2020.99	2670.55	633.00	2173.57	511.27
	机械使用费	元/100m²	80.74	116.29	149.55	34.40	131.05	39.86
主要材料	钢材	t/100m²	0.022	0.032	0.044	0.011	0.044	0.011
	木材	m²/100m²	0.053	0.078	0.104	0.049	0.129	0.122
	水泥	kg/100m²	1653	2219	2763	565	2548	515
建筑物檐口高度在 3.6m 以下者减去垂直运输机械费								
每 100m² 减去		元	30.41	43.77	55.40	13.57	43.06	10.70

四、概算定额手册的组成和应用

（一）概算定额手册的组成

从总体上看，概算定额手册主要由目录、总说明、分册说明、建筑面积计算规则、章（节）说明、工程量计算规则、定额项目表、附注及附录等组成。

由于地区特点和专业特点的差异，有些内容仅在个别分册中包括。如建筑面积计算规则，仅在土建工程分册中有此内容。至于各组成部分所要说明和阐述的问题，与预算定额手册基本类似。

（二）概算定额手册的应用

概算定额主要用于编制概算，在使用前要对定额的文字说明部分仔细地阅读，并在熟悉图纸的基础上，准确地计算工程量、套用定额、确定工程的概算造价。而对定额项目表的查阅方法、定额编号的表示法、计量单位的确定、定额中用语和符号的含义等，与预算定额基本相同。另外，定额中有些项目的单项组成内容与设计不符时，要按定额规定进行调整换算。

【例 4-1】 某工程的二砖外墙为 1200m²，设计外墙临街面为水刷石，其工程量为 800m²，其余为水泥砂浆；内面抹混合砂浆刷白。在该省砖砌外墙概算定额中只有双面抹灰墙项目，试计算该二砖外墙的概算造价。

【解】 在该省砖砌外墙概算定额中只有双面抹灰墙项目，因此需进行调整，方法如下：

① 从定额项目表中查出双面抹灰二砖外墙基价为 3324.46 元/100m²，则双面抹灰外墙费用为：

$$12 \times 3324.46 = 39893.52(\text{元})$$

② 从内外墙面、墙裙和局部装饰增加表中查得外墙局部抹水刷石的基价为 228.97 元/100m²，则增加费用为：

$$8 \times 228.97 = 1831.76(\text{元})$$

③ 计算二砖外墙的概算造价：

概算造价＝39893.52＋1831.76＝41725.28(元)

第四节 预算定额换算与工料分析

一、预算定额换算的基本内容

（一）定额换算的原因

当施工图纸的设计要求与定额项目的内容不相一致时，为了能计算出设计要求项目的直接费及工料消耗量，必须对定额项目与设计要求之间的差异进行调整。这种使定额项目的内容适应设计要求的差异调整是产生定额换算的原因。

（二）定额换算的依据

预算定额具有经济法规性，定额水平（即各种消耗量指标）不得随意改变。

知识拓展

为了保持预算定额的水平不改变，在文字说明部分规定了若干条定额换算的条件，因此，在定额换算时必须执行这些规定，才能避免人为改变定额水平的不合理现象。从定额水平保持不变的角度来解释，定额换算实际上是预算定额的进一步扩展与延伸。

（三）预算定额换算的内容

定额换算涉及人工费和材料费的换算，特别是材料费及材料消耗量的换算占定额换算相当大的比重，因此必须按定额的有关规定进行，不得随意调整。人工费的换算主要是由用工量的增减引起的，材料费的换算则是由材料耗用量的改变（或不同构造做法）及材料代换引起的。

（四）预算定额换算的一般规定

常用的定额换算规定如下。

① 混凝土及砂浆的强度等级在设计要求与定额不同时，按附录中半成品配合比进行换算。

② 木楼地楞定额是按中距 40cm，断面 5cm×18cm，每 100m^2 木地板的楞木 313.3m 计算的。设计规定与定额不同时，楞木料可以换算，其他不变。

③ 定额中木地板厚度是按 2.5cm 毛料计算的，当设计规定与定额不同时，可按比例换算，其他不变。

④ 按定额分部说明中的各种系数及工料增减换算。

（五）预算定额换算的几种类型

预算定额换算主要有如下类型：砂浆的换算；混凝土的换算；木材材积的换算；系数换算；其他换算。

二、预算定额换算方法与工料分析

（一）混凝土的换算（混凝土强度等级和石子品种的换算）

1. 混凝土强度等级的换算

这类换算的特点是，混凝土的用量不发生变化，只换算强度或石子品种。其换算公式为：换算价格＝原定额价格＋定额混凝土用量×(换入混凝土单价－换出混凝土单价)。

【例 4-2】 某工程框架薄壁柱，设计要求为 C35 钢筋混凝土现浇，试确定框架薄壁柱的预算基价。

【解】 （1）确定换算定额编号 1E0045 [混凝土（低，特，碎 20）C30]

其预算基价为 2007.62 元/10m^3，混凝土定额用量为 10.15m^3/10m^3。

（2）确定换入、换出混凝土的基价（低塑性混凝土、特细砂、碎石 5-20）

查表 4-6，换出 6B0082 C30 混凝土预算基价 151.41 元/m^3（42.5 级水泥）；换入 6B0083 C35 混凝土预算基价 163.41 元/m^3（52.5 级水泥）。

表 4-6 混凝土及砂浆配合比

定额编号					6B0082	6B0083	6B0119	6B0079	6B0089
项目			单位	单价	低塑性混凝土(特细砂)				
					粒径 5～20mm			粒径 5～40mm	
					碎石		砾石	碎石	碎石
					C30	C35	C35	C15	C20
基价			元	—	151.41	163.41	167.89	112.68	122.33
其中	材料费		元	—	151.41	163.41	167.89	112.68	122.33
材料	0010003	水泥 42.5#	kg	0.23	505.00	—	—	319.00	364.00
	0010004	水泥 52.5#	kg	0.27	—	472.00	452	—	—
	0070009	碎石 5～20mm	t	20.00	1.377	1.377	—	1.377	—
	0070015	碎石 5～20mm	t	25.00	—	—	1.561	—	—
	0070010	碎石 5～40mm	t	20.00	—	—	—	—	1.397
	0070001	特细砂	t	22.00	0.351	0.383	0.310	0.5358	0.485
	0830001	水	m^3	—	(0.23)	(0.23)	(0.19)	(0.23)	(0.22)

（3）计算换算预算基价

1E0045 换＝原定额价格＋定额混凝土用量×(换入混凝土单价－换出混凝土单价)＝2007.62＋10.15×(163.41－151.41)＝2129.42(元/10m^3)

（4）换算后工料消耗量分析

① 人工费：395.46 元。

② 机械费：56.33 元。

③ 水泥 52.5 级：472.00×10.15＝4790.80(kg)。

④ 特细砂：0.383×10.15≈3.89(t)。

⑤ 碎石 5～20mm：1.377×10.15≈13.98(t)。

2. 混凝土石子品种的换算

【例 4-3】 以【例 4-2】为基础，换算混凝土石子品种。

【解】 （1）确定换算定额编号 1E0045 [混凝土（低，特，碎 20）C30]

其预算基价为 2007.62 元/10m^3，混凝土定额用量为 10.15m^3/10m^3。

（2）确定换入、换出混凝土的基价（低塑性混凝土、特细砂、碎石 5～20mm）

查表 4-6：换出 6B0082 C30 混凝土预算基价 151.41 元/m^3（42.5 级水泥）；换入 6B0119 C35 混凝土预算基价 167.89 元/m^3（52.5 级水泥）。

（3）计算换算预算基价

1E0045 换＝原定额价格＋定额混凝土用量×(换入混凝土单价－换出混凝土单价)＋水的价差

$=2007.62+10.15\times(167.89-151.41)+1.60\times10.15\times(0.19-0.23)$

≈2174.24(元/10m^3)

（4）换算后工料消耗量分析

① 人工费：395.46 元。

② 机械费：56.33 元。

③ 水泥 52.5 级：452.00×10.15=4587.80(kg)。

④ 特细砂：0.310×10.15≈3.15(t)。

⑤ 碎石 5～20：1.561×10.15≈15.84(t)。

⑥ 水：11.28+10.15×(0.19−0.23)=10.874(m^3)。

3. 换算小结

① 选择换算定额编号及其预算基价，确定混凝土品种及其骨料粒径、水泥强度等级。

② 根据确定的混凝土品种（是塑性混凝土还是低流动性混凝土？石子粒径、混凝土强度等级），从定额附录中查换出、换入混凝土的基价。

③ 计算换算后的预算价格。

④ 确定换入混凝土品种须考虑下列因素：是塑性混凝土还是低流动性混凝土？根据规范要求确定混凝土中石子的最大粒径；根据设计要求，确定采用砾石、碎石及混凝土的强度等级。

（二）运距的换算

当设计运距与定额运距不同时，根据定额规定通过增减运距进行换算。

换算价格=基本运距价格±增减运距定额部分价格

【例 4-4】 人工运土方 100m^3，运距 190m，试计算其人工费。

【解】 ① 确定换算定额编号 1A0037、1A0038（表 4-7）。

表 4-7　土方工程

工作内容：人工运土方、淤泥，包括装、运、卸土和淤泥及平整					
定额编号				1A0037	1A0038
项目		单位	单价	人工运土方	
				运距 20m 内	运距 200m 内每增加 20m
基价		元	—	432.30	99.00
其中	材料费	元	—	432.30	99.00

② 1A0037 基本运距 20m 内定额的预算基价为 432.30 元/100m^3。

③ 1A0038 运距在 200m 内每增加 20m 的定额预算基价为 99.00 元/100m^3；则 190m 运距包含 1A0038 项目 20m 的个数为（190−20)/20=8.5（取 9）。

④ 人工运土方 100m^3，运距 190m，其人工费为 1A0037+1A0038=432.30+99.00×9=1323.30（元/100m^3）。

（三）厚度的换算

当设计厚度与定额厚度不同时，根据定额规定通过增减厚度进行换算。

换算价格=基本厚度价格±增减厚度定额部分价格

【例 4-5】 某家属住宅地面，设计要求为 C15 混凝土面层（低、特、碎 20），厚度为 60mm（无筋），试计算该分项工程的预算价格及定额单位工料消耗量。

【解】 （1）确定换算定额编号 1H0054、1H0055［混凝土（低、特、碎 40）C20］（表 4-8）

（2）C20厚60mm的面层预算基价和C20混凝土用量

预算基价：1572.03＋[170.11×(60－80)]/10＝1231.81(元/100m^2)

混凝土用量：8.08＋[1.01×(60－80)]/10＝6.06(m^3)(水泥为42.5级)

（3）确定换入、换出混凝土的基价（碎石5～20） 查表4-6，换出6B0089 C20混凝土预算基价为122.33元/m^3（42.5级水泥），换入6B0079 C15混凝土预算基价为112.68元/m^3（42.5级水泥）。

表4-8 楼地面工程

工作内容：清理基层、刷素水泥浆，混凝土搅拌、捣固、提浆抹面、养护

定额编号					1H0054	1H0055
项目			单位	单价	混凝土面层	
					厚度80mm	每增减10mm
基价			元	—	1572.03	170.11
其中	人工费		元	—	372.24	37.26
	材料费		元	—	1128.25	123.91
	机械费		元	—	71.54	8.94
材料	6B0089	混凝土(半、特、碎40)C20	m^3	122.33	8.08	1.01
	6B0354	水泥砂浆1∶1	m^3	193.78	0.51	—
	6B0451	素水泥浆	m^3	307.8	0.10	—
	001025	水泥32.5级	kg	—	(598.62)	—
	001026	水泥42.5级	kg	—	(2941.12)	(367.64)
	0070010	碎石5～40mm	t	—	(11.29)	(1.41)
	0070001	特细砂	t	—	(4.37)	(0.49)
	0830001	水	m^3	1.60	6.38	0.22
机械	0991001	机上人工	工日	—	(1.00)	(0.12)

（4）计算换算C15厚60mm的面层预算基价

1H0054换＝原定额价格＋定额混凝土用量×(换入混凝土单价－换出混凝土单价)＋水的价差＝1231.81＋6.06×(112.68－122.33)＋1.60×6.06×(0.22－0.23)≈1173.33－0.10＝1173.23(元/100m^2)

（5）换算后工料消耗量分析

① 人工费：372.24＋[37.26×(60－80)]/10＝297.72(元)。

② 机械费：71.54＋[8.94×(60－80)]/10＝53.66(元)。

③ 水泥42.5级：319.00×6.06＝1933.14(kg)。

④ 特细砂：0.535×6.06≈3.24(t)。

⑤ 碎石5～20：1.377×6.06≈8.34(t)。

⑥ 水：6.384＋[0.22×(60－80)]/10＋6.06×(0.22－0.23)≈5.94－0.06＝5.88(m^3)。

(四) 材料比例的换算

其换算的原理与混凝土强度等级的换算类似，用量不发生变化，只换算其材料变化部分，换算公式为：

换算价格＝原定额价格＋定额混凝土用量×(换入混凝土单价－换出混凝土单价)＋其他材料变化

【例 4-6】 现设计要求屋面垫层为 1∶1∶10 水泥石灰炉渣，试计算 10m^3 该分项工程的预算价格及定额单位工料消耗量。

【解】 （1）确定换算定额编号 1H0018（定额略）

1H0018 水泥、石灰、炉渣比例为 1∶1∶8，用量为 10.10m^3/10m^3，预算基价为 1375.87 元/10m^3。

（2）确定换入、换出混凝土的基价（附录略）

查附录：换出 6B0462 比例为 1∶1∶8，58.28 元/m^3；换入 6B0463 比例为 1∶1∶10，51.26 元/m^3。

（3）计算换算后的预算基价

1H0018 换＝原定额价格＋定额混凝土用量×(换入混凝土单价－换出混凝土单价)＝1375.87＋10.10×(51.26－58.28)≈1304.97(元/10m^3)

（4）换算后工料消耗量分析

① 人工费：238.14 元。

② 机械费：0.00 元。

③ 水泥 32.5 级：146.00×10.10＝1474.60(kg)。

④ 生石灰：73.00×10.10＝737.30(kg)。

⑤ 炉渣：0.984×10.10≈9.94(t)。

⑥ 水：5.03m^3。

（五）截面的换算

预算定额中的构件截面，是根据不同设计标准，通过综合加权平均计算确定的。设计截面与定额截面不相符合，应按预算定额的有关规定进行换算。换算后材料的消耗量公式为：换算后材料的消耗量＝设计截面（厚度）×定额用量。

例如，基价项目中所注明的木材截面或厚度均为毛截面。设计图纸注明的截面或厚度为净料时，应增加刨光损耗。板、枋材一面刨光增加 3mm，两面刨光增加 5mm，原木每立方米体积增加 0.05m^3。

（六）砂浆的换算

砌筑砂浆换算与混凝土构件的换算相类似，其换算公式为：

换算价格＝原定额价格＋定额砂浆用量×(换入砂浆单价－换出砂浆单价)

【例 4-7】 某工程空花墙，设计要求标准砖 240mm×115mm×53mm，M2.5 混合砂浆砌筑，试计算该分项工程的预算价格及定额单位工料消耗量。

【解】 (1) 确定换算定额编号 lD0030（定额略） 1D0030，M5.0 混合砂浆砌筑，用量为 1.18m^3/10m^3，预算基价为 1087.30 元/10m^3。

（2）确定换入、换出混凝土的基价（附录略） 查附录：换出 6B350 M5.0 混合砂浆砌筑 80.78 元/m^3；换入 6B349 M2.5 混合砂浆砌筑 73.26 元/m^3。

（3）计算换算后的预算基价

1H0018 换＝原定额价格＋定额砂浆用量×(换入砂浆单价－换出砂浆单价)

＝1087.30＋1.18×(73.26－80.78)≈1078.43(元/10m^3)

（4）换算后工料消耗量分析

① 人工费：337.68 元。

② 机械费：8.86 元。

③ 标准砖：240×115×53，4020 块。

④ 水泥 32.5 级：182.00×1.18＝214.76(kg)。

⑤ 特细砂：1.15×1.18≈1.36(t)。

⑥ 石灰膏：0.165×1.18≈0.19(m^3)。

⑦ 水：1.40m^3。

(七) 系数的换算

按定额说明中规定的系数乘以相应定额的基价（或定额工、料之一部分）后，得到一个新单价的换算。

【例 4-8】 某工程平基土方，施工组织设计规定为机械开挖，在机械不能施工的死角有湿土 121m^3，需人工开挖。试计算完成该分项工程的直接费。

【解】 根据土石方分部说明，得知人工挖湿土时，按相应定额项目乘以系数 1.18 计算；机械不能施工的土石方，按相应人工挖土方定额乘以系数 1.5。

(1) 确定换算定额编号及基价　定额编号 1A0001，定额基价为 699.60 元/100m^3。

(2) 计算换算基价　1A0001 换＝699.6×1.18×1.5≈1238.29(元/100m^3)。

(3) 计算完成该分项工程的直接费　1238.29×1.21≈1498.33(元)。

(八) 其他换算

其他换算是上述几种换算类型不能包括的定额换算，由于此类定额换算的内容较多、较杂，故仅举例说明其换算过程。

【例 4-9】 某工程墙基防潮层，设计要求用 1∶2 水泥砂浆加 8%防水粉施工（一层做法），试计算该分项工程的预算价格。

【解】 ① 确定换算定额编号 110058；定额基价 585.76 元/100m^3。

② 计算换入、换出防水粉的用量：

换出量 55.00kg/100m^3；换入量 1295.4×8%≈103.63（kg/100m^3）。

③ 计算换算基价（防水粉单价为 1.17 元/kg）。

110058 换＝585.76＋1.17×(103.63－55.00)≈642.66(元/100m^3)

虽然其他换算没有固定的公式，但换算的思路仍然是在原定额价格的基础上减去换出部分的费用，加上换入部分的费用。

第五节　材料价差调整

材料价差调整是指在可调材料价格合同中规定，在施工期间，由于非施工单位原因，材料价格增长超出允许的范围。在结算时，可以调整材料的差价。在建筑工程结算中，材料价差调整在建筑工程的结算中有着很重要的作用，准确调整材料价差能提高工程结算的工作效率、减少纠纷。常见的材料价差调整方法有按实调差、综合系数调差、按实调整与综合系数相结合、价格指数调整。

知识拓展

材料价差调整

材料价差调整必须按照合同约定的范围和方法进行，如果合同中没有约定，按照当地主管部门规定的办法进行调整。

材料加权平均价格。材料加权平均价＝$\sum(X_i \times J_i) \div \sum X_i$，$i=1 \sim n$。式中，$X_i$ 为材料不同渠道采购供应的数量；J_i 为材料不同渠道采购供应的价格。

（一）按实调差法

这种办法是直接按照实际发生的材料价格进行调差，其计算公式为：

单价价差＝实际价格(或加权平均价格)－定额中的价格

材料价差调整额＝该材料在工程中合计耗用量×单价价差

一般来说，工程材料实际价格的确定可以有以下两个方面的来源：

① 参照当地造价管理部门定期发布的全部材料信息价格；

② 建设单位指定或施工单位采购经建设单位认可，由材料供应部门提供的实际价格。

按实调差的优点是补差准确，计算合理，实事求是；缺点是由于建筑工程材料存在品种多、渠道广、规格全、数量大的特点，若全部采用抽量调差，则费时费力，烦琐复杂。

（二）综合系数调差法

此法是直接采用当地工程造价管理部门测算的综合调差系数调整工程材料价差的一种方法，计算公式为：

某种材料调差系数＝综合调差系数×K_1(各种材料价差)×K_2

式中　K_1——各种材料费占工程材料的比重；

K_2——各类工程材料占直接费的比重。

单位工程材料价差调整金额＝综合价差系数×预算定额直接费

综合系数调差法的优点是操作简便，快速易行；缺点是过于依赖造价管理部门对综合系数的测量工作。实际中，常常会因项目选取的代表性，材料品种价格的真实性、准确性不足和短期价格波动的关系导致工程造价计算误差。

（三）按实调整与综合系数相结合

据统计，在材料费中三材价值占68%左右，而数目众多的地方材料及其他材料仅占材料费32%。而事实上，对子目中分布面广的材料全面抽量，也无必要。因此，在部分地区，对三材或主材进行抽量调整，其他材料用辅材系数进行调整，从而有效地提高工程造价准确性，并减少了大量的烦琐工作。

（四）价格指数调整法

它是按照当地造价管理部门公布的当期建筑材料价格或价差指数逐一调整工程材料价差的方法。这种方法属于抽量补差，计算量大且复杂，常需造价管理部门付出较多的人力和时间。

具体做法是先测算当地各种建材的预算价格和市场价格，然后进行综合整理，定期公布各种建材的价格指数和价差指数。计算公式为：

某种材料的价格指数＝该种材料当期预算价÷该种材料定额中的取定价

某种材料的价差指数＝该种材料的价格指数－1

价格指数调整办法的优点是能及时反映建材价格的变化，准确性好，适应建筑工程动态管理。

第五章

工程量清单计价

第一节　工程量清单的概念及应用

一、工程量清单的概念

工程量清单是表现拟建工程的分部分项工程项目、措施项目、其他项目名称和相应数量的明细清单。工程量清单由招标人按照“计价规范”附录中统一的项目编码、项目名称、项目特征、计量单位和工程量计算规则进行编制，包括分部分项工程量清单、措施项目清单和其他项目清单。

（一）工程量清单计价内容

工程量清单计价，是指投标人完成由招标人提供的工程量清单所需的全部费用，包括分部分项工程费、措施项目费、其他项目费、规费和税金。

（二）综合单价计价模式

工程量清单计价采用综合单价计价。综合单价是指完成规定计量单位项目所需的人工费、材料费、机械使用费、管理费、利润，并考虑风险因素。

（三）工程量清单计价特点

工程量清单计价方法，是建设工程招标投标中，招标人按照国家统一工程量计算规则提供工程数量，由投标人依据工程量清单自主报价，并按照经评审低价中标的规则实行的一种工程造价计价方式。它是与编制预算造价不同的另一种与国际接轨的计算工程造价的方法。

工程量清单计价是工程预算改革及与国际接轨的一项重大举措，它使工程招投标造价由政府调控转变为承包方自主报价，实现了真正意义上的公开、公平、合理竞争。

工程量清单计价与预算造价有着密切的联系，必须首先会编制预算才能学习清单计价，所以预算是清单计价的基础。

二、工程量清单的应用

工程量清单计价的适用范围包括建设工程招标投标的招标标底的编制、投标报价的编制、合同价款确定与调整、工程结算。

（一）招标标底编制

招标工程如设标底，标底应根据招标文件中的工程量清单和有关要求，施工现场实际情况、合理的施工方法以及建设行政主管部门制定的有关工程造价计价办法进行编制。《招标投标法》规定，招标工程设有标底的，评标时应参考标底。标底的参考作用，决定了标底的编制要有一定的强制性。这种强制性主要体现在标底的编制应按建设行政主管部门制定的有关工程造价计价办法进行。

(二) 投标报价编制

投标报价应根据招标文件中的工程量清单和有关要求、施工现场实际情况及拟定的施工方案或施工组织设计，依据企业定额和市场价格信息，或参照建设行政主管部门发布的社会平均消耗量定额进行编制。

企业定额是施工企业根据本企业的施工技术和管理水平以及有关工程造价资料制定的，并供本企业使用的人工、材料和机械台班消耗量标准。

社会平均消耗量定额简称消耗量定额，是指在合理的施工组织设计、正常施工条件下，生产一个规定计量单位工程合格产品，人工、材料、机械台班的社会平均消耗量标准。

工程造价应在政府宏观调控下，由市场竞争形成。在这一原则指导下，投标人的报价应在满足招标文件要求的前提下实行人工、材料、机械消耗量自定，价格费用自选、全面竞争、自主报价的方式。

(三) 合同价款确定与调整

1. 综合单价调整

施工合同中综合单价因工程量变更需调整时，除合同另有约定外按照下列办法确定。

① 工程量清单漏项或由设计变更引起新的工程量清单项目，其相应综合单价由承包方提出，经发包人确认后作为结算的依据。

② 由设计变更引起工程量增减部分，属合同约定幅度以内的，应执行原有的综合单价；增减的工程量属合同约定幅度以外的，其综合单价由承包人提出，经发包人确认后作为结算的依据。

③ 若由于工程量的变更，实际发生了除以上两条以外的费用损失，承包人可提出索赔要求，与发包人协商确认后补偿。其主要指“措施项目费”或其他有关费用的损失。

2. 变更责任

为了合理减少工程承包人的风险，并遵照谁引起的风险谁承担责任的原则，规范对工程量的变更及其综合单价的确定做了规定。应注意以下几点事项：

① 不论由于工程量清单有误或漏项，还是由于设计变更，引起新的工程量清单项目或清单项目工程数量的增减，均应按实调整。

② 工程量变更后综合单价的确定应按规范执行。

③ 综合单价调整适用于分部分项工程量清单。

第二节　工程量清单的编制内容

一、工程量清单的格式

工程量清单的格式内容见表 5-1。

表 5-1　工程量清单格式

序号	清单格式	详细内容
1	封面	工程量清单封面，见图 5-1
		招标控制价封面，见图 5-2
		投标总价封面，见图 5-3
		竣工结算总价封面，见图 5-4

续表

序号	清单格式	详细内容
2	总说明	见表 5-2
3	汇总表	工程项目招标控制价/投标报价汇总表,见表 5-3
		单项工程招标控制价/投标报价汇总表,见表 5-4
		单位工程招标控制价/投标报价汇总表,见表 5-5
		工程项目竣工结算汇总表,见表 5-6
		单项工程竣工结算汇总表,见表 5-7
		单位工程竣工结算汇总表,见表 5-8
4	分部分项工程量清单表	分部分项工程量清单与计价表,见表 5-9
		工程量清单综合单价分析表,见表 5-10
5	措施项目清单表	措施项目清单与计价表(一),见表 5-11
		措施项目清单与计价表(二),见表 5-12
6	其他项目清单表	其他项目清单与计价汇总表,见表 5-13
		暂列金额明细表,见表 5-14
		材料暂估单价表,见表 5-15
		专业工程暂估价表,见表 5-16
		计日工表,见表 5-17
		总承包服务费计价表,见表 5-18
		索赔与现场签证计价汇总表,见表 5-19
		费用索赔申请(核准)表,见表 5-20
		现场签证表,见表 5-21
7	规费、税金项目清单与计价表	见表 5-22
8	工程款支付申请(核准)表	见表 5-23

表 5-2　总说明

工程名称：　　　　　　　　　　　　　　　　　　　　　　　　第　页共　页

______________________________工程

工　程　量　清　单

招标人：______________　　　　工程造价咨询人：______________

（单位盖章）　　　　　　　　（单位资质专用章）

法定代表人或其授权人：______________　　　　法定代表人或其授权人：______________

（签字或盖章）　　　　　　　　（签字或盖章）

编制人：______________　　　　复核人：______________

（造价人员签字盖专用章）　　　　（造价工程师签字盖专用章）

编制时间：　　年　　月　　日　　　　复核时间：　　年　　月　　日

图 5-1　工程量清单封面

表 5-3　工程项目招标控制价/投标报价汇总表

工程名称：　　　　　　　　　　　　　　　　　　第　页共　页

序号	单项工程名称	金额/元	其中：/元		
			暂估价	安全文明施工费	规费
	合计				

注：本表适用于工程项目招标控制价或投标报价的汇总。

______________________工程

招 标 控 制 价

招标控制价（小写）：______________________

（大写）：______________________

招标人：______________
（单位盖章）

工程造价
咨询人：______________
（单位资质专用章）

法定代表人
或其授权人：______________
（签字或盖章）

法定代表人
或其授权人：______________
（签字或盖章）

编制人：______________
（造价人员签字盖专用章）

复核人：______________
（造价工程师签字盖专用章）

编制时间： 年 月 日　　复核时间： 年 月 日

图 5-2 招标控制价封面

表 5-4 单项工程招标控制价/投标报价汇总表

工程名称：　　　　第 页共 页

序号	单位工程名称	金额/元	其中：/元		
			暂估价	安全文明施工费	规费
合计					

注：本表适用于单项工程招标控制价或投标报价的汇总。暂估价包括分部分项工程中的暂估价和专业工程暂估价。

投 标 总 价

投标人：________________

工程名称：________________

投标总价（小写）：________________

（大写）：________________

投标人：________________
（单位盖章）

法定代表人
或其授权人：________________
（签字或盖章）

编制人：________________
（造价人员签字盖专用章）

时 间： 年 月 日

图 5-3 投标总价封面

表 5-5 单位工程招标控制价/投标报价汇总表

工程名称： 标段： 第 页共 页

序号	汇总内容	金额/元	其中:暂估价/元
1	分部分项工程		
1.1			
1.2			
1.3			
1.4			
1.5			

续表

序号	汇总内容	金额/元	其中:暂估价/元
2	措施项目		—
2.1	其中:安全文明施工费		—
3	其他项目		—
3.1	其中:暂列金额		—
3.2	其中:专业工程暂估价		—
3.3	其中:计日工		—
3.4	其中:总承包服务费		—
4	规费		—
5	税金		—
招标控制价合计=1+2+3+4+5			

注：本表适用于单项工程招标控制价或投标报价的汇总。

表 5-6 工程项目竣工结算汇总表

工程名称： 第 页共 页

序号	单项工程名称	金额/元	其中： /元	
			安全文明施工费	规费
合计				

表 5-7 单项工程竣工结算汇总表

工程名称： 第 页共 页

序号	单位工程名称	金额/元	其中： /元	
			安全文明施工费	规费
合计				

______________________工程

竣工结算总价

中标价（小写）：__________（大写）：______________

结算价（小写）：__________（大写）：______________

发包人：________ 承包人：________ 工程造价咨询人：________
（单位盖章） （单位盖章） （单位资质专用章）

法定代表人或其授权人：________ 法定代表人或其授权人：________ 法定代表人或其授权人：________
（签字或盖章） （签字或盖章） （签字或盖章）

编制人：______________ 核对人：______________
（造价人员签字盖专用章） （造价工程师签字盖专用章）

编制时间： 年 月 日 核对时间： 年 月 日

图 5-4 竣工结算总价封面

表 5-8 单位工程竣工结算汇总表

工程名称： 标段： 第 页共 页

序号	汇总内容	金额/元
1	分部分项工程	
1.1		
1.2		
1.3		
1.4		
1.5		

续表

序号	汇总内容	金额/元
2	措施项目	
2.1	其中:安全文明施工费	
3	其他项目	
3.1	其中:专业工程结算价	
3.2	其中:计日工	
3.3	其中:总承包服务费	
3.4	索赔与现场签证	
4	规费	
5	税金	
竣工结算总价合计=1+2+3+4+5		

表 5-9 分部分项工程量清单与计价表

工程名称: 标段: 第 页共 页

序号	项目编码	项目名称	项目特征描述	计量单位	工程量	金额/元		
						综合单价	合价	其中
								暂估价
本页小计								
合计								

注：根据原建设部、财政部发布的《建筑安装工程费用组成》（建标［2003］206 号）的规定，为计取规费等的使用，可在表中增设“直接费”“人工费”或“人工费＋机械费”。

表 5-10 工程量清单综合单价分析表

工程名称: 标段: 第 页共 页

项目编码				项目名称				计量单位			
清单综合单价组成明细											
定额编号	定额名称	定额单位	数量	单价				合价			
				人工费	材料费	机械费	管理费和利润	人工费	材料费	机械费	管理费和利润
人工单价		小计									
元/工日		未计价材料费									

续表

<table>
<tr><td colspan="2">项目编码</td><td></td><td>项目名称</td><td colspan="3"></td><td>计量单位</td><td colspan="2"></td></tr>
<tr><td colspan="6">清单项目综合单价</td><td colspan="4"></td></tr>
<tr><td rowspan="9">材料费明细</td><td colspan="3">主要材料名称、规格、型号</td><td>单位</td><td>数量</td><td>单价/元</td><td>合价/元</td><td>暂估单价/元</td><td>暂估合价/元</td></tr>
<tr><td colspan="3"></td><td></td><td></td><td></td><td></td><td></td><td></td></tr>
<tr><td colspan="3"></td><td></td><td></td><td></td><td></td><td></td><td></td></tr>
<tr><td colspan="3"></td><td></td><td></td><td></td><td></td><td></td><td></td></tr>
<tr><td colspan="3"></td><td></td><td></td><td></td><td></td><td></td><td></td></tr>
<tr><td colspan="3"></td><td></td><td></td><td></td><td></td><td></td><td></td></tr>
<tr><td colspan="3"></td><td></td><td></td><td></td><td></td><td></td><td></td></tr>
<tr><td colspan="5">其他材料费</td><td>—</td><td></td><td>—</td><td></td></tr>
<tr><td colspan="5">材料费小计</td><td>—</td><td></td><td>—</td><td></td></tr>
</table>

注：1. 如不使用省级或行业建设主管部门发布的计价依据，可不填定额项目、编号等。
2. 招标文件提供了暂估单价的材料，按暂估的单价填入表内“暂估单价”栏及“暂估合价”栏。

表 5-11 措施项目清单与计价表（一）

工程名称： 标段： 第 页共 页

序号	项目编码	项目名称	计算基础	费率/%	金额/元
		安全文明施工费			
		夜间施工费			
		二次搬运费			
		冬雨季施工			
		大型机械设备进出场及安拆费			
		施工排水			
		施工降水			
		地上、地下设施、建筑物的临时保护设施			
		已完工程及设备保护			
		各专业工程的措施项目			
合计					

注：1. 本表适用于以“项”计价的措施项目。
2. 根据原建设部、财政部发布的《建筑安装工程费用组成》（建标［2003］206 号）的规定，“计算基础”可为“直接费”“人工费”或“人工费＋机械费”。

表 5-12 措施项目清单与计价表（二）

工程名称： 标段： 第 页共 页

<table>
<tr><td rowspan="2">序号</td><td rowspan="2">项目编码</td><td rowspan="2">项目名称</td><td rowspan="2">项目特征描述</td><td rowspan="2">计量单位</td><td rowspan="2">工程量</td><td colspan="2">金额/元</td></tr>
<tr><td>综合单价</td><td>合价</td></tr>
<tr><td></td><td></td><td></td><td></td><td></td><td></td><td></td><td></td></tr>
<tr><td></td><td></td><td></td><td></td><td></td><td></td><td></td><td></td></tr>
</table>

续表

序号	项目编码	项目名称	项目特征描述	计量单位	工程量	金额/元	
						综合单价	合价
本页小计							
合计							

注：本表适用于以综合单价形式计价的措施项目。

表 5-13　其他项目清单与计价汇总表

工程名称：　　　　　　　　　　　　　标段：　　　　　　　　　　　　第　页共　页

序号	项目名称	计量单位	金额/元	备注
1	暂列金额	项		明细详见表 5-14
2	暂估价			
2.1	材料(工程设备)暂估价			明细详见表 5-15
2.2	专业工程暂估价			明细详见表 5-16
3	计日工			明细详见表 5-17
4	总承包服务费			明细详见表 5-18
合计				

注：材料暂估单价进入清单项目综合单价，此处不汇总。

表 5-14　暂列金额明细表

工程名称：　　　　　　　　　　　　　标段：　　　　　　　　　　　　第　页共　页

序号	项目名称	计量单位	金额/元	备注
1				
2				
3				
合计				

注：此表由招标人填写，如不能详列，也可只列暂定金额总额，投标人应将上述暂列金额计入投标总价中。

表 5-15　材料暂估单价表

工程名称：　　　　　　　　　　　　　标段：　　　　　　　　　　　　第　页共　页

序号	材料(工程设备)名称、规格、型号	计量单位	金额/元	备注
合计				

注：1. 此表由招标人填写，并在备注栏说明暂估价的材料拟用在哪些清单项目上，投标人应将上述材料暂估单价计入工程量清单综合单价报价中。

2. 材料包括原材料、燃料、构配件以及按规定应计入建筑安装工程造价的设备。

表 5-16 专业工程暂估价表

序号	工程名称	工程内容	金额/元	备注
合计				

注：此表由招标人填写，投标人应将上述专业工程暂估价计入投标总价中。

表 5-17 计日工表

工程名称： 标段： 第 页共 页

编号	项目名称	单位	暂定数量	综合单价	合价
一	人工				
1					
2					
3					
4					
人工小计					
二	材料				
1					
2					
3					
4					
5					
6					
材料小计					
三	施工机械				
1					
2					
3					
4					
施工机械小计					
总计					

注：此表项目名称、数量由招标人填写，编制招标控制价时单价由招标人按有关计价规定确定；投标时单价由投标人自主报价，计入投标总价中。

表 5-18 总承包服务费计价表

工程名称： 标段： 第 页共 页

序号	项目名称	项目价值/元	服务内容	费率/%	金额/元
1	发包人发包专业工程				
2	发包人供应材料				
	合计	—	—	—	

表 5-19 索赔与现场签证计价汇总表

工程名称： 标段： 第 页共 页

序号	签证及索赔项目名称	计量单位	数量	单价/元	合价/元	索赔及签证依据
—	本页小计	—	—	—		—
—	合计	—	—	—		—

注：签证及索赔依据是指经双方认可的签证单和索赔依据的编号。

表 5-20 费用索赔申请（核准）表

工程名称： 标段： 编号：

致：______________________________（发包人全称）

根据施工合同条款______条的约定，由于__________原因，我方要求索赔金额（大写）______________（小写________），请予核准。

附：1. 费用索赔的详细理由和依据：

2. 索赔金额的计算：

3. 证明材料：

承包人（章）
承包人代表__________
日　　期__________

复核意见： 根据施工合同条款______条的约定，你方提出的费用索赔申请经复核： □不同意此项索赔，具体意见见附件。 □同意此项索赔，索赔金额的计算由造价工程师复核。 监理工程师__________ 日　　期__________	复核意见： 根据施工合同条款______条的约定，你方提出的费用索赔申请经复核，索赔金额为（大写______）（小写______）。 造价工程师__________ 日　　期__________

续表

审核意见：

□不同意此项索赔

□同意此索赔，与本期进度款同期支付。

发包人（章）

发包人代表________

日　　期________

注：1. 在选择栏中的“□”内做标识“√”。

2. 本表一式四份，由承包人填报，发包人、监理人、造价咨询人、承包人各存一份。

表 5-21　现场签证表

工程名称：　　　　　　　　　　　　标段：　　　　　　　　　　　　编号：

施工部位		日期	

致：________________________________（发包人全称）

根据________（指令人姓名）　年　月　日的口头指令或你方________（或监理人）　年　月　日的书面通知，我方要求完成此项工作应支付价款金额为（大写）________________（小写________），请予核准。

附：1. 签证事由及原因

2. 附图及计算式

承包人（章）

承包人代表________

日　　期________

复核意见：

你方提出的此项签证申请经复核：

□不同意此项签证，具体意见见附件

□同意此项签证，签证金额的计算由造价工程师复核

监理工程师________

日　　期________

复核意见：

□此项签证按承包人中标的计日工单价计算，金额为（大写）________元，（小写________元）

□此项签证因无计日工单价，金额为（大写）________元，（小写________）。

造价工程师________

日　　期________

审核意见：

□不同意此项签证

□同意此项签证，价款与本期进度款同期支付。

发包人（章）

发包人代表________

日　　期________

注：1. 在选择栏中的“□”内做标识“√”。

2. 本表一式四份，由承包人在收到发包人（监理人）的口头或书面通知后填写，发包人、监理人、造价咨询人、承包人各存一份。

表 5-22 规费、税金项目清单与计价表

工程名称： 标段： 第 页共 页

序号	项目名称	计算基础	费率/%	金额/元
1	规费			
1.1	工程排污费			
1.2	社会保障费			
(1)	养老保险费			
(2)	失业保险费			
(3)	医疗保险费			
1.3	住房公积金			
1.4	工伤保险			
2	税金	分部分项工程费＋措施项目＋其他项目费＋规费		

注：根据原建设部、财政部发布的《建筑安装工程费用组成》（建标［2003］206 号）的规定，“计算基础”可为“直接费”“人工费”或“人工费＋机械费”。

表 5-23 工程款支付申请（核准）表

工程名称： 标段： 编号：

致：________________________________（发包人全称）

我方于______至______期间已完成了______工作，根据施工合同的约定，现申请支付本期的工程款额为（大写）____________（小写________），请予核准。

序号	名 称	金额(元)	备注
1	累计已完成的工程价款		
2	累计已实际支付的工程价款		
3	本周期已完成的工程价款		
4	本周期完成的计日金额		
5	本周期应增加和扣减的变更金额		
6	本周期应增加和扣减的索赔金额		
7	本周期应抵扣的预付款		
8	本周期应扣减的质保金		
9	本周期应增加或扣减的其他金额		
10	本周期实际应支付的工程价款		

承包人(章)

承包人代表__________

日 期__________

续表

<table>
<tr><td>复核意见：
□与实际施工情况不相符，修改意见见附件；
□与实际施工情况相符，具体金额由造价工程师复核。

监理工程师________
日　　期________</td><td>复核意见：
你方提出的支付申请经复核，本期间已完成工程款额为（大写）____________（小写________），本期间应支付金额为（大写）____________（小写________）。

造价工程师________
日　　期________</td></tr>
<tr><td colspan="2">审核意见：
□不同意
□同意，支付时间为本表签发后的15天内。

发包人（章）
发包人代表________
日　　期________</td></tr>
</table>

注：1. 在选择栏中的“□”内做标识“√”。
2. 本表一式四份，由承包人填报，发包人、监理人、造价咨询人、承包人各存一份。

二、工程量清单的编制

（一）工程量清单内容

工程量清单内容包括以下几点。

① 分部分项工程量清单。

② 措施项目清单。

③ 其他项目清单。

④ 规费项目清单。

⑤ 税金项目清单。

（二）编制工程量清单的依据

编制工程量清单的依据具体如下。

①《建设工程工程量清单计价规范》（GB 50500—2013）。

② 国家或省级、行业建设主管部门颁发的计价依据和办法。

③ 建设工程设计文件。

④ 与建设工程项目有关的标准、规范、技术资料。

⑤ 招标文件及其补充通知、答疑纪要。

⑥ 施工现场情况、工程特点及常规施工方案。

⑦ 其他相关资料。

（三）总说明内容填写

总说明应按以下内容填写。

① 工程概况部分，建设规模、工程特征、计划工期、施工现场情况及自然地理条件。

② 工程招标和分包范围。

③ 工程清单编制依据。

④ 其他需要说明的问题：

a. 招标人自行采购材料的名称、规格、型号及数量；

b. 分包专业项目需要总承包人服务的范围等。

（四）分部分项工程量清单的编制

分部分项工程量清单应按以下规定编制。

① 分部分项工程量清单应包括项目编码、项目名称、项目特征、计量单位和工程量（规范强制性条文）。

② 分部分项工程量清单应根据附录规定的项目编码、项目名称、项目特征、计量单位和工程量计算规则进行编制（规范强制性条文）。

③ 分部分项工程量清单的项目编码，应采用 12 位阿拉伯数字表示。1 至 9 位应按附录的规定设置，10 至 12 位应根据拟建工程的工程量清单项目名称设置，同一招标工程项目的编码不得有重码（规范强制性条文）。

④ 分部分项工程量清单的项目名称按附录的项目名称结合拟建工程的实际确定（规范强制性条文）。

⑤ 分部分项工程量清单中所列工程量应按附录中规定的工程量计算规则计算（规范强制性条文）。

⑥ 分部分项工程量清单项目特征应按附录中规定的项目特征，结合拟建工程项目实际予以描述（规范强制性条文）。

⑦ 附录中未包括的项目，编制人应作补充，并报省级或行业工程造价管理机构备案。

（五）措施项目清单的编制

措施项目清单应按以下内容编制：

① 措施项目清单应根据拟建工程的实际情况列项。通用措施项目可按“通用措施项目一览表”选择列项，专业工程的措施项目可按附录中规定的项目选择列项，如表 5-24 所示。若出现规范中未列的项目，可根据工程实际情况补充。

表 5-24 通用措施项目一览表

序号	项目名称
1	安全文明施工(含环保、文明、安全施工、临时设施)
2	夜间施工
3	二次搬运
4	冬雨季施工
5	大型机械设备进出厂及安拆
6	施工排水
7	施工降水
8	地上、地下设施；建筑物的临时保护设施
9	已完工程及设备保护

② 措施项目中可以计算工程量的项目清单宜采用分部分项工程量清单的方式编制，列出项目编码、项目名称、项目特征、计量单位、工程数量；不能计算工程量的项目清单，以“项”为计量单位。

（六）其他项目清单的编制

其他项目清单宜按照表 5-25 所示内容列项编制。

表 5-25　其他项目清单编制的内容

名称	内容
暂列金额	暂列金额为因工程施工过程中可能出现的设计变更、清单中工程量偏差可能出现的不确定因素而产生的费用。清单工程量偏差一般可按分部分项工程费的10%～15%计算预留金额
暂估价	它包括材料暂估单价、专业工程暂估价。暂估价中材料暂估价为招标方供应的材料的暂估价，可按造价管理部门发布的造价信息或市场价估计；专业工程暂估价为另行发包专业的工程金额
计日工	计日工是为了解决现场发生的零星工作的计价而设立的，估算一个比较贴近实际的人工、材料、机械台班的数量
总承包服务费	总承包服务费是为了解决招标人要求承包人对发包的专业工程提供协调和配合服务设置的。对供应的材料、设备提供收发和管理服务以及对现场的统一管理，对竣工资料的统一整理等向总承包人支付的费用，根据招标文件列出的服务内容和要求计算

注：进行总承包管理和协调按分包造价的1.5%计算，并配合服务时按分包造价的3%～5%计算。

（七）规费项目清单的编制

规费项目清单应按下列内容列项。若出现下列内容未包括的项目，应根据省级政府或省级有关权力部门的规定列项。

① 工程排污费。

② 工程定额测定费。

③ 社会保障费，包括养老保险金、失业保险费、医疗保险费。

④ 住房公积金。

⑤ 危险作业意外伤害保险。

有的地区没有细分，只列一项规费，费率按××计取。

（八）税金项目清单的编制

税金项目清单包括下列内容，未包括的项目按税务部门规定列项。

① 增值税。

② 城市维护建设税。

③ 教育费附加。

有的地区没细分项，只列一项税金及费率××。

第三节　工程量清单计价规范的主要内容

《建设工程工程量清单计价规范》（GB 50500—2013）（简称“新规范”），从2013年4月1日起实施。同时《建设工程工程量清单计价规范》（GB 50500—2008）（简称“08规范”）废止。

“新规范”包括正文和附录两大部分。正文包括总则、术语、工程量清单编制、工程量清单计价、工程量清单及其计价格式等内容，且分别就“计价规范”的适用范围、遵循原则、编制清单应遵循的规则、清单计价活动的规则做了明确规定。

附录包括：

附录A：建筑工程项目及计算规则。附录B：装饰装修工程项目及计算规则。附录C：安装工程项目及计算规则。附录D：市政工程项目及计算规则。附录E：园林绿化工程项目及计算规则。附录F：矿山工程工程量清单项目及计算规则。附录中包括各分部分项工程的项目编码、项目名称、项目特征、计量单位、工程量计算规则和工作内容。

（一）总则

规范的第一章“总则”，主要是从整体上叙述了有关本项规范编制与实施的几个基本问题。主要内容为编制目的，编制依据，适用范围，基本原则以及执行本规范与执行其他标准之间的关系等基本事项。

1. 施行清单计价规范的目的

在建设工程招标投标活动中实行定额计价方式，虽然在建设工程承发包中起了很大的作用，也取得了明显的成效。但是，这一计价方式的推行过程中，也存在一些突出的问题。例如，预算定额确定的消耗量不能体现企业个别成本，建筑市场缺乏竞争力；预算定额约束了企业自主报价，不能实现合理低价中标，不能实现招标投标双赢的效果；另外，与国际通行做法相距较远。因此，为了解决这些弊端，在认真总结我国工程造价改革经验的基础上，研究和借鉴国外招标投标实行工程量清单计价的做法，制定了符合我国国情的《建设工程工程量清单计价规范》，确立了我国招标投标实行工程量清单计价应遵守的规则。因而，规范建设工程工程量清单计价行为，统一建设工程工程量清单的编制和计价方法，是施行该规范的主要目的。

2. 计价规范的适用范围

《建设工程工程量清单计价规范》主要适用于建设工程招标投标的工程量清单计价活动。工程量清单计价是与现行定额计价方式共存于招标投标计价活动中的另一种计价方式。计价规范所称的建设工程包括建筑工程、装饰装修工程、安装工程、市政工程和园林绿化工程。凡是建设工程招标投标实行工程量清单计价，不论招标主体是政府机构、国有企事业单位、集体企业、私人企业或外商投资企业，不管资金来源是国有资金、外国政府贷款及援助资金、私人资金等，都应遵守该规范。

3. 应遵循的原则

工程量清单计价是市场经济的产物，并随着市场经济的发展而发展。因此，必须遵守市场经济活动的基本原则。这些原则包括客观、公正、公平，按价值规律办事等。

 **知识拓展**

工程量清单计价

工程量清单计价活动是政策性、经济性、技术性很强的一项工作。所以，在工程量清单计价工作中，除了要遵循计价规范的各项要求外，还必须遵守国家的有关法律、法规及规范。它们主要有《中华人民共和国建筑法》《中华人民共和国合同法》《中华人民共和国价格法》《中华人民共和国招标投标法》和《建筑工程工发包与承包计价管理办法》以及涉及工程质量、安全、环境保护的工程建设及强制性标准规范。

所谓客观、公正、公平，是指要求工程量清单计价活动要有完全的透明度，工程量清单的编制要实事求是，不弄虚作假，公平一致地对待所有投标人。投标人要根据本企业的实际情况编制投标报价，报价不能低于工程成本，不能串通报价，不能恶意降低或哄抬报价。招标投标双方应以诚实、守信的态度进行工程竣工结算。

（二）术语

本部分术语是对本规范特有术语给予的定义，尽可能避免本规范贯彻实施过程中由于不同理解造成的争议。如“暂估价”是指招标人在工程量清单中提供的用于支付必然发生但暂时不能确定的材料的单价以及专业工程的金额；又如“招标控制价”是指招标人根据国家或省级、行业建设主管部门颁发的有关计价依据和办法，按设计施工图纸计算的，对招标工程限定的最高工程造价。

（三）工程量清单编制

它规定了工程量清单编制人及其资质、工程量清单的组成内容、编制依据和各组成内容的编制要求，具体内容见表 5-26。

表 5-26　工程量清单编制的组成内容

名称	内容
编制人	工程量清单是对招标投标双方都具有约束力的重要文件，是招标投标活动的重要依据。由于专业性强，内容复杂，所以对编制人的业务技术水平要求高。因此，计价规范规定了工程量清单应由具有编制能力（造价工程师）和工程造价咨询资质并按规定的业务范围承担工程造价咨询业务的中介机构编制
工程量清单组成	工程量清单由分部分项工程量清单、措施项目清单、其他项目清单组成
分部分项工程量清单编制	分部分项工程量清单编制应满足两个方面的要求：一是要满足规范管理的要求；二是要满足工程计价的要求。 分部分项工程量清单根据施工图纸、计价规范由招标人编制
措施项目清单编制	措施项目清单根据拟建工程的时间情况、施工图纸、施工方案，结合承包商的具体情况主要由投标人编制
其他项目清单编制	其他项目清单根据拟建工程的具体情况编制，其中包括由招标人和投标人提出的项目

（四）工程量清单计价

它规定了工程量清单计价从招标控制价的编制、投标报价、合同价款约定、工程计量与价款支付、索赔与现场签证到竣工结算办理及工程造价争议处理等全部环节。

（五）工程量清单计价表格

它包括工程量清单、招标控制价、投标总价、竣工结算总价等各个阶段使用的封面、表样。

第四节　工程量清单计价的费用构成与计算

一、工程量清单计价的费用构成

采用工程量清单计价，建筑工程造价由分部分项工程费、措施项目费、其他项目费、规费和税金组成，如图 5-5 所示。

二、工程量清单计价的费用计算

（一）人、材、机费用计算

1. 人工单价的计算

人工单价的编制方法主要有以下几种。

（1）根据劳务市场行情确定人工单价　目前，根据劳务市场行情确定人工单价已经成为计算工程劳务费的主流。根据劳务市场行情确定人工单价应注意以下几个方面的问题。

① 要尽可能掌握劳动力市场价格中长期历史资料。

② 在确定人工单价时要考虑用工的季节性变化。当大量聘用农民工时，要考虑农忙季

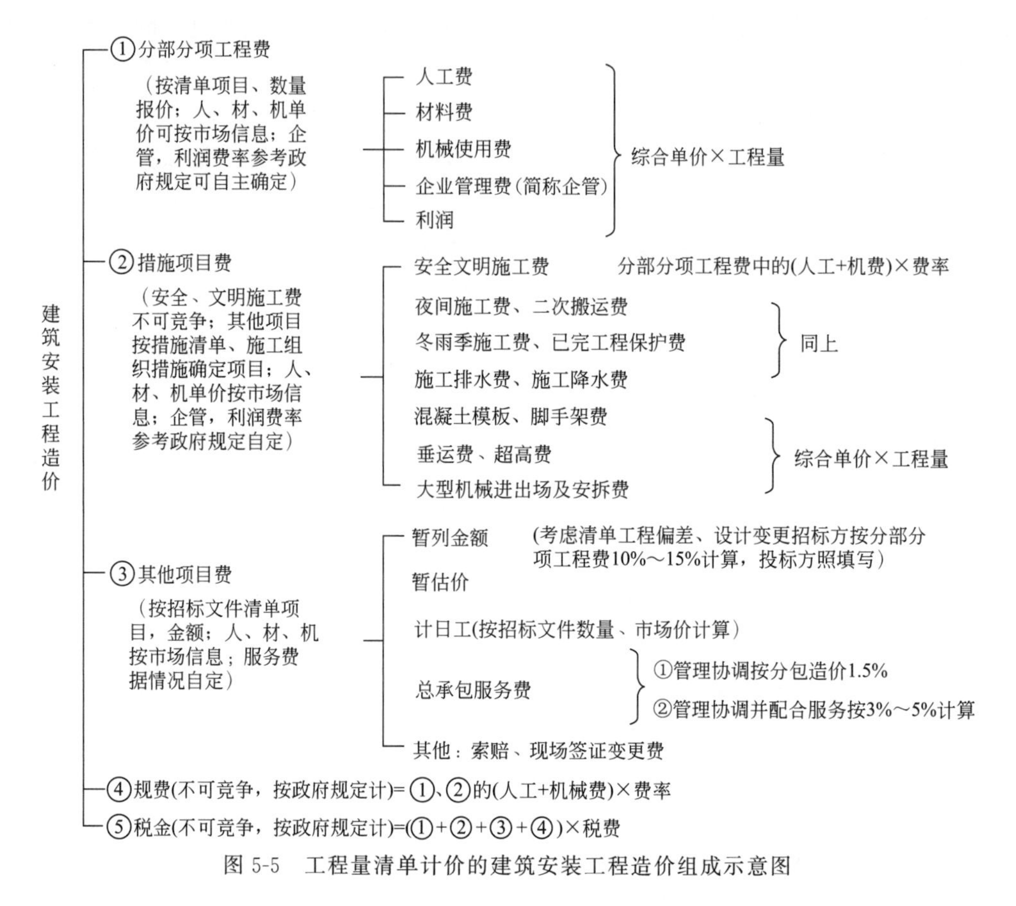

图 5-5　工程量清单计价的建筑安装工程造价组成示意图

节时人工单价的变化。

③ 在确定人工单价时要采用加权平均的方法综合各劳务市场的劳动力单价。

④ 要分析拟建工程的工期对人工单价的影响。如果工期紧，那么人工单价按正常情况确定后要乘以大于 1 的系数。如果工期有拖长的可能，那么也要考虑工期延长带来的风险。

根据劳务市场行情确定人工单价的数学模型描述如下：

$$人工单价 = \sum_{i=1}^{n}(某劳务市场人工单价 \times 权重)_i \times 季节变化系数 \times 工期风险系数$$

(2) 根据以往承包工程的情况确定　如果在本地以往承包过同类工程，可以根据以往承包工程的情况确定人工单价。

例如，以往在某地区承包过三个与拟建工程基本相同的工程，每个工日支付了每名砖工 150～260 元，这时就可以进行具体对比分析，在上述范围内（或超过范围一点）确定投标报价的砖工人工单价。

(3) 根据预算定额规定的工日单价确定　凡是分部分项工程项目含有基价的预算定额，都明确规定了人工单价，可以以此为依据确定拟投标工程的人工单价。

2. 材料单价的计算

由于其采购和供货方式不同，构成材料单价的费用也不相同。一般有以下几种。

(1) 材料供货到工地现场　当材料供应商将材料供货到施工现场或施工现场的仓库时，材料单价由材料原价、采购保管费构成。

(2) 在供货地点采购材料　当需要派人到供货地点采购材料时，材料单价由材料原价、运杂费、采购保管费构成。

(3) 需二次加工的材料　当某些材料采购回来后，还需要进一步加工的，材料单价除了上述费用外，还包括二次加工费。

① 材料原价的确定。材料原价是指付给材料供应商的材料单价。当某种材料有两个或两个以上的材料供应商供货且材料原价不同时，要计算加权平均材料原价。加权平均材料原价的计算公式为：

$$\text{加权平均材料原价}=\frac{\sum_{i=1}^{n}(\text{材料原价}\times\text{材料数量})_i}{\sum_{i=1}^{n}(\text{材料数量})_i}$$

注：1. 式中 i 是指不同的材料供应商。

2. 包装费及手续费均已包含在材料原价中。

② 材料运杂费计算。材料运杂费是指在材料采购后运回工地仓库所发生的各项费用，包括装卸费、运输费和合理的运输损耗费等。材料装卸费按行业市场价支付。

材料运输费按行业运输价格计算，当供货来源地点不同且供货数量不同时，需要计算加权平均运输费，其计算公式为：

$$\text{加权平均运输费}=\frac{\sum_{i=1}^{n}(\text{运输单价}\times\text{材料数量})_i}{\sum_{i=1}^{n}(\text{材料数量})_i}$$

材料运输损耗费是指在运输和装卸材料过程中，不可避免产生的损耗所发生的费用，一般按下列公式计算：

材料运输损耗费＝(材料原价＋装卸费＋运输费)×运输损耗率

③ 材料采购保管费计算。材料采购保管费是指施工企业在组织采购材料和保管材料过程中发生的各项费用，包括采购人员的工资、差旅交通费、通信费、业务费，仓库保管费等各项费用。

采购保管费一般按前面计算的与材料有关的各项费用之和乘以一定的费率计算，通常取1%～3%之间。计算公式为：

材料采购保管费＝(材料原价＋运杂费)×采购保管费率

④ 材料单价确定。通过上述分析，可以知道，材料单价的计算公式为：

材料单价＝加权平均材料原价＋加权平均材料运杂费＋采购保管费

或　　材料单价＝(加权平均材料原价＋加权平均材料运杂费)×(1＋采购保管费率)

3. 机械台班单价的计算

按有关规定，机械台班单价由七项费用构成。这些费用按其性质划分为第一类费用和第二类费用。

(1) 第一类费用　第一类费用亦称不变费用，是指属于分摊性质的费用，包括折旧费、大修理费、经常修理费、安拆及场外运输费等。

第一类费用计算如下。

从简化计算的角度出发，提出以下计算方法。

① 折旧费：

台班折旧费＝机械预算价格×(1－残值率)×贷款利息系数/耐用总台班数

② 大修理费。大修理费是指机械设备按规定到了大修理间隔台班所需进行大修理，以

恢复正常使用功能所需支出的费用。计算公式为：

$$台班大修理费=\frac{一次大修理费\times(大修理周期-1)}{耐用总台班}$$

耐用总台班计算方法为：

$$耐用总台班=预计使用年限\times年工作台班$$

机械设备的预计使用年限和年工作台班可参照有关部门指导性意见，也可根据实际情况自主确定。

③ 经常修理费。经常修理费是指机械设备除大修理外的各级保养及临时故障所需支出的费用。它包括为保障机械正常运转所需替换设备，随机配置的工具、附具的摊销及维护费用，机械正常运转及日常保养所需润滑、擦拭材料费用和机械停置期间的维护保养费用等。

台班经常修理费可以用下列简化公式计算：

$$台班经常修理费=台班大修理费\times经常修理费系数$$

④ 安拆费及场外运输费。安拆费是指机械在施工现场进行安装、拆卸所需人工、材料、机械费和试运转费，以及机械辅助设施（如行走轨道、枕木等）的折旧、搭设、拆除费用。

场外运输费是指机械整体或分体自停置地点运至施工现场或由一工地运至另一工地的运输、装卸、辅助材料以及架设费用。该项费用在实际工作中可以采用两种方法。一是当发生时在工程报价中已经计算了这些费用，那么，编制机械台班单价就不再计算。第二种法是，根据往年发生的费用的年平均数，除以年工作台班计算。计算公式为：

$$台班安拆及场外运输费=\frac{历年统计安拆费及场外运输费的年平均数}{年工作台班}$$

（2）第二类费用　第二类费用亦称可变费用，是指属于支出性质的费用，包括燃料动力费、人工费、养路费及车船使用税等。

第二类费用计算如下。

① 燃料动力费。燃料动力费是指机械设备在运转作业中所耗用的各种燃料、电力、风力、水等的费用。计算公式为：

$$台班燃料动力费=每台班耗用的燃料或动力数量\times燃料或动力单价$$

② 人工费。人工费是指机上司机、司炉和其他操作人员的工日工资。计算公式为：

$$台班人工费=机上操作人员人工工日数\times人工单价$$

③ 养路费及车船使用税。它是指按国家规定应缴纳的机动车养路费、车船使用税、保险费及年检费。计算公式为：

$$\begin{array}{l}台班养路费及\\车船使用税\end{array}=\frac{核定吨位\times\{养路费[元/(t\cdot月)]\times12+车船使用税[元/(t\cdot车)]\}}{年工作台班}+\begin{array}{l}保险费及\\年检费\end{array}$$

其中

$$保险费及年检费=\frac{年保险费及年检费}{年工作台班}$$

（二）综合单价的计算

综合单价是相对各分项单价而言，是在分部分项清单工程量以及相对应的计价工程量项目乘以人工单价、材料单价、机械台班单价、管理费费率、利润率的基础上综合而成的。形成综合单价的过程不是简单地将其汇总的过程，而是根据具体分部分项清单工程量和计价工程量以及工料机单价等要素的结合，通过具体计算后综合而成的。

综合单价的计算过程是，先用计价工程量乘以定额消耗量得出工料机消耗量，再乘以对应的工料机单价得出主项和附项直接费，然后再计算出计价工程量清单项目费小计，最后再用该小计除以清单工程量得出综合单价。其示意图见图 5-6。

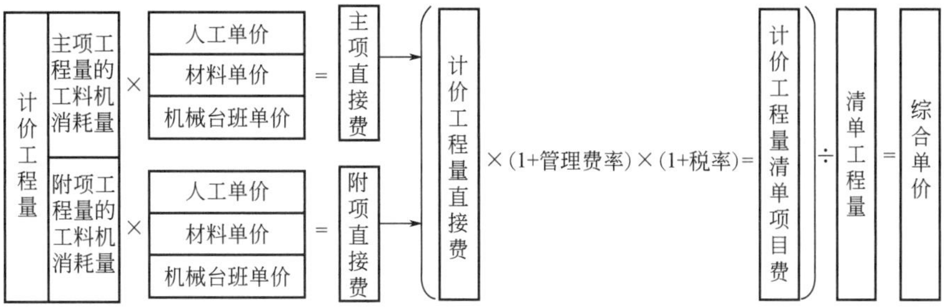

计价工程量：主项工程量的工料机消耗量 ×（人工单价、材料单价、机械台班单价）= 主项直接费；附项工程量的工料机消耗量 ×（人工单价、材料单价、机械台班单价）= 附项直接费

（主项直接费 + 附项直接费）→ 计价工程量直接费 ×(1+管理费率)×(1+税率)= 计价工程量清单项目费 ÷ 清单工程量 = 综合单价

图 5-6　综合单价计算方法

（三）措施项目费、其他项目费、规费、税金的计算

（1）措施项目费　措施项目费的计算方法一般有以下几种。

① 定额分析法。凡是可以套用定额的项目，通过先计算工程量，然后再套用定额分析出工料机消耗量，最后根据各项单价和费率计算出措施项目费。例如，对于脚手架搭拆费可以根据施工图算出的搭设的工程量，套用定额、选定单价和费率，计算出除规费和税金之外的全部费用。

② 系数计算法。采用与措施项目有直接关系的分部分项清单项目费为计算基础，乘以措施项目费系数，求得措施项目费。例如，临时设施费可以按分部分项清单项目费乘以选定的系数（或百分率）计算出该项费用。计算措施项目费的各项系数是根据已完工程的统计资料，通过分析计算得到的。

③ 方案分析法。通过编制具体的措施实施方案，对方案所涉及的各项费用进行分析计算后，汇总成某个措施项目费。

（2）其他项目费　其他项目费由招标人部分、投标人部分两部分内容组成。

① 招标人部分。

a. 预留金。预留金主要指考虑可能发生的工程量变化和费用增加而预留的金额。引起工程量变化和费用增加的原因很多，一般主要有以下几个方面。

Ⅰ. 单编制人员错算、多算引起的工程量增加。

Ⅱ. 设计深度不够、设计质量较低造成的设计变更引起的工程量增加。

Ⅲ. 施工过程中应业主要求，经设计或监理工程师同意的工程变更增加的工程量。

Ⅳ. 其他原因引起应由业主承担的增加费用，如风险费用和索赔费用。

预留金由清单编制人根据业主意图和拟建工程实际情况计算确定。设计质量较高，已成熟的工程设计，一般预留工程造价的3%～5%作为预留金，在初步设计阶段，工程设计不成熟，一般要预留工程造价的10%～15%预留金。

预留金作为工程造价的组成部分计入工程造价。但预留金应根据发生的情况，必须通过监理工程师批准方能使用。未使用部分归业主所有。

b. 材料购置费。材料购置费是指业主出于特殊目的或要求，对工程消耗的某几类材料，在招标文件中规定，由招标人组织采购发生的材料费。

c. 其他。它指招标人可增加的新项目。例如，指定分包工程费，即由于某些项目或单位工程专业性较强，必须由专业队伍施工，就需要增加该项费用。其费用数额应通过向专业施工承包商询价（或招标）确定。

② 投标人部分：工程量清单计价规范中列举了总承包服务费、零星工作项目费两项内容。如果招标文件对承包商的工作内容还有其他要求，也应列出项目。例如，机械设备的场外运输，为业主代培技术工人等。

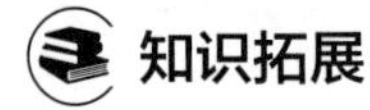

知识拓展

投标人部分

投标人部分的清单内容设置，除总承包服务费只需简单列项外，其他项目应该量化描述。例如，设备场外运输时，需要标明台数、每台的规格及重量、运距等。又如，零星工作项目要标明各类人工、材料、机械的消耗量。

（3）规费　规费一般包括表 5-27 中的内容。

表 5-27　规费的组成内容

名称	内容
工程排污费	工程排污费是指按规定缴纳的施工现场的排污费
定额测定费	定额测定费是指按规定支付给工程造价(定额)管理部门的定额测定费用
养老保险费	养老保险费是指企业按规定标准为职工缴纳的养老保险费(指社会统筹部分)
失业保险费	失业保险费是指企业按照国家规定标准为职工缴纳的失业保险金
医疗保险费	医疗保险费是指企业按规定标准为职工缴纳的基本医疗保险费
住房公积金	住房公积金是指企业按规定标准为职工缴纳的住房公积金
危险作业意外伤害保险	它指按照《中华人民共和国建筑法》规定，企业为从事危险作业的建筑安装施工人员支付的意外伤害保险费

（4）税金　税金是指国家税法规定的应计入建筑安装工程造价内的增值税、城市维护建设税及教育费附加。其计算公式为：

$$税金=(分部分项清单项目费+措施项目费+其他项目费+规费+税金)\times 税率$$

此公式可替换为：

$$税金=(分部分项清单项目费+措施项目费+其他项目费+规费)\times \frac{税率}{1-税率}$$

第六章

建筑工程招投标

第一节 建筑工程项目招标概述

一、招投标的概念

招投标是一种通过竞争，由发包单位从中优选承包单位的方式。而发包单位招揽承包单位去参与承包竞争的活动，叫招标。愿意承包该工程的施工单位根据招标要求去参与承包竞争的活动叫投标。工程的发包方就是招标单位（即业主），承包方就是投标单位。

建设工程招投标包括建设工程勘察设计招投标、建设工程监理招投标、建设工程施工招投标和建设工程物资采购招投标。根据《中华人民共和国招标投标法》规定，法定强制招标项目的范围有两类：

① 法律明确规定必须进行招标的项目；

② 依照其他法律或者国务院的规定必须进行招标的项目。

二、工程招标投标程序

建设工程招标投标程序，是指建设工程招标投标活动按照一定的时间、空间顺序运作的次序、步骤、方式。它始于发布招标公告或发出投标邀请书，终于发出中标通知书，其间大致经历了招标、投标、评标、定标等几个主要阶段。

 **知识拓展**

招标投标程序

以招标人和其代理人为主进行的有关招标的活动程序，可称为招标程序；以投标人和其代理人为主进行的有关投标的活动程序，则可称为投标程序。两者的有机结合，构成了完整的招标投标程序（简称招投标程序）。

从招标人和投标人两个不同的角度来考察，可以更清晰地把握建设工程招标投标的全过程：

建设工程招投标程序一般分为以下 3 个阶段。

① 招标准备阶段，即从办理招标申请开始，到发出招标广告或邀请招标函为止的时间段；

② 招标阶段，也是投标人的投标阶段，指从发布招标广告之日起到投标截止之日的时间段；

③ 决标成交阶段，指从开标之日起，到与中标人签订承包合同为止的时间段。

建筑工程招投标程序可以参见图 6-1。

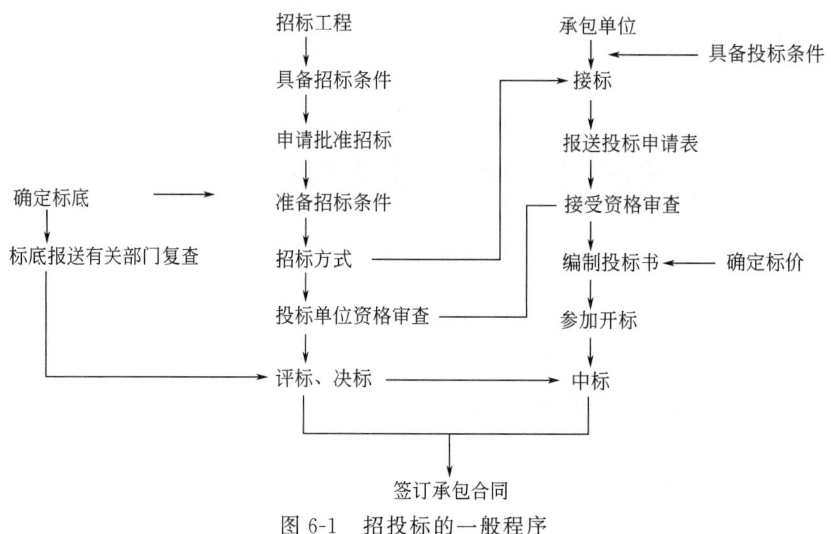

图 6-1　招投标的一般程序

三、招标投标的基本原则

我国招标投标法规定招标投标活动必须遵循公开、公平、公正和诚实信用的原则。

1. 公开

招标投标活动中所遵循的公开原则要求招标活动信息公开、开标活动公开、评标标准公开、定标结果公开，具体内容见表 6-1。

表 6-1　公开原则的内容

名称	内容
招标活动信息公开	招标人进行招标之始，就要将工程建设项目招标的有关信息在招标管理机构指定的媒介上发布，以同等的信息量明示给潜在的投标人
开标活动公开	开标活动公开包括开标活动过程公开和开标程序公开两方面
评标标准公开	评标标准应该在招标文件中载明，以便投标人做相应的准备，以证明自己是最合适的中标人
定标结果公开	招标人根据评标结果，经综合平衡，确定中标人后，应当向中标人发出中标通知书，同时将定标结果通知未中标的投标人

2. 公平

招标人要给所有的投标人以平等的竞争机会，这包括给所有投标人同等的信息量、同等的投标资格要求，以及不设倾向性的评标条件。

3. 公正

招标人在执行开标程序、评标委员会在执行评标标准时都要严格照章办事，尺度相同，不能厚此薄彼，尤其是在处理迟到标，判定废标、无效标以及质疑过程中更要体现公正。

4. 诚实信用

诚实信用是民事活动的基本原则，招标投标的双方都要诚实守信，不得有欺骗、背信的行为。

四、招标投标的基本方式

对一些较大型的工程来说，国际上采用的招标方式有四种，即：①无限竞争性公开招标；②有限竞争选择招标（或叫邀请招标）；③两阶段招标；④谈判招标。

我国《建设工程招标投标暂行规定》（以下简称《暂行规定》）对招标的方式只规定了两种，即公开招标和邀请招标。在实际招投标过程中，还有两阶段招标以及谈判招标这两种较为常见的方式。

1. 公开招标

由招标单位通过报纸或专业性刊物发布招标广告，公开招请承包商参加投标竞争，凡对之感兴趣的承包商都有均等的机会购买招标资料进行投标。

2. 有限招标

即由招标单位向经预先选择的、数目有限的承包商发出邀请，邀请他们参加某项工程的投标竞争。采用这种方式招标的优点是：邀请的承包商大都有经验，信誉可靠。缺点是：可能漏掉一些在技术上、报价上有竞争能力的后起之秀。

3. 两阶段招标

上述两种方式的结合。先公开招标，再从中选择报价低、信誉度较高的三四家进行第二阶段的报价，然后再由招标单位确定中标者。

4. 谈判招标

由业主（建设单位）指定有资格的承包者，提出估价，经业主审查，谈判认可，即签订承发包合同。如经谈判达不成协议，业主则另找一家企业进行谈判，直到达成协议，签订承发包合同。

第二节 工程造价在招投标中的重要地位

一、工程造价在招投标中的作用

在招投标工作中，工程造价是人为的“入场券”，也是核心。工程建设单位通过工程招标的形式，择优选定承包的施工单位，以投标单位可以接受的价格、质量、工期获得施工任务的承包。可以这样说，招标投标活动就是合理控制工程造价，确定最佳中标价的活动。

工程造价在招投标活动中，一般是在管理部门的指导和监督下，工程建设投资的责任者通过工程招投标的形式，择优选定承包工程造价和承包施工单位，施工单位则在计价依据的原则范围内，通过投标的方式，在同行之间展开竞争，以招标单位可以接受的价格、质量、工期，获得施工任务的承包。

（一）招投标工程中的工程造价形式

目前，招投标工程的工程造价基本上有两种形式：

① 中标合同价包死，即在投标报价中考虑一定的风险系数，在中标后签订合同，一次性包死；

② 中标价加上设计变更、政策性调整作为结算价。

（二）招投标工程报价的确定方法

一般来说，招标工程报价的确定方法主要有两种：

① 估价法，这种方法常用，即依据设计图纸套用现行的定额及文件而计算出的造价；

② 实物法，即依据图纸和定额计算出一个单位工程所需要的全部人工、材料、机械台班使用量乘以当地当时的市场价格。这种方法就是通常说的“量”“价”分离。这种方法确定的工程造价基本贴近市场，趋于合理。

工程造价合理与否，直接影响到建设单位与施工单位的切身利益，因此，真实、合理、科学地反映工程造价是招投标工作十分重要的环节。

二、招投标阶段的工程造价控制

（一）工程招投标阶段工程造价控制的意义

招投标阶段的工程造价控制，对于施工单位展开工程项目施工具有非常重要的意义。

1. 投标人资格审查是有效控制造价的前提

按照招标文件要求审查投标人资格是招标过程的一项重要工作，审查的目的是选择信誉好、管理水平高、技术力量雄厚、执行合同隐患少的投标人，以保证工程按期、保质地完成。

2. 投标人施工组织设计的评审是有效控制造价的基础

对投标人施工组织设计的评审包括施工方法、工艺流程、施工进度和布置、质量标准以及质量安全保证体系等，它体现了投标人的管理水平，是保证工期、质量、安全和环保的重要措施，是投标人编制投标报价的依据，同时也是有效控制工程造价的基础。

3. 投标报价评审是有效控制造价的关键

投标人结合施工组织设计的编制以及自身实际情况，同时分析投标竞争对手再编制投标报价。各投标人的投标报价由于各种原因，如采取不正当方式进行报价，给招标人带来一定的风险隐患，因此在招投标评审过程中，应结合投标人施工组织设计进行评审，避免不合理投资。合理进行投标报价的评审和调整是有效控制工程造价的关键。

（二）影响招标报价的因素

1. 施工图纸质量差

施工图纸作为拟建工程技术条件和工程量清单的编制依据，是工程技术质量和工程量清单准确率的保证。如果一味地追求总体进度，压缩设计阶段时间，从而造成施工图设计深度不到位、错漏缺太多、建筑与结构及水电安装等不对应，导致项目实施阶段修改频繁，给整体工程造价控制带来很多隐患。

知识拓展

施工图纸

图纸的细致程度决定了工程变更多少及造价变化幅度大小。要杜绝招标后施工图纸的变更带来工程造价的变更纠纷。

2. 工程量清单编制质量差

工程量清单是招标文件的重要部分，但由于编制人员水平高低不一，部分工程设计图纸的缺陷以及编制时间仓促等原因，存在着项目设置不规范、工程量清单特征和工程内容描述不清、项目漏项与缺项多、暂定项目过多、计量单位不符合要求、工程量计算误差大、项目编码不正确等问题，这些都将直接影响投标人的报价，导致在招投标完成后项目实施阶段与结算阶段工程造价的失控。

3. 招标过程过于简单化

部分建设单位为了节约成本，缩短招标时间，不编制工程量清单，直接采用以定额为依据、施工图为基础、标底为中心的计价模式和招标方式，其中最大的弊端是造成同一份施工图纸的工程报价相差较远，没有客观的评判标准，不便于评标、定标，进而在施工阶段更无法控制工程造价。

4. 合同签订不严谨导致变更签证多

施工合同是招标文件的重要组成内容，也是工程量清单招标模式下造价控制的十分重要的一个环节。工程合同在制订过程应杜绝内容不详细、专用条款约定措辞不严谨、表达不清楚、操作不具体、专业知识缺乏、法律风险意识不强等问题，这些都严重影响工程实施与结算过程中管理与造价的控制。在合同的制订中，还要特别注意对工程量调整、价格调整、履约保证、工程变更、工程结算、合同争议解决方式等做出详尽的具体规定。工程索赔发生如何处理等均应在专用条款中详细明确。

对于控制工程造价来讲，建设项目的招投标阶段是非常重要的一个阶段。既要选择一个理想的施工单位，又要将承、发包双方的权利、责任、义务界定清楚，明确各类问题的解决处理办法，避免在施工过程中或结算时发生较大争议。所以，工程预算人员必须提高造价管理水平，为决策者提供可靠的依据。

建设单位必须优化投资方案，选择出技术能力强、信誉可靠的承包单位进行施工，对工程造价进行动态控制，以提高投资效益；施工单位必须优化施工方案，改进生产工艺，降低施工成本，创精品工程。只有以上相关各方采取综合措施，才能真正达到在招投标阶段降低工程成本，控制工程造价的目的。

第三节　建筑工程投标策略

一、工程量清单报价前期准备

投标报价之前，必须准备与报价有关的所有资料，这些资料的质量高低直接影响到投标报价成败。

投标前需要准备的资料主要有：招标文件，设计文件，施工规范，有关的法律、法规，企业内部定额及有参考价值的政府消耗量定额，企业人工、材料、机械价格系统资料，可以询价的网站及其他信息来源，与报价有关的财务报表及企业积累的数据资源，拟建工程所在地的地质资料及周围的环境情况，投标对手的情况及对手常用的投标策略，招标人的情况及资金情况等。所有这些都是确定投标策略的依据，只有全面地掌握第一手资料，才能快速准确地确定投标策略。

投标人在报价之前需要准备的资料可分为两类：

① 一类是公用的，任何工程都必须用，投标人可以在平时日常积累，如规范、法律、法规、企业内部定额及价格系统等；

② 另一类是特有资料，只能针对投标工程，这些必须是在得到招标文件后才能收集整理，如设计文件、地质、环境、竞争对手的资料等。

确定投标策略的资料主要是特有资料，因此投标人对这部分资料要格外重视。投标人要在投标时显示出核心竞争力就必须有一定的策略，有不同于投标竞争对手的优势。主要从以下几方面考虑。

（一）掌握全面的设计文件

招标人提供给投标人的工程量清单是按设计图纸及规范规则进行编制的，可能未进行图纸会审，在施工过程中不免会出现这样那样的问题，因而产生设计变更。所以投标人在投标之前就要对施工图纸结合工程实际进行分析，了解清单项目在施工过程中发生变化的可能性，对于不变的报价要适中，对于有可能增加工程量的报价要偏高，有可能降低工程量的报价要偏低等，只有这样才能降低风险，获得最大的利润。

（二）实地勘察施工现场

投标人应该在编制施工方案之前对施工现场进行勘察，对现场和周围环境，及与此工程有关的可用资料进行了解和勘察。实地勘察施工现场主要从以下几方面进行：

① 现场的形状和性质，其中包括地表以下的条件。

② 水文和气候条件。

③ 为工程施工和竣工，以及修补其任何缺陷所需的工作和材料的范围和性质。

④ 进入现场的手段，以及投标人需要的住宿条件等。

（三）调查与拟建工程有关的环境

投标人不仅要勘察施工现场，在报价前还要详尽了解项目所在地的环境，包括政治形势、经济形势、法律法规和风俗习惯、自然条件、生产和生活条件等，各部分的内容见表 6-2。

表 6-2 调查有关环境的内容

名称	内容
对政治形势的调查	应着重了解工程所在地和投资方所在地的政治稳定性
对经济形势的调查	应着重了解工程所在地和投资方所在地的经济发展情况，工程所在地金融方面的换汇限制、官方和市场汇率、主要银行及其存款和信贷利率、管理制度等
对自然条件的调查	应着重了解工程所在地的水文地质情况、交通运输条件，是否多发自然灾害、气候状况如何等
对法律法规和风俗习惯的调查	应着重了解工程所在地政府对施工的安全、环保、时间限制等各项管理规定，宗教信仰和节假日等
对生产和生活条件的调查	应着重了解施工现场周围情况，如道路、供电、给排水、通信是否便利，工程所在地的劳务和材料资源是否丰富，生活物资的供应是否充足等

（四）调查招标人与竞争对手

1. 调查招标人

对招标人的调查应着重从以下几个方面进行：

① 调查资金来源是否可靠，避免承担过多的资金风险；

② 调查项目开工手续是否齐全，提防有些发包人以招标为名，让投标人免费为其估价；

③ 调查是否有明显的授标倾向，招标是否仅仅是出于政府的压力而不得不采取的形式。

2. 调查竞争对手

对竞争对手的调查应着重从以下几方面进行：

① 了解参加投标的竞争对手有几个，其中有威胁性的都是哪些，特别是工程所在地的承包人，可能会有评标优惠；

② 根据上述分析，筛选出主要竞争对手，分析其以往同类工程投标方法、惯用的投标策略、开标会上提出的问题等。

投标人必须知己知彼才能制定切实可行的投标策略，提高中标的可能性。

二、工程量清单报价常用策略

（一）不平衡报价策略

工程量清单报价策略，就是保证在标价具有竞争力的条件下，获取尽可能大的经济效益。

知识拓展

工程量清单报价

常用的一种工程量清单报价策略是不平衡报价，即在总报价固定不变的前提下，提高某些分部分项工程的单价，同时降低另外一些分部分项工程的单价。

采用不平衡报价策略无外乎是为了两个方面的目的：一是尽早地获得工程款，另外一个则是尽可能多地获得工程款。通常的做法有以下几个方面。

① 适当提高早期施工的分部分项工程单价，如土方工程、基础工程的单价，降低后期施工分部分项工程的单价。

② 对图纸不明确或者有错误，估计今后工程量会有增加的项目，单价可以适当报高一些；对应地，对工程内容说明不清楚，估计今后工程量会取消或者减少的项目，单价可以报得低一些，而且有利于将来索赔。

③ 对于只填单价而无工程量的项目，单价可以适当提高，因为它不影响投标总价，项目一旦实施，利润则是非常可观的。

④ 对暂定工程，估计今后会发生的工程项目，单价可以适当提高；相对应地，估计暂定项目今后发生的可能性比较小，单价应该适当下调。

⑤ 对常见的分部分项工程项目，如钢筋混凝土、砖墙、粉刷等项目，单价可以报得低一些；对不常见的分部分项工程项目，如刺网围墙等项目，单价可以适当提高一些。

⑥ 如招标文件要求某些分部分项工程报“单价分析表”，可以将单价分析表中的人工费及机械设备费报得高一些，而将材料费报得低一些。

⑦ 对于工程量较小的分部分项工程，可以将单价报低一些，让招标人感觉清单上的单价大幅下降，体现让利的诚意，而这部分费用对于总的报价影响并不大。

不平衡报价可以参考表 6-3 进行。

表 6-3 不平衡报价策略表

信息类型	变动趋势	不平衡结果
资金收入的时间	早	单价高
	晚	单价低
清单工程量不准确	需要增加	单价高
	需要减少	单价低
报价图纸不明确	可能增加工程量	单价高
	可能减少工程量	单价低
暂定工程	自己承包的可能性高	单价高
	自己承包的可能性低	单价低
单价和包干混合制项目	固定包干价格项目	单价高
	单价项目	单价低
单价组成分析表	人工费和机械费	单价高
	材料费	单价低
议标时招标人要求压低单价	工程量大的项目	单价小幅度降低
	工程量小的项目	单价较大幅度降低

续表

信息类型	变动趋势	不平衡结果
工程量不明确报单价的项目	没有工程量	单价高
	有假定的工程量	单价适中

（二）多方案报价法

对于一些招标文件，如果发现工程范围不很明确，条款不清楚或很不公正，或技术规范要求过于苛刻，则要在充分估计投标风险的基础上，按多方案报价法处理。即按原招标文件报一个价，然后再提出某某条款作某些变动，报价可降低多少等，由此可报出一个较低的价。这样可以降低总价，吸引招标人。

（三）计日工单价的报价

如果是单纯报计日工单价，而且不计入总价中，可以报高些，以便在招标人额外用工或使用施工机械时可多盈利；但如果计日工单价要计入总报价，则需具体分析是否报高价，以免抬高总报价。总之，要分析招标人在开工后可能使用的计日工数量，再来确定报价方针。

（四）低价格投标策略

先低价投标，而后赢得机会创造第二期工程中的竞争优势，并在以后的实施中盈利；某些施工企业，其投标的目的不在于从当前的工程上获利，而是着眼于长远的发展；较长时期内，投标人没有在建的工程项目，如果再不得标，就难以维持生存。因此，虽然本工程无利可图，只要能有一定的管理费维持公司的日常运转，就可设法渡过暂时的难关，再图发展。

第七章

建筑工程预算编制与实例

第一节　土建工程预算实例解读

一、实例 1

某工程基础平面图如图 7-1 所示，现浇钢筋混凝土带形基础、独立基础的尺寸如图 7-2 所示。混凝土垫层强度等级为 C15，混凝土基础强度等级为 C20，按外购商品混凝土考虑。混凝土垫层支模板浇筑，工作面宽度 300mm，槽坑底面用电动夯实机夯实，费用计入混凝土垫层和基础中。

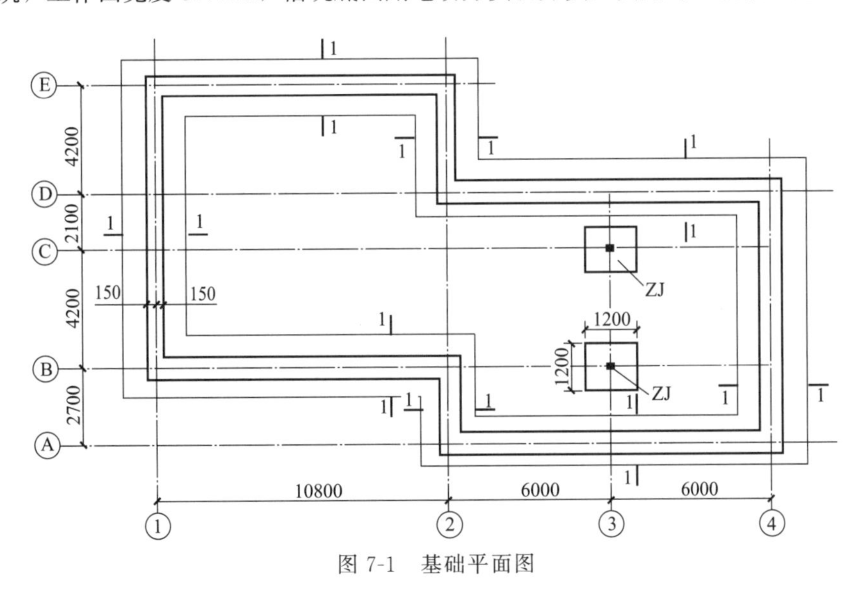

图 7-1　基础平面图

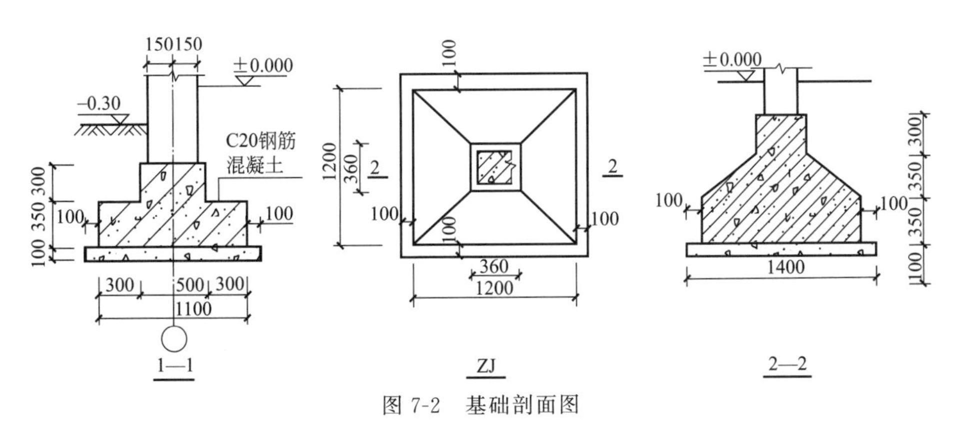

图 7-2　基础剖面图

直接工程费单价表，见表 7-1。

表 7-1 直接工程费单价表

序号	项目名称	计量单位	费用组成/元			
			人工费	材料费	机械使用费	单价
1	带形基础组合钢模板	m^2	8.85	21.53	1.60	31.98
2	独立基础组合钢模板	m^2	8.32	19.01	1.39	28.72
3	垫层木模板	m^2	3.58	21.64	0.46	25.68

基础定额表，见表 7-2。

表 7-2 基础定额表

项目			基础槽底夯实	现浇混凝土基础垫层	现浇混凝土带形基础
名称	单位	单价/元	$100m^2$	$10m^3$	$10m^3$
综合人工	工日	52.36	1.42	7.33	9.56
混凝土 C15	m^3	252.40		10.15	
混凝土 C20	m^3	266.05			10.15
草袋	m^2	2.25		1.36	2.52
水	m^3	2.92		8.67	9.19
电动打夯机	台班	31.54	0.56		
混凝土振捣器	台班	23.51		0.61	0.77
翻斗车	台班	154.80		0.62	0.78

依据《建设工程工程量清单计价规范》(GB 50500—2013) 计算原则，以人工费、材料费和机械使用费之和为基数，取管理费率 5%、利润率 4%；以分部分项工程量清单计价合计和模板及支架清单项目费之和为基数，取临时设施费费率 1.5%、环境保护费费率 0.8%、安全和文明施工费费率 1.8%。

依据《建设工程工程量清单计价规范》(GB 50500—2013) 的规定（有特殊注明除外）完成下列计算：

① 计算现浇钢筋混凝土带形基础、独立基础、基础垫层的工程量，将计算过程及结果填入“分部分项工程量计算表”，棱台体体积公式为：

$$V=\frac{1}{3}\times h\times(a^2+b^2+a\times b)$$

式中，V 为体积；h 为棱台体高度；a 为底面棱长；b 为顶面棱长。

② 编制现浇混凝土带形基础、独立基础的分部分项工程量清单，说明项目特征，带形基础的项目编码为 010401001，独立基础的项目编码为 010401002，填入“分部分项工程量清单”。

③ 依据提供的基础定额数据，计算混凝土带形基础的分部分项工程量清单综合单价，填入“分部分项工程量清单综合单价分析表”，并列出计算过程。

④ 计算带形基础、独立基础（坡面不计算模板工程量）和基础垫层的模板工程量，将计算过程及结果填入“模板工程量计算表”。

⑤ 现浇混凝土基础工程的分部分项工程量清单计价合价为 57686.00 元，计算措施项目

清单费用，填入“措施项目清单计价表”中，并列出计算过程。

【解】

① 分部分项工程量计算表，见表 7-3。

表 7-3　分部分项工程量计算表

序号	分项工程名称	计量单位	工程数量	计算过程
1	带形基础	m^3	38.52	22.80×2+10.5+6.9+9=72 (1.10×0.35+0.5×0.3)×72=38.52
2	独立基础	m^3	1.55	$\left[1.20\times1.20\times0.35+\frac{1}{3}\times0.35\times(1.20^2+0.36^2+1.20\times0.36)+0.36\times0.36\times0.30\right]\times2$ $=(0.504+0.234+0.039)\times2\approx1.55$
3	带形基础垫层	m^3	9.36	1.3×0.1×72=9.36
4	独立基础垫层	m^3	0.39	1.4×1.4×0.1×2=0.39

② 分部分项工程量清单，见表 7-4。

表 7-4　分部分项工程量清单

序号	项目编码	项目名称及特征	计量单位	工程数量
1	010401001001	混凝土带形基础： 1.垫层材料种类、厚度:C15 混凝土,100 厚 2.混凝土强度等级:C20 混凝土 3.混凝土拌和料要求;外购商品混凝土	m^3	38.52
2	010401002001	混凝土独立基础： 1.垫层材料种类、厚度:C15 混凝土,100 厚 2.混凝土强度等级:C20 混凝土 3.混凝土拌和料要求:外购商品混凝土	m^3	1.55

③ 分部分项工程量清单综合单价分析表，见表 7-5。

表 7-5　分部分项工程量清单综合单价分析表

序号	项目编码	项目名称	工程内容	综合单价组成/元					综合单价
				人工费	材料费	机械使用费	管理费	利润	
1	010401001001	带形基础	1.槽底夯实 2.垫层混凝土浇筑 3.基础混凝土浇筑	62.02	336.23	17.19	20.77	16.62	452.83

a.槽底夯实：

槽底面积=(1.30+0.3×2)×72=136.8(m^2)

人工费=0.0142×52.36×136.8≈101.72(元)

机械费=0.0056×31.54×136.8≈24.16(元)

b.垫层混凝土：

工程量=1.30×0.1×72=9.36(m^3)

人工费=0.733×52.36×9.36≈359.24(元)

材料费=(1.015×252.40+0.867×2.92+0.136×2.25)×9.36≈2424.46(元)

机械费=(0.061×23.51+0.062×154.80)×9.36≈103.26(元)

c.基础混凝土：

工程量=38.52m^3

人工费=0.956×52.36×38.52≈1928.16(元)

材料费=(1.015×266.05+0.919×2.92+0.252×2.25)×38.52≈10527.18(元)

机械费=(0.077×23.51+0.078×154.80)×38.52≈534.84(元)

d.综合单价组成：

人工费=(101.71+359.24+1928.16)/38.52≈62.02(元)

材料费=(2424.46+10527.18)/38.52≈336.23(元)

机械费=(24.16+103.26+534.84)/38.52≈17.19(元)

直接费=62.02+336.23+17.19=415.44(元)

管理费=415.44×5%≈20.77(元)

利润=415.44×4%≈16.62(元)

综合单价:415.44+20.77+16.62=452.83(元/m^3)

④ 填写模板工程量计算表，见表7-6。

表7-6 模板工程量计算表

序号	模板名称	计量单位	工程数量	计算过程
1	带形基础组合钢模板	m^2	93.6	(0.35+0.30)×2×72=93.6
2	独立基础组合钢模板	m^2	4.22	(0.35×1.20+0.30×0.36)×4×2≈4.22
3	垫层木模板	m^3	15.52	带形基础垫层:0.1×2×72=14.4 独立基础:1.4×0.1×4×2=1.12 合计:14.4+1.12=15.52

⑤ 措施项目清单费用，措施项目清单计价表。

a.计算措施项目清单费用：

模板及支架：(93.6×31.98+4.22×28.72+15.52×25.68)×(1+5%+4%)≈3829.26(元)

临时设施：(57686+3829.26)×1.5%≈922.73(元)

环境保护：(57686+3829.26)×0.8%≈492.12(元)

安全和文明施工：(57686+3829.26)×1.8%≈1107.27(元)

合计：3829.26+922.73+492.12+1107.27=6351.38(元)

b.填写措施项目清单计价表见表7-7。

表7-7 措施项目清单计价表

序号	项目名称	金额/元
1	模板及支架	3829.26
2	临时设施	922.73
3	环境保护	492.12
4	安全和文明施工	1107.27
	合计	6351.38

二、实例 2

某工程采用工程量清单招标，按工程所在地的计价依据规定，措施费和规费均以分部分项工程费中人工费（已包含管理费和利润）为计算基础，经计算该工程分部分项工程费总计为 6300000 元，其中人工费为 1260000 元，其他有关工程造价方面的背景材料如下：

条形砖基础工程量 160m^3，基础深 3m，采用 M5 水泥砂浆砌筑；多孔砖的规格 240mm×115mm×90mm，实心砖内墙工程量 1200m^3，采用 M5 混合砂浆砌筑；蒸压灰砂砖规格 240mm×115mm×53mm，墙厚 240mm。现浇钢筋混凝土矩形梁模板及支架工程量 420m^2，支模高度 2.6m；现浇钢筋混凝土有梁板模板及支架工程量 800m^2，梁截面 250mm×400mm，梁底支模高度 2.6m，板底支模高度 3m。安全文明施工费费率 25%，夜间施工费费率 2%，二次搬运费费率 1.5%，冬雨期施工费费率 1%。

按合理的施工组织设计该工程需大型机械进出场及安拆费 26000 元，施工排水费 2400 元，施工降水费 22000 元，垂直运输费 120000 元，脚手架费 166000 元。以上各项费用中已包含管理费和利润。

招标文件中载明，该工程暂列金额 330000 元，材料暂估价 100000 元，计日工费用 20000 元，总承包服务费 20000 元。

社会保障费中养老保险费费率 16%，失业保险费费率 2%，医疗保险费费率 6%；住房公积金费率 6%。

依据《建设工程工程量清单计价规范》（GB 50500—2013）的规定，结合工程背景材料及所在地计价依据的规定，编制招标控制价。

① 编制砖基础和实心砖内墙的分部分项清单及计价，填入“分部分项工程量清单与计价表”。项目编码：砖基础 010401001，实心砖墙 010401003。综合单价：砖基础 240.18 元/m^3，实心砖内墙 249.11 元/m^3。

② 编制工程措施项目清单及计价，填入“措施项目清单与计价表（一）”和“措施项目清单与计价表（二）”。补充的现浇钢筋混凝土模板及支架项目编码：梁模板及支架 AB001，有梁板模板及支架 AB002。综合单价：梁模板及支架 25.60 元/m^2，有梁板模板及支架 23.20 元/m^2。

③ 编制工程其他项目清单及计价，填入“其他项目清单与计价汇总表”。

④ 编制工程规费和税金项目清单及计价，填入“规费、税金项目清单与计价表”。

⑤ 编制工程招标控制价汇总表及计价，根据以上计算结果，计算该工程的招标控制价，填入“单位工程招标控制价汇总表”。

【解】 ① 分部分项工程量清单与计价表，见表 7-8。

表 7-8　分部分项工程量清单与计价表

项目编码	项目名称	项目特征描述	计量单位	工程量	金额/元	
					综合单价	合价
010401001	砖基础	M5 水泥砂浆砌筑多孔砖条形基础，砖规格 240mm×115mm×90mm，基础深度 3m	m^3	160	240.18	38428.80
010401003	实心砖内墙	M5 混合砂浆砌筑蒸压灰砂砖内墙，砖规格 240mm×115mm×53mm，墙厚 240mm	m^3	1200	249.11	298932.00
合计						337360.80

② 编制工程措施项目清单与计价表，见表 7-9 和表 7-10。

表 7-9 措施项目清单与计价表（一）

序号	项目名称	计算基础	费率/%	金额/元
1	安全文明施工费	人工费 （或 1260000 元）	25	315000.00
2	夜间施工费		2	25200.00
3	二次搬运费		1.5	18900.00
4	冬雨期施工费		1	12600.00
5	大型机械进出场及安拆费			26000.00
6	施工排水费			2400.00
7	施工降水费			22000.00
8	垂直运输费			120000.00
9	脚手架费			166000.00
合计				7081000.00

注：本表适用于以“项”计价的措施项目。

表 7-10 措施项目清单与计价表（二）

序号	项目编码	项目名称	项目特征描述	计量单位	工程量	金额/元	
						综合单价	合价
1	AB001	现浇钢筋混凝土矩形梁模板及支架	矩形梁，支模高度 2.6m	m^2	420	25.60	10752.00
2	AB002	现浇钢筋混凝土有梁板模板及支架	矩形梁，梁截面 250mm×400mm，梁底支模高度 2.3m，板底支模高度 3m	m^2	800	23.20	18560.00
合计							29312.00

注：本表适用于以综合单价计价的措施项目。

③ 其他项目清单与计价汇总表，见表 7-11。

表 7-11 其他项目清单与计价汇总表

序号	项目名称	计量单位	金额/元
1	暂列金额	元	330000.00
2	材料暂估价	元	—
3	计日工	元	20000.00
4	总承包服务费	元	20000.00
合计			370000.00

④ 规费、税金项目清单与计价表，见表 7-12。

表 7-12　规费、税金项目清单与计价表

序号	项目名称	计算基础	费率/%	金额/元
1	规费	人工费（或 1260000 元）		384048.00
1.1	社会保障费			302400.00
1.1.1	养老保险费		16	201600.00
1.1.2	失业保险费		2	25200.00
1.1.3	医疗保险费		6	75600.00
1.2	住房公积金		6	75600.00
1.3	危险作业意外伤害保险		0.48	6048.00
2	税金	分部分项工程费＋措施项目费＋规费（或 7791460 元）	3.413	265922.53
合计				1336418.53

⑤ 单位工程招标控制价汇总表，见表 7-13。

表 7-13　单位工程招标控制价汇总表

序号	汇总内容	金额/元
1	分部分项工程	6300000.00
2	措施项目	737412.00
2.1	措施项目清单（一）	708100.00
2.2	措施项目清单（二）	29312.00
3	其他项目	370000.00
4	规费	384048.00
5	税金	265922.53
招标控制价合计		8794794.53

三、实例 3

某钢筋混凝土圆形烟囱基础设计尺寸，如图 7-3 所示。其中基础垫层采用 C15 混凝土，圆形满堂基础采用 C30 混凝土，地基土壤类别为三类土。土方开挖底部施工所需的工作面宽度为 300mm，放坡系数为 1∶0.33，放坡自垫层上表面计算。

① 根据上述条件，按《建设工程工程量清单计价规范》（GB 50500—2013）的计算规则，根据表 7-14 中的数据，再填写“工程量计算表”，列式计算该烟囱基础的平整场地、挖基础土方、垫层和混凝土基础工程量。平整场地工程量按满堂基础底面积乘 2.0 系数计算，圆台体体积计算公式为：

$$V=\frac{1}{3}\times h\times \pi\times (r_1^2+r_2^2+r_1\times r_2)$$

式中，r_1 为上底面半径；r_2 为下底面半径；h 为圆台高。

② 工程所在地相关部门发布的现行挖、运土方预算单价，见表 7-14。施工方案规定，土方按 90%机械开挖、10%人工开挖，用于回填的土方在 20m 内就近堆存，余土运往 5000m 范围内指定地点堆放。相关工程的企业管理费按工程直接费 7%计算，利润按工程直接费 6%计算。编制挖基础土方（清单编码为 010101003）的清单综合单价，填入“工程量清单综合单价分析表”。

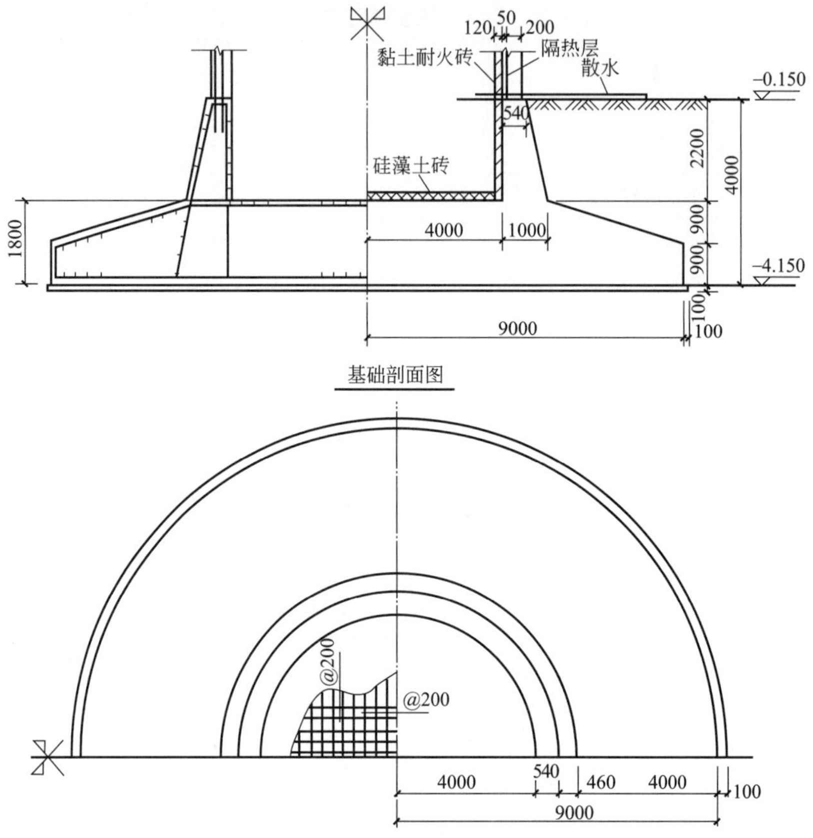

图 7-3 烟囱基础平面图

表 7-14 挖、运土方预算单价表

定额编号	1—7	1—148	1—162
项目名称	人工挖土	机械挖土	机械挖、运土
工作内容	人工挖土装土、20m 内就近堆放,整理边坡等	机械挖土就近堆放,清理机下余土等	机械挖土装车、外运 5000m 内堆放
人工费/(元/m^3)	12.62	0.27	0.31
材料费/(元/m^3)	0.00	0.00	0.00
机械费/(元/m^3)	0.00	7.31	21.33
基价/(元/m^3)	12.62	7.58	21.64

③ 利用第①、②问题的计算结果和以下相关数据，填写“分部分项工程量清单与计价表”，编制该烟囱基础分部分项工程量清单与计价表。已知相关数据为：平整场地，编码 010101001，综合单价 1.26 元/m^2；挖基础土方，编码 010101004；土方回填，人工分层夯填，编码 010103001，综合单价 15.00 元/m^3；C15 混凝土垫层，编码 010501001，综合单价 460.00 元/m^3；C30 混凝土满堂基础，编码 010501004，综合单价 520.00 元/m^3。（计算结果保留两位小数）

【解】 ① 烟囱基础的平整场地、挖基础土方、垫层和混凝土基础工程量的计算如下。

a. 平整场地：$3.14\times9\times9\times2=508.68(m^2)$

b. 挖基础土方：$3.14\times9.1\times9.1\times4.1\approx1066.10(m^3)$

c. C15 混凝土垫层：3.14×9.1×9.1×0.1≈26.00(m^3)

d. C30 混凝土基础：

圆柱部分：3.14×9×9×0.9≈228.91(m^3)

圆台部分：$\frac{1}{3}$×0.9×3.14×(9×9+5×5+9×5)≈142.24(m^3)

上部大圆台：$\frac{1}{3}$×2.2×3.14×(5×5+4.54×4.54+5×4.54)≈157.30(m^3)

扣除中间圆柱体：3.14×4×4×2.2≈110.53(m^3)

所以，C30 混凝土基础的工程量为：228.91+142.24+157.30−110.53=417.92(m^3)

② 土方工程计算如下：

开挖土方量：

$\frac{1}{3}$×3.14×4.0×[$(9.0+0.1+0.32)^2$+$(9.4+4.0\times0.332)^2$+9.4×10.72]+3.14×9.42×0.1

≈1/3×3.14×4.0×(88.36+114.92+100.77)+27.75

≈1272.96+27.75

=1300.71(m^3)

回填土方量：

1300.71−26.00−417.92−3.14×4.0×4.0×2.2≈746.26(m^3)

外运余土方量：

1300.71−746.26=554.45(m^3)

人工挖土方且就近堆存：

(1300.71×10%)/1066.10≈0.12

机械挖土方且就近堆存：

(1300.71−1300.71×10%−554.45)/1066.10≈0.58

机械挖土方且外运 5000m 内：

554.45/1066.10≈0.52

工程量清单综合单价分析表，见表 7-15。

表 7-15　工程量清单综合单价分析表

项目编号			010101003001		项目名称		挖基础土方	计量单位		m^3	
清单综合单价组成明细											
定额编号	定额名称	定额单位	数量	单价/元				合价/元			
				人工费	材料费	机械费	管理和利润	人工费	材料费	机械费	管理和利润
	人工挖土方	m^3	0.12	12.62	0.00	0.00	1.64	1.51	0.00	0.00	0.20
	机械挖土方	m^3	0.58	0.27	0.00	7.31	0.99	0.16	0.00	4.24	0.57
	机械挖土方外运	m^3	0.52	0.31	0.00	21.33	2.81	0.16	0.00	11.09	1.46
小计								1.83	0.00	15.33	2.23
清单项目综合单价/(元/m^3)								19.39			

③ 分部分项工程量清单与计价表，见表 7-16。

表 7-16　分部分项工程量清单与计价表

序号	项目编码	项目名称	项目特征描述	计量单位	工程量	金额/元	
						综合单价	合价
1	010101001001	平整场地		m^2	508.68	1.26	640.94
2	010101003001	挖基础土方	三类土、余土外运 5000m 内	m^3	1066.10	19.39	20671.68
3	010103001001	土方回填	人工分层夯填	m^3	746.26	15.00	11193.90
4	010501001001	C15 混凝土垫层	C15 预拌混凝土	m^3	26.00	460.00	11960.00
5	010501004001	C30 混凝土满堂基础	C30 预拌混凝土	m^3	417.92	520.00	217318.40
合计							261784.92

第二节　装修工程预算实例解读

一、实例 1

某商务楼会议室天棚吊顶平面图，如图 7-4 所示。计算此“基础”分部分项工程量及其费用。

【解】（1）天棚吊顶清单工程量

$$11.58\times8.37\approx96.92(m^2)$$

（2）天棚吊顶定额工程量

木龙骨的工程量：8.37×11.58≈96.92(m^2)

胶合板的工程量：8.37×11.58≈96.92(m^2)

樱桃木板的工程量：8.37×11.58≈96.92(m^2)

龙骨刷防火涂料的工程量：8.37×11.58≈96.92(m^2)

木板面刷防火涂料的工程量：8.37×11.58≈96.92(m^2)

（3）各项费用计算

① 天棚吊顶。

a. 木龙骨。

人工费：4.00×96.92＝387.68(元)

材料费：34.16×96.92≈3310.79(元)

机械费：0.05×96.92≈4.85(元)

小计：387.68＋3310.79＋4.85＝3703.32(元)

b. 胶合板。

人工费：1.78×96.92≈172.52(元)

材料费：19.50×96.92≈1889.94(元)

小计：172.52＋1889.94＝2062.46(元)

c. 樱桃木板。

人工费：3.00×96.92＝290.76(元)

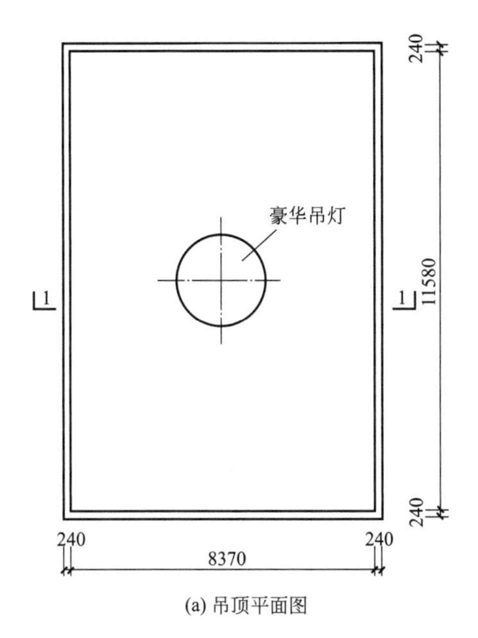

(a) 吊顶平面图

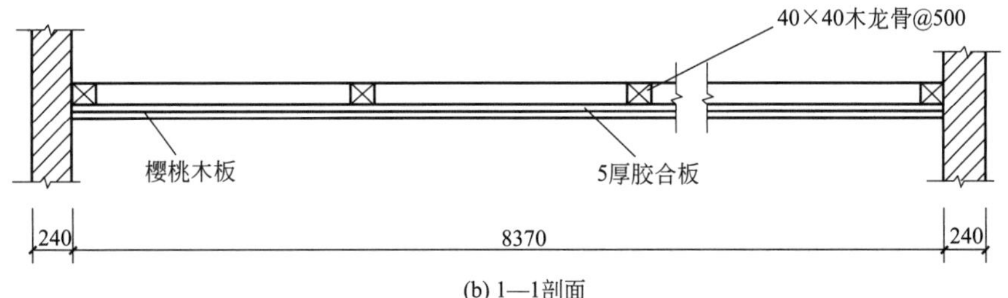

(b) 1—1剖面

图 7-4　某商务楼会议室天棚吊顶平面图

材料费：34.33×96.92≈3327.26(元)

小计：290.76+3327.26=3618.02(元)

d. 综合单价。

直接工程费：3703.32+2062.46+3618.02=9383.80(元)

管理费：9383.80×34%≈3190.49(元)

利润：9383.80×8%≈750.70(元)

合计：9383.80+3190.49+750.70=13324.99(元)

天棚吊顶综合单价：13324.99÷96.92≈137.48(元)

② 天棚面油漆。

a. 油漆。

人工费：3.65×96.92≈353.76(元)

材料费：2.38×96.92≈230.67(元)

小计：353.76+230.67=584.43(元)

b. 木龙骨刷防火涂料。

人工费：3.88×96.92≈376.05(元)

材料费：5.59×96.92≈541.78(元)

小计：376.05+541.78=917.83(元)

c. 木板面刷防火涂料。

人工费：2.24×96.92≈217.10(元)

材料费：3.71×96.92≈359.57(元)

小计：217.10+359.57=576.67(元)

d.综合单价。

直接工程费：584.43+917.83+576.67=2078.93(元)

管理费：2078.93×34%≈706.84(元)

利润：2078.93×8%≈166.31(元)

合计：2078.93+706.84+166.31=2952.08(元)

天棚面油漆综合单价：2952.08÷96.92≈30.46(元)

(4) 分部分项工程量清单与计价表　见表7-17。

表7-17　分部分项工程量清单与计价表

序号	项目编码	项目名称	项目特征	计量单位	工程数量	金额/元	
						综合单价	合价
1	020302001001	天棚吊顶	1.吊顶形式：平面天棚； 2.龙骨材料类型、中距：木龙骨面层规格450mm×450mm； 3.基层、面层材料：胶合板、樱花木板	m^2	96.69	137.48	13324.99
2	020504006002	天棚面油漆	油漆、防护：刷清漆两遍、刷防火涂料两遍	m^2	96.69	30.46	2952.08
小计							16277.07
合计							16277.07

(5) 工程量清单综合单价分析表　见表7-18和表7-19。

表7-18　工程量清单综合单价分析表（一）

项目编号	020302001001	项目名称	天棚吊顶	计量单位	m^2					
清单综合单价组成明细										
定额编号	定额内容	定额单位	数量	单价/元			合价/元			
				人工费	材料费	机械费	人工费	材料费	机械费	管理费和利润
3-018	制作安装木楞、混凝土板下的木楞防腐油	m^2	1.000	4.00	34.16	0.05	4.00	34.16	0.05	16.05
3-075	安装天棚基层：五合板基层	m^2	1.000	1.78	19.50	—	1.78	19.50	—	8.94
3-107	安装面层：樱桃木板面层	m^2	1.000	3.00	34.33	—	3.00	34.33	—	15.67
人工单价		小计					8.78	87.99	0.05	40.66
25元/工日		未计价材料费					—			
清单项目综合单价							137.48			

注：管理费和利润取42%。

表 7-19 工程量清单综合单价分析表（二）

项目编号	020504006002	项目名称	天棚吊顶	计量单位	m^2

清单综合单价组成明细										
定额编号	定额内容	定额单位	数量	单价/元			合价/元			
				人工费	材料费	机械费	人工费	材料费	机械费	管理费和利润
5-060	制作安装木楞、混凝土板下的木楞防腐油	m^2	1.000	3.65	2.38	—	3.65	2.38	—	2.53
5-159	安装天棚基层：五合板基层	m^2	1.000	3.88	5.59	—	3.88	5.59	—	3.98
5-164	安装面层：樱桃木板面层	m^2	1.000	2.24	3.71	—	2.24	3.71	—	2.50
人工单价		小计					9.77	11.68	—	9.01
25 元/工日		未计价材料费					—			
清单项目综合单价							30.46			

注：管理费和利润取 42%。

二、实例 2

某住宅楼卫生间如图 7-5 所示。计算镜面玻璃、毛巾环、镜面玻璃线、石材装饰线的工程量及相关费用。

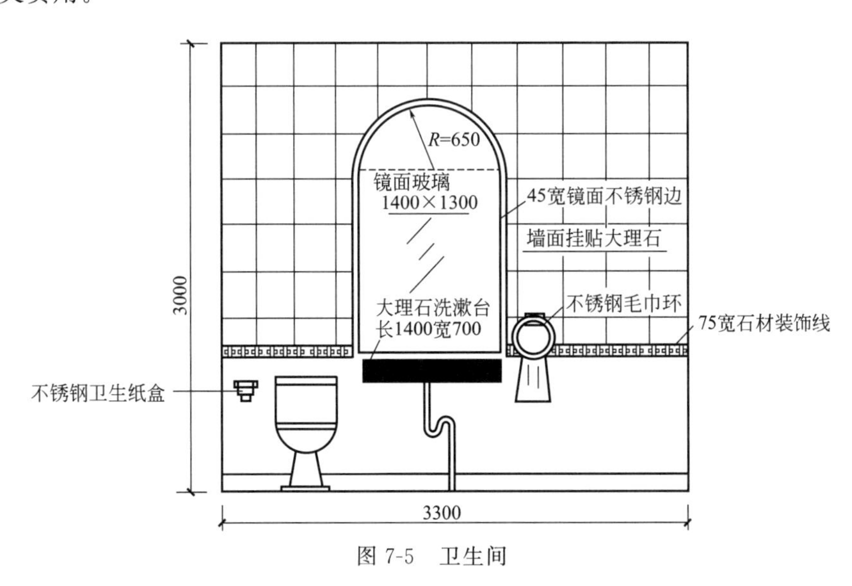

图 7-5 卫生间

【解】（1）清单工程量

镜面玻璃的工程量：$1.4\times1.3+\frac{1}{2}\pi\times0.65^2\approx2.48(m^2)$

毛巾环的工程量：1（副）

镜面玻璃线的工程量：$1.3+1.4+0.045\times2+1.3+\frac{1}{2}\pi\times2\times(0.65+0.045)\approx6.27(m)$

石材装饰线的工程量：$3.3-(1.3+0.045\times2)=1.91(m)$

（2）定额工程量同清单工程量计算结果

（3）各项费用计算

① 镜面玻璃。

人工费：10.70×2.48≈26.54(元)

材料费：225.17×2.48≈558.42(元)

机械费：0.66×2.48≈1.64(元)

直接工程费：26.54+558.42+1.64=586.60(元)

管理费：586.60×34%≈199.44(元)

利润：586.60×8%≈46.93(元)

总计：586.60+199.44+46.93=832.97(元)

综合单价：832.97÷2.48≈335.88(元)

② 毛巾环。

人工费：0.45×1=0.45(元)

材料费：36.72×1=36.72(元)

直接工程费：0.45+36.72=37.17(元)

管理费：37.17×34%≈12.64(元)

利润：37.17×8%≈2.97(元)

总计：37.17+12.64+2.97=52.78(元)

综合单价：52.78÷1=52.78(元)

③ 镜面玻璃线。

人工费：1.39×6.20≈8.62(元)

材料费：19.99×6.20≈123.94(元)

直接工程费：8.62+123.94=132.56(元)

管理费：132.56×34%≈45.07(元)

利润：132.56×8%≈10.60(元)

总计：132.56+45.07+10.60=188.23(元)

综合单价：188.23÷6.20≈30.36(元)

④ 石材装饰线。

人工费：1.39×1.91≈2.65(元)

材料费：307.23×1.91≈586.81(元)

机械费：0.16×1.91≈0.31(元)

直接工程费：2.65+586.81+0.31=589.77(元)

管理费：589.77×34%≈200.52(元)

利润：589.77×8%≈47.18(元)

总计：589.77+200.52+47.18=837.47(元)

综合单价：837.47÷1.91≈438.47(元)

（4）查某定额列分部分项工程量清单与计价表 见表7-20。

表7-20 分部分项工程量清单与计价表

序号	项目编码	项目名称	项目特征	计量单位	工程数量	金额/元	
						综合单价	合计
1	020603009001	镜面玻璃	镜面玻璃品种、规格：6mm厚，1400mm×1100mm	m^2	2.48	335.88	832.97

续表

序号	项目编码	项目名称	项目特征	计量单位	工程数量	金额/元	
						综合单价	合计
2	020603006001	毛巾环	材料品种、规格：毛巾环	副	1	52.78	52.78
3	020604005001	镜面玻璃线	1. 基层类型：3mm 厚胶合板； 2. 线条材料品种、规格：50mm 宽镜面不锈钢板； 3. 结合层材料种类：水泥砂浆 1∶3	m	6.20	30.36	188.23
4	020604003001	石材装饰线	线条材料品种、规格：80mm 宽石材装饰线	m	1.91	438.47	837.47
小计							1911.45
合计							1911.45

（5）工程量清单综合单价分析表（管理费和利润费率取 42%） 见表 7-21～表 7-24。

表 7-21　工程量清单综合单价分析表（一）

项目编号	020603009001	项目名称	镜面玻璃	计量单位	m^2						
清单综合单价组成明细											
定额编号	定额内容	定额单位	数量	单价/元			合价/元				
				人工费	材料费	机械费	人工费	材料费	机械费	管理费和利润	
6-112	镜面玻璃	m^2	1	10.70	225.17	0.66	10.70	225.17	0.66	99.35	
人工单价		小计					10.70	225.17	0.66	99.35	
25 元/工日		未计价材料费					—				
清单项目综合单价							335.88				

表 7-22　工程量清单综合单价分析表（二）

项目编号	020603006001	项目名称	毛巾环	计量单位	副						
清单综合单价组成明细											
定额编号	定额内容	定额单位	数量	单价/元			合价/元				
				人工费	材料费	机械费	人工费	材料费	机械费	管理费和利润	
6-201	毛巾环	副	1	0.45	36.72	—	0.45	36.72	—	15.61	
人工单价		小计					0.45	36.72	—	15.61	
25 元/工日		未计价材料费					—				
清单项目综合单价							52.78				

表 7-23 工程量清单综合单价分析表（三）

项目编号	020604005001	项目名称		镜面不锈钢装饰线		计量单位		m	
清单综合单价组成明细									
定额编号	定额内容	定额单位	数量	单价/元			合价/元		
				人工费	材料费	机械费	人工费	材料费	机械费	管理费和利润
6-064	镜面不锈钢装饰线	m	1	1.39	19.99	—	1.39	19.99	—	8.98
人工单价		小计					1.39	19.99	—	8.98
25元/工日		未计价材料费					—			
清单项目综合单价							30.36			

表 7-24 工程量清单综合单价分析表（四）

项目编号	020604003001	项目名称		石材装饰线		计量单位		m		
清单综合单价组成明细										
定额编号	定额内容	定额单位	数量	单价/元			合价/元			
				人工费	材料费	机械费	人工费	材料费	机械费	管理费和利润
6-087	石材装饰线	m	1	1.39	307.23	0.16	1.39	307.23	0.16	129.69
人工单价		小计					1.39	307.23	0.16	129.69
25元/工日		未计价材料费					—			
清单项目综合单价							438.47			

三、实例 3

某工程构造如图 7-6 所示，门窗居中安装，门窗框厚均为 80mm。木踢脚润油粉，满刮腻子，聚氨酯清漆 3 遍；内墙抹灰面满刮腻子 2 遍，贴拼花墙纸；挂镜线底油 1 遍，刮腻子，调和漆 3 遍；挂镜线以上及顶棚满刮腻子，乳胶漆 3 遍。计算其油漆及裱糊工程量。

【解】 ① 墙纸裱糊工程量的计算公式如下：

墙纸裱糊工程量＝主墙间净长×墙纸净高－门窗洞口＋门窗洞侧壁

墙纸裱糊工程量＝(3.3＋1.2＋1.2－0.24＋4－0.24)×2×(2.9－0.15)－1.2×(2.5－0.15)－1.8×(2.6－1.1)＋[1.2＋(2.5－0.15)×2＋(1.8＋1.5)×2]×(0.24－0.08)/2≈46.19(m^2)

② 挂镜线油漆工程量＝设计图示长度＝内墙周长，即：

挂镜线油漆工程量＝(5.7－0.24＋4－0.24)×2＝18.44(m)

③ 刷喷涂料工程量＝墙面工程量＋顶棚工程量－内墙周长×涂料高＋主墙间净长×主墙间净宽，即：

刷喷涂料工程量＝(5.7－0.24＋4－0.24)×2×(3.3－2.9)＋(5.7－0.24)×(4－0.24)
≈27.91(m^2)

四、实例 4

某工程一单层木窗，长 1.5m、宽 1.5m，共 56 樘，涂润油粉，刮一遍腻子，调和漆 3 遍，磁漆 1 遍。请编制工程量清单计价表及综合单价计算表。

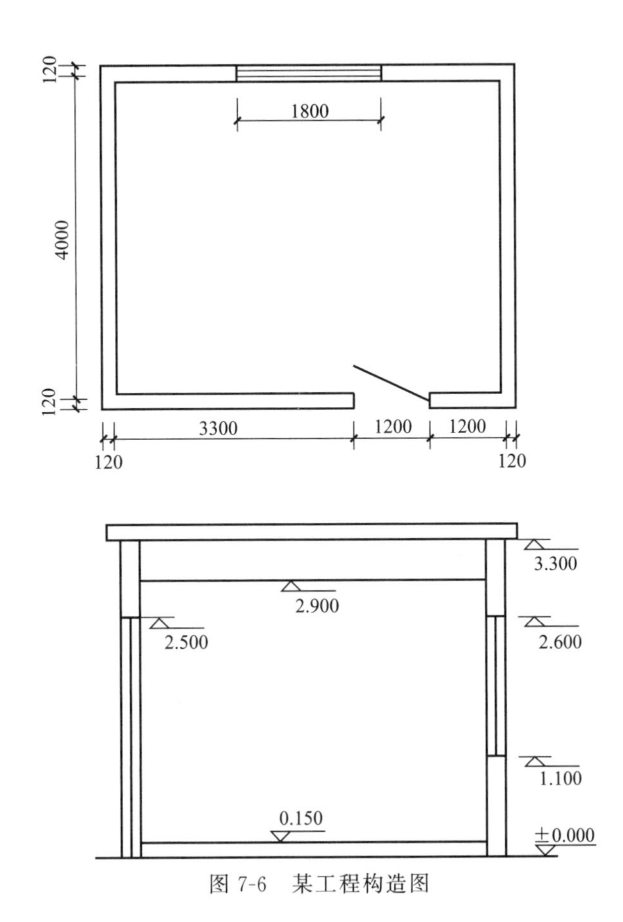

图 7-6 某工程构造图

【解】 (1) 清单工程量计算 56 樘。

(2) 单层木窗涂润油粉，刮一遍腻子，一遍调和漆，两遍磁漆 其工程量为：

$$1.5\times1.5\times56=126(\mathrm{m}^2)$$

(3) 费用计算

① 单层以木窗涂润油粉：

人工费：126×12.32÷1=1552.32(元)

材料费：126×10.71÷1=1349.46(元)

机械费：126×0.7÷1=88.2(元)

直接费：1552.32+1349.46+88.2=2989.98(元)

② 单层木窗增加两遍调和漆：

人工费：126×1.61×2÷1=405.72(元)

材料费：126×2.66×2÷1=670.32(元)

机械费：126×0.13×2÷1=32.76(元)

直接费：405.72+670.32+32.76=1108.8(元)

③ 单层木窗减少一遍磁漆：

人工费：126×2.15÷1=270.9(元)

材料费：126×3.02÷1=380.52(元)

机械费：126×0.16÷1=20.16(元)

直接费：270.9+380.52+20.16=671.58(元)

④ 综合直接费：2989.98+1108.8+671.58=4770.36(元)

管理费：4770.36×150%=7155.54(元)
利润：4770.36×105%=5008.878(元)
合价：4770.36+7155.54+5008.878=16934.778(元)
综合单价：16934.778÷56≈302.41(元/樘)
(4) 分部分项工程量清单与计价　见表7-25。

表7-25　分部分项工程量清单与计价表

工程名称：××工程

序号	项目编码	项目名称	项目特征	计量单位	工程数量	金额/元		
						综合单价	合价	其中：直接费
1	011402001	木窗油漆	1.窗类型 2.窗代号及洞口尺寸 3.腻子种类 4.刮腻子遍数 5.防护材料种类 6.油漆品种、刷漆遍数	樘	56	302.41	16934.778	4770.36

(5) 分部分项工程量清单综合单价分析　见表7-26。

表7-26　分部分项工程量清单综合单价分析表

工程名称：××工程

项目编号	011402001		项目名称		木窗油漆		计量单位		樘/m^2	
清单综合单价组成明细										
定额编号	定额内容	定额单位	数量	单价/元			合价/元			
				人工费	材料费	机械费	人工费	材料费	机械费	管理费和利润
11-61	单层木窗涂润油粉，刮一遍腻子，一遍调和漆，两遍磁漆	m^2	126	12.32	10.71	0.7	1552.32	1349.46	88.2	1195.99
11-154	单层木窗增加两遍调和漆	m^2	252	1.61	2.66	0.13	405.72	670.32	32.76	443.52
11-176	单层木窗减少一遍磁漆	m^2	126	2.15	3.02	0.16	270.9	380.52	20.16	268.63
人工单价		小计					2228.94	2400.3	141.12	1908.14
25元/工日		未计价材料费					—			
清单项目综合单价/(元/樘)							302.41			

五、实例5

某工程有一套两室一厅商品房，其客厅为不上人型轻钢龙骨石膏板吊顶，如图7-7所示，龙骨间距为450mm×450mm。计算天棚龙骨、石膏线、墙纸、织锦缎的工程量及相关费用。

【解】(1) 清单工程量计算

天棚龙骨工程量=6.66×7.26≈48.35(m^2)

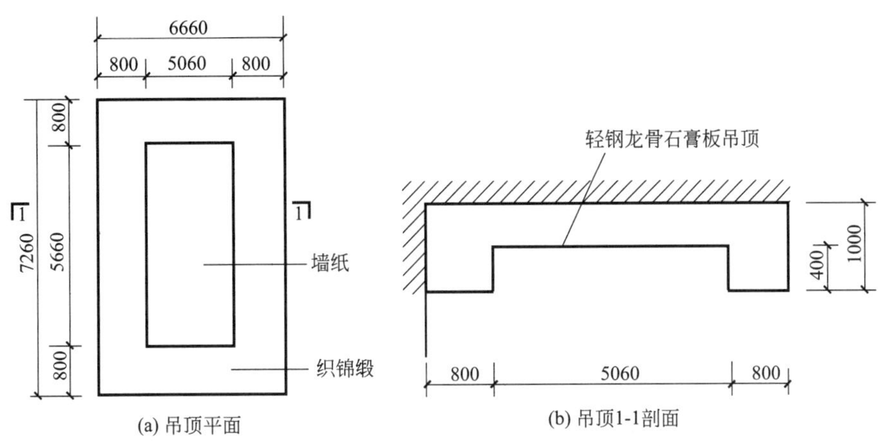

图 7-7 某工程不上人型轻钢龙骨石膏板吊顶图

石膏板面层工程量＝2×(5.66＋5.06)×0.4＋6.66×7.26≈56.93(m^2)

墙纸工程量＝5.66×5.06＋(5.66＋5.06)×2×0.4≈37.22(m^2)

织锦缎工程量＝6.66×7.26－5.06×5.66≈19.71(m^2)

(2) 定额工程量同清单工程量计算结果

(3) 各项费用计算

① 天棚吊顶。

a. U 形轻钢龙骨不上人型，双层，面板规格 0.5m^2 以外。

人工费：6.42×48.35≈310.41(元)

材料费：30.12×48.35≈1456.30(元)

机械费：1.94×48.35≈93.80(元)

b. 石膏板面层，安装在 U 形龙骨上面。

人工费：4.62×56.93≈263.02(元)

材料费：21.52×56.93≈1225.13(元)

机械费：0.80×56.93≈45.54(元)

c. 综合单价。

直接费合计≈310.41＋1456.30＋93.80＋263.02＋1225.13＋45.54＝3394.20(元)

管理费≈3394.20×34%≈1154.03(元)

利润≈3394.20×8%≈271.54(元)

总计≈3394.20＋1154.03＋271.54＝4819.77(元)

综合单价≈4819.77÷48.35≈99.69(元/m^2)

② 墙纸裱糊。

a. 天棚粘贴墙纸，对花。

人工费：5.96×37.22≈221.83(元)

材料费：20.85×37.22≈776.04(元)

机械费：0.82×37.22≈30.52(元)

b. 综合单价。

直接费合计≈221.83＋776.04＋30.52＝1028.39(元)

管理费≈1028.39×34%≈349.65(元)

利润≈1028.39×8%≈82.27(元)

总计≈1028.39＋349.65＋82.27＝1460.31(元)

综合单价≈1460.31÷37.22≈39.23(元/m^2)

③ 织锦缎裱糊。

a. 天棚粘贴锦缎，无海绵底。

人工费：8.00×19.71=157.68(元)

材料费：42.89×19.71≈845.36(元)

机械费：1.56×19.71≈30.75(元)

b. 综合单价。

直接费合计≈157.68+845.36+30.75=1033.79(元)

管理费≈1033.79×34%≈351.49(元)

利润≈1033.79×8%≈82.70(元)

总计≈1033.79+351.49+82.70=1467.98(元)

综合单价≈1467.98÷19.71≈74.48(元/m^2)

(4) 分部分项工程量清单与计价表　见表 7-27。

表 7-27　分部分项工程量清单与计价表

工程名称：××工程

序号	项目编码	项目名称	项目特征描述	计量单位	工程数量	金额/元	
						综合单价	合价
1	011302001001	吊顶天棚	龙骨类型为不上人型，材料为轻钢，U形，间距为450mm×450mm；面层；石膏板	m^2	48.35	99.69	4820.01
2	011408001001	墙纸裱糊	基层为石膏板，裱糊天棚，对花	m^2	37.22	39.23	1460.14
3	011408002001	织锦缎裱糊	基层为石膏板；裱糊天棚，无海绵底	m^2	19.71	74.48	1468.00
小计							7748.15
合计							7748.15

(5) 工程量清单综合单价分析表　见表 7-28～表 7-30。

表 7-28　工程量清单综合单价分析表（一）

工程名称：××工程

项目编号	011302001001	项目名称	吊顶天棚	计量单位	m^2	工程量	48.35

清单综合单价组成明细										
定额编号	定额项目名称	定额单位	数量	单价/元			合价/元			
				人工费	材料费	机械费	人工费	材料费	机械费	管理费和利润
	U形轻钢龙骨不上人型，双层，面板规格 0.5m^2 以外	m^2	1.000	6.42	30.12	1.94	6.42	30.12	1.94	16.16
	石膏板面层(安装在U形龙骨上面)	m^2	1.177	4.62	21.52	0.30	5.44	25.33	0.94	13.32
人工单价		小计					11.86	55.45	2.88	29.48
25元/工日		未计价材料费					—			
清单项目综合单价/元							99.67			

表 7-29 工程量清单综合单价分析表（二）

工程名称：××工程

项目编号	011408001001	项目名称	墙纸裱糊	计量单位	m^2	工程量	37.22

清单综合单价组成明细										
定额编号	定额项目名称	定额单位	数量	单价/元			合价/元			
				人工费	材料费	机械费	人工费	材料费	机械费	管理费和利润
	天棚粘贴墙纸，对花	m^2	1.000	5.96	20.85	0.82	5.96	20.85	0.82	11.60
人工单价		小计					5.96	20.85	0.82	11.60
25 元/工日		未计价材料费					—			
清单项目综合单价/元							39.23			

表 7-30 工程量清单综合单价分析表（三）

工程名称：××工程

项目编号	011408002001	项目名称	织锦缎裱糊	计量单位	m^2	工程量	19.71

清单综合单价组成明细										
定额编号	定额项目名称	定额单位	数量	单价/元			合价/元			
				人工费	材料费	机械费	人工费	材料费	机械费	管理费和利润
	天棚粘贴锦缎，无海绵底	m^2	1.000	8.00	42.89	1.56	8.00	42.89	1.56	22.03
人工单价		小计					8.00	42.89	1.56	22.03
25 元/工日		未计价材料费					—			
清单项目综合单价/元							74.48			

第八章

工程价款结算与竣工决算

第一节　工程价款的结算

一、工程计量

对承包人已经完成的合格工程进行计量并予以确认，是发包人支付工程价款的前提。因此，工程计量不仅是发包人控制施工阶段工程造价的关键环节，也是约束承包人履行合同义务的重要手段。

1. 工程计量的原则与范围

（1）工程计量的概念　所谓工程计量，就是发承包双方根据合同约定，对承包人完成合同工程的数量进行的计算和确认。具体地说，就是双方根据设计图纸、技术规范以及施工合同约定的计量方式和计算方法，对承包人已经完成的质量合格的工程实体数量进行测量与计算，并以物理计量单位或自然计量单位进行标识、确认的过程。

招标工程量清单中所列的数量，通常是根据设计图纸计算的数量，是对合同工程的估计工程量。工程施工过程中，通常会存在一些原因导致承包人实际完成工程量与工程量清单中所列工程量不一致，例如，招标工程量清单缺项或项目特征描述与实际不符，工程变更，现场施工条件的变化，现场签证，暂估价中的专业工程发包等。因此，在工程合同价款结算前，必须对承包人履行合同义务所完成的实际工程进行准确的计量。

（2）工程计量的原则　工程计量的原则包括下列三个方面。

① 不符合合同文件要求的工程不予计量。即工程必须满足设计图纸、技术规范等合同文件对其在工程质量上的要求，同时有关的工程质量验收资料齐全、手续完备，满足合同文件对其在工程管理上的要求。

② 按合同文件所规定的方法、范围、内容，和单位计量、工程计量的方法、范围、内容和工程量计量单位受合同文件所约束，其中工程量清单（说明）、技术规范、合同条款均会从不同角度、不同侧面涉及这方面的内容。在计量中要严格遵循这些文件的规定，并且一定要结合起来使用。

③ 承包人原因造成的超出合同工程范围施工或返工的工程量，发包人不予计量。

（3）工程计量的范围与依据

① 工程计量的范围。工程计量的范围包括：工程量清单及工程变更所修订的工程量清单的内容合同文件中规定的各种费用支付项目，如费用索赔、各种预付款、价格调整、违约金等。

② 工程计量的依据。工程计量的依据包括工程量清单及说明、合同图纸、工程变更令及其修订的工程量清单、合同条件、技术规范、有关计量的补充协议、质量合格证书等。

2. 工程计量的方法

工程量必须按照相关工程现行国家工程量计算规范规定的工程量计算规则计算。工程计量可选择按月或按工程形象进度分段计量，具体计量周期在合同中约定。承包人原因造成的超出合同工程范围施工或返工的工程量，发包人不予计量。通常区分单价合同和总价合同规定不同的计量方法，成本加酬金合同按照单价合同的计量规定进行计量。

（1）单价合同计量　单价合同工程量必须以承包人完成合同工程应予计量的且依据国家现行工程量计算规则计算得到的工程量确定。施工中工程计量时，若发现招标工程量清单中出现缺项、工程量偏差，或由工程变更引起工程量的增减，应按承包人在履行合同义务中完成的工程量计算。

（2）总价合同计量　采用工程量清单方式招标形成的总价合同，工程量应按照与单价合同相同的方式计算。对于采用经审定批准的施工图纸及其预算方式发包形成的总价合同，除按照工程变更规定引起的工程增减外，总价合同各项目的工程量是承包人用于结算的最终工程量。总价合同约定的项目计量应以合同工程经审定批准的施工图纸为依据，发承包双方应在合同中约定工程计量的形象目标或时间节点进行计量。

二、预付款及期中支付

1. 预付款

工程预付款是由发包人按照合同约定，在正式开工前预先支付给承包人，用于购买工程施工所需的材料和组织施工机械和人员进场的价款。

（1）预付款的支付　对于工程预付款额度，各地区、各部门的规定不完全相同，主要是保证施工所需材料和构件的正常储备。工程预付款额度一般是根据施工工期、建安工作量、主要材料和构件费用占建安工程费的比例以及材料储备周期等因素经测算来确定。

① 百分比法。发包人根据工程的特点、工期长短、市场行情、供求规律等因素，招标时在合同条件中约定工程预付款的百分比。包工包料工程的预付款的支付比例不得低于签约合同价（扣除暂列金额）的10%，不宜高于签约合同价（扣除暂列金额）的30%。

② 公式计算法。公式计算法是根据主要材料（含结构件等）占年度承包工程总价的比重、材料储备定额天数和年度施工天数等因素，通过公式计算预付款额度的一种方法。其计算公式为：

$$\text{工程预付款数额}=\frac{\text{年度工程总价}\times\text{材料比例}(\%)}{\text{年度施工天数}}\times\text{材料储备定额天数}$$

式中，年度施工天数按365天（日历天）计算；材料储备定额天数由当地材料供应的在途天数、加工天数、整理天数、供应间隔天数、保险天数等因素决定。

（2）预付款的扣回　发包人支付给承包人的工程预付款属于预支性质，随着工程的逐步实施，原已支付的预付款应以充抵工程价款的方式陆续扣回，抵扣方式应当由双方当事人在合同中明确约定。扣款的方法主要有以下两种。

① 按合同约定扣款。预付款的扣款方法由发包人和承包人通过洽商后在合同中予以确定，一般是在承包人完成金额累计达到合同总价的一定比例后，由承包人开始向发包人还款，发包人从每次应付给承包人的金额中扣回工程预付款，发包人至少在合同规定的完工期前将工程预付款的总金额逐次扣回。

② 起扣点计算法。从未施工工程尚需的主要材料及构件的价值相当于工程预付款数额时起扣，此后每次结算工程价款时，按材料所占比重扣减工程价款，至工程竣工前全部扣清。起扣点的计算公式如下：

$$T=P-\frac{M}{N}$$

式中 T——起扣点（即工程预付款开始扣回时）的累计完成工程金额；

P——承包工程合同总额；

M——工程预付款总额；

N——主要材料及构件所占比重。

该方法对承包人比较有利，最大限度地占用了发包人的流动资金，但是，显然不利于发包人资金使用。

（3）预付款担保

① 预付款担保的概念及作用。预付款担保是指承包人与发包人签订合同后领取预付款前，承包人正确、合理使用发包人支付的预付款而提供的担保。其主要作用是保证承包人能够按合同规定的目的使用并及时偿还发包人已支付的全部预付金额。如果承包人中途毁约，中止工程，使发包人不能在规定期限内从应付工程款中扣除全部预付款，则发包人有权从该项担保金额中获得补偿。

② 预付款担保的形式。预付款担保的主要形式为银行保函。预付款担保的担保金额通常与发包人的预付款是等值的。预付款一般逐月从工程进度款中扣除，预付款担保的担保金额也相应逐月减少。承包人的预付款保函的担保金额根据预付款扣回的数额相应扣减，但在预付款全部扣回之前一直保持有效。预付款担保也可以采用发承包双方约定的其他形式，如由担保公司提供担保，或采取抵押等担保形式。

（4）安全文明施工费　发包人应在工程开工后的28天内预付不低于当年施工进度计划的安全文明施工费总额的60%，其余部分按照提前安排的原则进行分解，与进度款同期支付。

发包人没有按时支付安全文明施工费的，承包人可催告发包人支付；发包人在付款期满后的7天内仍未支付的，若发生安全事故，发包人应承担连带责任。

2. 期中支付

合同价款的期中支付，是指发包人在合同工程施工过程中，按照合同约定对付款周期内承包人完成的合同价款给予支付的款项，也就是工程进度款的结算支付。发承包双方应按照合同约定的时间、程序和方法，根据工程计量结果，办理期中价款结算支付进度款。进度款支付周期，应与合同约定的工程计量周期一致。

（1）期中支付价款的计算

① 已完工程的结算价款。对于已标价工程量清单中的单价项目，承包人应按工程计量确认的工程量与综合单价计算。如综合单价发生调整，以发承包双方确认调整的综合单价计算进度款。

对于已标价工程量清单中的总价项目，承包人应按合同中约定的进度款支付分解，分别列入进度款支付申请中的安全文明施工费和本周期应支付的总价项目的金额中。

② 结算价款的调整因承包人现场签证和得到发包人确认的索赔金额列入本周期应增加的金额中。由发包人提供的材料、工程设备金额，应按照发包人签约提供的单价和数量从进度款支付中扣出，列入本周期应扣减的金额中。

③ 进度款的支付比例。进度款的支付比例按照合同约定，按期中结算价款总额计算，不低于60%，不高于90%。

（2）期中支付的文件

① 进度款支付申请。承包人应在每个计量周期到期后向发包人提交已完工程进度款支付申请一式四份，详细说明此周期中认为有权得到的款额，包括分包人已完工程的价款。

支付申请的内容包括：

a. 累计已完成的合同价款。

b. 累计已实际支付的合同价款。

c. 本周期合计完成的合同价款，其中包括：

A. 本周期已完成单价项目的金额。

B. 本周期应支付的总价项目的金额。

C. 本周期已完成的计日工价款。

D. 本周期应支付的安全文明施工费。

E. 本周期应增加的金额。

d. 本周期合计应扣减的金额，其中包括：

A. 本周期应扣回的预付款。

B. 本周期应扣减的金额。

e. 本周期实际应支付的合同价款。

② 进度款支付证书。发包人应在收到承包人进度款支付申请后，根据计量结果和合同约定对申请内容予以核实，确认后向承包人出具进度款支付证书。若发、承包双方对某些清单项目的计量结果有争议，发包人应对无争议部分的工程计量结果向承包人出具进度款支付证书。

③ 支付证书的修正。发现已签发的任何支付证书有错、漏或重复的数额，发包人有权予以修正，承包人也有权提出修正申请。经发、承包双方复核同意修正的，应在本次到期的进度款中支付或扣除。

三、竣工结算

工程竣工结算是指工程项目完工并经竣工验收合格后，发、承包双方按照施工合同的约定对所完成的工程项目进行的合同价款的计算、调整和确认。《建设工程价款结算暂行办法》规定，工程完工后，发、承包双方应按照约定的合同价款及合同价款调整内容以及索赔事项，进行工程竣工结算。工程竣工结算分为单位工程竣工结算、单项工程竣工结算和建设项目竣工总结算。《住房和城乡建设部关于进一步推进工程造价管理改革的指导意见》（建标〔2014〕142 号）中指出，应“完善建设工程价款结算办法，转变结算方式，推行过程结算，简化竣工结算”。

1. 竣工结算文件的编制和审核

（1）竣工结算文件的编制

① 竣工结算文件的提交。工程完工后，承包方应当在工程完工后的约定期限内提交竣工结算文件。未在规定期限内完成的并且提不出正当理由延期的，承包人经发包人催告后仍未提交竣工结算文件或没有明确答复，发包人有权根据已有资料编制竣工结算文件，作为办理竣工结算和支付结算款的依据，承包人应予以认可。

② 竣工结算文件的编制依据。工程竣工结算文件编制的主要依据包括：

a.《建设工程工程量清单计价规范》；

b. 工程合同；

c. 发承包双方实施过程中已确认的工程量及其结算的合同价款；

d. 发承包双方实施过程中已确认调整后追加（减）的合同价款；

e. 建设工程设计文件及相关资料；

f. 投标文件；

g. 其他依据。

③ 编制竣工结算文件的计价原则。在采用工程量清单计价的方式下，工程竣工结算的

编制应当遵循下列计价原则。

a. 分部分项工程和措施项目中的单价项目应依据双方确认的工程量与已标价工程量单的综合单价计算；如发生调整，以发、承包双方确认调整的综合单价计算。

b. 措施项目中的总价项目应依据合同约定的项目和金额计算；如发生调整，以发、承包双方确认调整的金额计算，其中安全文明施工费必须按照国家或省级、行业建设主管部门的规定计算。

c. 其他项目应按下列规定计价：

A. 计日工应按发包人实际签证确认的事项计算；

B. 暂估价应由发、承包双方按照《建设工程工程量清单计价规范》（GB 50500—2013）相关规定计算；

C. 总承包服务费应依据合同约定金额计算，如发生调整，以发、承包双方确认调整的金额计算；

D. 施工索赔费用应依据发、承包双方确认的索赔事项和金额计算；

E. 现场签证费用应依据发、承包双方签证资料确认的金额计算。

F. 暂列金额应减去工程价款调整（包括索赔、现场签证）金额计算，如有余额归发包。

d. 规费和税金应按照国家或省级、行业建设主管部门的规定计算。规费中的工程排污费应按工程所在地环境保护部门规定标准缴纳后按实列入。

e. 其他原则。采用总价合同的，应在合同总价基础上，对合同约定能调整的内容及超过合同约定范围的风险因素进行调整；采用单价合同的，在合同约定风险范围内的综合单价应固定不变，并应按合同约定进行计量，且应按实际完成的工程量进行计量。此外，发、承包双方在合同工程实施过程中已经确认的工程计量结果和合同价款，在竣工结算办理中应直接进入结算。

（2）竣工结算文件的审核

① 竣工结算文件审核的委托。国有资金投资建设工程的发包人，应当委托具有相应资质的工程造价咨询机构对竣工结算文件进行审核，并在收到竣工结算文件后的约定期限内向承包人提出由工程造价咨询机构出具的竣工结算文件审核意见；逾期未答复的，按照合同约定处理，合同没有约定的，竣工结算文件视为已被认可。

非国有资金投资的建筑工程发包人，应当在收到竣工结算文件后的约定期限内予以答复，逾期未答复的，按照合同约定处理，合同没有约定的，竣工结算文件视为已被认可；发包人对竣工结算文件有异议的，应当在答复期内向承包人提出，并可以在提出异议之日起的约定期限内与承包人协商；发包人在协商期内未与承包人协商或者经协商未能与承包人达成协议的，应当委托工程造价咨询机构进行竣工结算审核，并在协商期满后的约定期限内向承包人提出由工程造价咨询机构出具的竣工结算文件审核意见。

② 工程造价咨询机构的审核。接受委托的工程造价咨询机构从事竣工结算审核工作通常应包括下列三个阶段。

a. 准备阶段。准备阶段应包括收集、整理竣工结算审核项目的审核依据资料，做好送审资料的交验、核实、签收工作，并应对资料等的缺陷向委托方提出书面意见及要求。

b. 审核阶段。审核阶段应包括现场踏勘核实，召开审核会议，澄清问题，提出补充依据性资料和必要的弥补性措施，形成会商纪要，进行计量、计价审核与确定工作，完成初步审核报告。

c. 审定阶段。审定阶段应包括就竣工结算审核意见与承包人、发包人进行沟通，召开协调会议，处理分歧事项，形成竣工结算审核成果文件，签认竣工结算审定签署表，提交竣工结算审核报告等工作。竣工结算审核应采用全面审核法，除委托咨询合同另有约定外，不得采用重点审核法、抽样审核法或类比审核法等其他方法。

竣工结算审核的成果文件应包括竣工结算审核书封面、签署页、竣工结算审核报告、竣工结算审定签署表、竣工结算审核汇总对比表、单项工程竣工结算审核汇总对比表、单位工程竣工结算审核汇总对比表等。

③ 承包人异议的处理。发包人委托工程造价咨询机构核对审核竣工结算文件的，工程造价咨询机构应在规定期限内核对完毕，审核意见与承包人提交的竣工结算文件不一致的，应提交给承包人复核，承包人应在规定期限内将同意审核意见或不同意见的说明提交工程造价咨询机构。工程造价咨询机构收到承包人提出的异议后，应再次复核，复核无异议的，发、承包双方应在规定期限内在竣工结算文件上签字确认，竣工结算办理完毕；复核后仍有异议的，对于无异议部分办理不完全竣工结算，有异议部分由发承包双方协商解决，协商不成的，按照合同约定的争议解决方式处理。

承包人逾期未提出书面异议的，视为工程造价咨询机构核对的竣工结算文件已经承包人认可。

④ 竣工结算文件的确认与备案。工程竣工结算文件经发、承包双方签字确认的，应当作为工程结算的依据，未经对方同意，另一方不得就已生效的竣工结算文件委托工程造价咨询企业重复审核。发包人应当按照竣工结算文件及时支付竣工结算款。竣工结算文件应当由发包人报工程所在地县级以上地方人民政府住房和城乡建设主管部门备案。

（3）质量争议工程的竣工结算　发包人对工程质量有异议，拒绝办理工程竣工结算的，按以下情形分别处理：

① 已经竣工验收或已竣工未验收但实际投入使用的工程，其质量争议按该工程保修合同执行，竣工结算按合同约定办理。

② 已竣工未验收且未实际投入使用的工程以及停工、停建工程的质量争议，双方应就有争议的部分委托有资质的检测鉴定机构进行检测，根据检测结果确定解决方案，或按工程质量监督机构的处理决定执行后办理竣工结算，无争议部分的竣工结算按合同约定办理。

2. 竣工结算款的支付

（1）承包人提交竣工结算款支付申请　承包人应根据办理的竣工结算文件，向发包人提交竣工结算款支付申请。该申请应包括下列内容：

① 竣工结算合同价款总额；

② 累计已实际支付的合同价款；

③ 应扣留的质量保证金（已缴纳履约保证金的或者提供其他工程质量担保方式的除外）；

④ 实际应支付的竣工结算款金额。

（2）发包人签发竣工结算支付证书　发包人应在收到承包人提交竣工结算款支付申请后规定时间内予以核实，向承包人签发竣工结算支付证书。

（3）支付竣工结算款　发包人在签发竣工结算支付证书后的规定时间内，按照竣工结算支付证书列明的金额向承包人支付结算款。

发包人在收到承包人提交的竣工结算款支付申请后规定时间内不予核实，不向承包人签发竣工结算支付证书的，视为承包人的竣工结算款支付申请已被发包人认可；发包人应在收到承包人提交的竣工结算款支付申请规定时间内，按照承包人提交的竣工结算款支付申请列明的金额向承包人支付结算款。

发包人未按照规定的程序支付竣工结算款的，承包人可催告发包人支付，并有权获得延迟支付的利息。发包人在竣工结算支付证书签发后或者在收到承包人提交的竣工结算款支付申请规定时间内仍未支付的，除法律另有规定外，承包人可与发包人协商将该工程折价，也可直接向人民法院申请将该工程依法拍卖。承包人就该工程折价或拍卖的价款优先受偿。

3. 合同解除的价款结算与支付

发承包双方协商一致解除合同的，按照达成的协议办理结算和支付合同价款。

（1）不可抗力解除合同　由于不可抗力解除合同的，发包人除应向承包人支付合同解除之日前已完成工程但尚未支付的合同价款，还应支付下列金额：

① 合同中约定应由发包人承担的费用。

② 已实施或部分实施的措施项目应付价款。

③ 承包人为合同工程合理订购且已交付的材料和工程设备货款。发包人一经支付此项货款，该材料和工程设备即成为发包人的财产。

④ 承包人撤离现场所需的合理费用，包括员工遣送费和临时工程拆除、施工设备运离现场的费用。

⑤ 承包人为完成合同工程而预期开支的任何合理费用，且该项费用未包括在本款其他各项支付之内。

发承包双方办理结算合同价款时，应扣除合同解除之日前发包人应向承包人收回的价款。当发包人应扣除的金额超过了应支付的金额，则承包人应在合同解除后的56天内将其差额退还给发包人。

（2）违约解除合同

① 承包人违约。因承包人违约解除合同的，发包人应暂停向承包人支付任何价款。发包人应在合同解除后规定时间内核实合同解除时承包人已完成的全部合同价款以及按施工进度计划已运至现场的材料和工程设备货款，按合同约定核算承包人应支付的违约金以及造成损失的索赔金额，并将结果通知承包人。发、承包双方应在规定时间内予以确认或提出意见，并办理结算合同价款。如果发包人应扣除的金额超过了应支付的金额，则承包人应在合同解除后的规定时间内将其差额退还给发包人。发、承包双方不能就解除合同后的结算达成一致的，按照合同约定的争议解决方式处理。

② 因发包人违约解除合同的，发包人除应按照有关不可抗力解除合同的规定向承包人支付各项价款外，还需按合同约定核算发包人应支付的违约金以及给承包人造成损失或损害的索赔金额费用。该笔费用由承包人提出，发包人核实后在与承包人协商确定的规定时间内向承包人签发支付证书。协商不能达成一致的，按照合同约定的争议解决方式处理。

四、最终结清

 **知识拓展**

最终结清

所谓最终结清，是指合同约定的缺陷责任期终止后，承包人已按合同规定完成全部剩余工作且质量合格时，发包人与承包人结清全部剩余款项的活动。

1. 最终结清申请单

缺陷责任期终止后，若承包人已按合同规定完成全部剩余工作且质量合格，发包人签发缺陷责任期终止证书，承包人可按合同约定的份数和期限向发包人提交最终结清申请单，并提供相关证明材料，详细说明承包人根据合同规定已经完成的全部工程价款金额以及承包人认为根据合同规定应进一步支付的其他款项。发包人对最终结清申请单内容有异议的，有权要求承包人进行修正和提供补充资料，由承包人向发包人提交修正后的最终结清申请单。

2. 最终支付证书

发包人在收到承包人提交的最终结清申请单后的规定时间内予以核实，向承包人签发最终支付证书。发包人未在约定时间内核实，又未提出具体意见的，视为承包人提交的最终结清申请单已被发包人认可。

3. 最终结清付款

发包人应在签发最终结清支付证书后的规定时间内，按照最终结清支付证书列明的金额向承包人支付最终结清款。承包人按合同约定接受了竣工结算支付证书后，应被认为已无权再提出在合同工程接收证书颁发前所发生的任何索赔。承包人在提交的最终结清申请中，只限于提出工程接收证书颁发后发生的索赔，提出索赔的期限自接受最终支付证书时终止。发包人未按期支付的，承包人可催告发包人在合理的期限内支付，并有权获得延迟支付的利息。

最终结清时，如果承包人被扣留的质量保证金不足以抵减发包人工程缺陷修复费用的，承包人应承担不足部分的补偿责任。

最终结清付款涉及政府投资资金的，按照国库集中支付等国家相关规定和专用合同条款的约定办理。

承包人对发包人支付的最终结清款有异议的，按照合同约定的争议解决方式处理。

第二节　工程竣工决算

一、建设项目竣工决算的概念及作用

1. 建设项目竣工决算的概念

项目竣工决算是指所有项目竣工后，项目单位按照国家有关规定在项目竣工验收阶段编制的竣工决算报告。竣工决算是以实物数量和货币指标为计量单位，综合反映竣工建设项目全部建设费用、建设成果和财务状况的总结性文件，是竣工验收报告的重要组成部分。竣工决算是正确核定新增固定资产价值，考核分析投资效果，建立健全经济责任制的依据，是反映建设项目实际造价和投资效果的文件。竣工决算是建设工程经济效益的全面反映，是项目法人核定各类新增资产价值、办理其交付使用的依据。竣工决算是工程造价管理的重要组成部分，做好竣工决算是全面完成工程造价管理目标的关键性因素之一。通过竣工决算，既能够正确反映建设工程的实际造价和投资结果，又可以与概算、预算对比分析，考核投资控制的工作成效，为工程建设提供重要的技术经济方面的基础资料，提高未来工程建设的投资效益。

项目竣工时，应编制建设项目竣工财务决算。在编制项目竣工财务决算前，项目建设单位应当认真做好各项清理工作，包括账目核对及账务调整、财产物资核实处理、债权实现和债务清偿、档案资料归集整理等。建设周期长、建设内容多的项目中，单项工程竣工，具备交付使用条件的，可编制单项工程竣工财务决算。建设项目全部竣工后应编制竣工财务总决算。

2. 建设项目竣工决算的作用

① 建设项目竣工决算是综合全面地反映竣工项目建设成果及财务情况的总结性文件，它采用货币指标、实物数量、建设工期和各种技术经济指标综合、全面地反映建设项目自开始建设到竣工为止全部建设成果和财务状况。

② 建设项目竣工决算是办理交付使用资产的依据，也是竣工验收报告的重要组成部分。建设单位与使用单位在办理交付资产的验收交接手续时，通过竣工决算反映了交付使用资产的全部价值，包括固定资产、流动资产、无形资产和其他资产的价值。及时编制竣工决算可以正确核定固定资产价值并及时办理交付使用，可缩短工程建设周期，节约建设项目投资，准确考核和分析投资效果。它可作为建设主管部门向企业使用单位移交财产的依据。

③ 建设项目竣工决算是分析和检查设计概算的执行情况，考核建设项目管理水平和投

资效果的依据。竣工决算反映了竣工项目计划、实际的建设规模、建设工期以及设计和实际的生产能力，反映了概算总投资和实际的建设成本，同时还反映了所达到的主要技术经济指标。通过对这些指标计划数、概算数与实际数进行对比分析，不仅可以全面掌握建设项目计划和概算执行情况，而且可以考核建设项目投资效果，为今后制订建设项目计划，降低建设成本，提高投资效果提供必要的参考资料。

二、竣工决算的内容和编制

1. 竣工决算的内容

建设项目竣工决算应包括从筹建到竣工投产全过程的全部实际费用，即包括建筑工程费、安装工程费、设备工器具购置费用及预备费等费用。根据财政部、国家发展和改革委员会、住房和城乡建设部的有关文件规定，竣工决算是由竣工财务决算说明书、竣工财务决算报表、工程竣工图和工程竣工造价对比分析四部分组成。其中竣工财务决算说明书和竣工财务决算报表两部分又称建设项目竣工财务决算，是竣工决算的核心内容。竣工财务决算是正确核定项目资产价值、反映竣工项目建设成果的文件，是办理资产移交和产权登记的依据。

（1）竣工财务决算说明书　竣工财务决算说明书主要反映竣工工程建设成果和经验，是对竣工决算报表进行分析和补充说明的文件，是全面考核分析工程投资与造价的书面总结，是竣工决算报告的重要组成部分，主要包括以下内容。

① 项目概况。一般从进度、质量、安全和造价方面进行分析说明。进度方面主要说明开工和竣工时间，对照合理工期和要求工期分析是提前还是延期；质量方面主要根据竣工验收委员会或相当一级质量监督部门的验收评定等级、合格率和优良品率；安全方面主要根据劳动工资和施工部门的记录，对有无设备和人身事故进行说明；造价方面主要对照概算造价，说明节约或超支的情况，用金额和百分率进行分析说明。

② 会计账务的处理、财产物资清理及债权债务的清偿情况。

③ 项目建设资金计划及到位情况，财政资金支出预算、投资计划及到位情况。

④ 项目建设资金使用、项目结余资金等分配情况。

⑤ 项目概（预）算执行情况及分析，竣工实际完成投资与概算差异及原因分析。

⑥ 尾工工程情况。项目一般不得预留尾工工程，确需预留尾工工程的，尾工工程投资不得超过批准的项目概（预）算总投资的5％。

⑦ 历次审计、检查、审核、稽查意见及整改落实情况。

⑧ 主要技术经济指标的分析、计算情况。概算执行情况分析，根据实际投资完成额与概算进行对比分析；新增生产能力的效益分析，说明交付使用财产占总投资额的比例，不增加固定资产的造价占投资总额的比例，分析有机构成和成果。

⑨ 项目管理经验、主要问题和建议。

⑩ 预备费动用情况。

⑪ 项目建设管理制度执行情况、政府采购情况、合同履行情况。

⑫ 征地拆迁补偿情况、移民安置情况。

⑬ 需说明的其他事项。

（2）竣工财务决算报表　建设项目竣工决算报表包括：封面、基本建设项目概况表、基本建设项目竣工财务决算表、基本建设项目资金情况明细表、基本建设项目交付使用资产总表、基本建设项目交付使用资产明细表、待摊投资明细表、待核销基建支出明细表、转出投资明细表等。以下对其中几个主要报表进行介绍。

① 基本建设项目概况表（表8-1）。该表综合反映基本建设项目的基本概况，内容包括该项目总投资、建设起止时间、新增生产能力、主要材料消耗、建设成本、完成主要工程量

和主要技术经济指标，为全面考核和分析投资效果提供依据，可按下列要求填写。

表 8-1　基本建设项目概况表

<table>
<tr><td>建设项目(单项工程)名称</td><td colspan="3"></td><td>建设地址</td><td></td><td></td><td rowspan="9">基建支出</td><td>项目</td><td>核算批准金额(元)</td><td>实际完成金额(元)</td><td>备注</td></tr>
<tr><td rowspan="2">主要设计单位</td><td colspan="3" rowspan="2"></td><td rowspan="2">主要施工企业</td><td colspan="2" rowspan="2"></td><td>建筑安装工程</td><td></td><td></td><td rowspan="8"></td></tr>
<tr><td>设备、工具、器具</td><td></td><td></td></tr>
<tr><td rowspan="2">占地面积(m²)</td><td>设计</td><td colspan="2">实际</td><td rowspan="2">总投资(万元)</td><td>设计</td><td>实际</td><td>待摊投资</td><td></td><td></td></tr>
<tr><td></td><td colspan="2"></td><td></td><td></td><td>其中：项目建设管理费</td><td></td><td></td></tr>
<tr><td rowspan="2">新增生产能力</td><td colspan="4">能力(效益)名称</td><td>设计</td><td>实际</td><td>其他投资</td><td></td><td></td></tr>
<tr><td colspan="4"></td><td></td><td></td><td>待核销基建支出</td><td></td><td></td></tr>
<tr><td rowspan="2">建设起止时间</td><td colspan="2">设计</td><td colspan="4">从　　年　月　日至　　年　月　日</td><td>转出投资</td><td></td><td></td></tr>
<tr><td colspan="2">实际</td><td colspan="4">从　　年　月　日至　　年　月　日</td><td>合计</td><td></td><td></td></tr>
</table>

<table>
<tr><td>概算批准部门及文号</td><td colspan="5"></td></tr>
<tr><td rowspan="3">完成主要工程量</td><td colspan="2">建设规模</td><td colspan="3">设备(台、套、吨)</td></tr>
<tr><td>设计</td><td>实际</td><td colspan="2">设计</td><td>实际</td></tr>
<tr><td></td><td></td><td colspan="2"></td><td></td></tr>
<tr><td rowspan="3">尾工工程</td><td>单项工程项目、内容</td><td>批准概算</td><td>预计未完部分投资额</td><td>已完成投资额</td><td>预计完成时间</td></tr>
<tr><td></td><td></td><td></td><td></td><td></td></tr>
<tr><td>小计</td><td></td><td></td><td></td><td></td></tr>
</table>

a. 建设项目名称、建设地址、主要设计单位和主要承包人，要按全称填列。

b. 表中占地面积包括设计面积和实用面积。

c. 表中总投资包括设计概算总投资和决算实际总投资。

d. 表中各项目的设计、概算等指标，根据批准的设计文件和概算等确定的数字填列。

e. 表中所列新增生产能力、完成主要工程量的实际数据，根据建设单位统计资料和承包人提供的有关成本核算资料填列。

f. 表中基建支出是指建设项目从开工起至竣工为止发生的全部基本建设支出，包括形成资产价值的交付使用资产，如固定资产、流动资产、无形资产、其他资产支出，还包括不形成资产价值，按照规定应核销的非经营项目的待核销基建支出和转出投资。上述支出，应根据财政部门历年批准的“基建投资表”中的有关数据填列。按照《基本建设财务规则》(财政部令第 81 号) 和《基本建设项目建设成本管理规定》(财建〔2016〕504 号) 的规定，需要注意以下几点。

A.建筑安装工程投资支出、设备工器具投资支出、待摊投资支出和其他投资支出构成建设项目的建设成本。

建筑安装工程投资支出是指基本建设项目建设单位按照批准的建设内容发生的建筑工程和安装工程的实际成本，其中不包括被安装设备本身的价值，以及按照合同规定支付给施工单位的预付备料款和预付工程款。

设备工器具投资支出是指基本建设项目建设单位按照批准的建设内容发生的各种设备的实际成本（不包括工程抵扣的增值税进项税额），包括需要安装设备、不需要安装设备和为生产准备的不够固定资产标准的工具、器具的实际成本。需要安装设备是指必须将其整体或几个部位装配起来，安装在基础上或建筑物支架上才能使用的设备；不需要安装设备是指不必固定在一定位置或支架上就可以使用的设备。

待摊投资支出是指基本建设项目建设单位按照批准的建设内容发生的，应当分摊计入相关资产价值的各项费用和税金支出。它主要包括：(a）勘察费、设计费、研究试验费、可行性研究费及项目其他前期费用；(b）土地征用及迁移补偿费、土地复垦及补偿费、森林植被恢复费及其他为取得或租用土地使用权而发生的费用；(c）土地使用税、耕地占用税、契税、车船税、印花税及按规定缴纳的其他税费；(d）项目建设管理费、代建管理费、临时设施费、监理费、招标投标费、社会中介机构审查费及其他管理性质的费用；(e）项目建设期间发生的各类借款利息、债券利息、贷款评估费、国外借款手续费及承诺费、汇兑损益、债券发行费用及其他债务利息支出或融资费用；(f）工程检测费、设备检验费、负荷联合试车费及其他检验检测类费用；(g）固定资产损失、器材处理亏损、设备盘亏及毁损、报废工程净损失及其他损失；(h）系统集成等信息工程的费用支出；(i）其他待摊投资性质支出。

知识拓展

需要注意的是基本建设项目在建设期间的建设资金存款利息收入冲减债务利息支出，利息收入超过利息支出的部分，冲减待摊投资总支出。项目单项工程报废净损失计入待摊投资支出，单项工程报废应当经有关部门或专业机构鉴定。非经营性项目以及使用财政资金所占比例超过项目资本50%的经营性项目，发生的单项工程报废经鉴定后，需报项目竣工财务决算批复部门审核批准。

其他投资支出是指基本建设项目建设单位按照批准的建设内容发生的房屋购置支出，基本畜禽、林木等的购置、饲养、培育支出，办公生活用家具、器具购置支出，软件研发和不能计入设备投资的软件购置等支出。

B.待核销基建支出包括以下内容：非经营性项目发生的江河清障、航道清淤、飞播造林、补助群众造林、退耕还林（草）、封山（沙）育林（草）、水土保持、城市绿化、毁损道路修复、护坡及清理等不能形成资产的支出，以及项目未被批准、项目取消和项目报废前已发生的支出；非经营性项目发生的农村沼气工程、农村安全饮水工程、农村危房改造工程、游牧民定居工程、渔民上岸工程等涉及家庭或者个人的支出，形成资产产权归属家庭或者个人的，也作为待核销基建支出处理。

上述待核销基建支出，若形成资产产权归属本单位，计入交付使用资产价值；形成产权不归属本单位的，作为转出投资处理。

C.非经营性项目转出投资支出是指非经营性项目为项目配套的专用设施投资，包括专用道路、专用通信设施、送变电站、地下管道等，且其产权不属于本单位的投资支出。对于产权归属本单位的，应计入交付使用资产价值。

g. 表中"概算批准部门及文号"，按最后经批准的文件号填列。

h. 表中收尾工程是指全部工程项目验收后尚遗留的少量收尾工程，在表中应明确填写收尾工程内容、完成时间、这部分工程的实际成本，可根据实际情况进行估算并加以说明，完工后不再编制竣工决算。

② 基本建设项目竣工财务决算表（表 8-2）。竣工财务决算表是竣工财务决算报表的一种。建设项目竣工财务决算表用来反映建设项目的全部资金来源和资金占用情况，是考核和分析投资效果的依据。该表反映竣工的建设项目从开工到竣工为止全部资金来源和资金运用的情况。它是考核和分析投资效果，落实结余资金，并作为报告上级核销基本建设支出和基本建设拨款的依据。该表采用平衡表形式，即资金来源合计等于资金支出合计。在编制该表前，应先编制出项目竣工年度财务决算，根据编制出的年度财务决算和历年财务决算编制项目的竣工财务决算。

表 8-2　基本建设项目竣工财务决算表　　单位：

资金来源	金额	资金占用	金额
一、基建拨款		一、基本建设支出	
1. 中央财政资金		（一）交付使用资产	
其中：一般公共预算资金		1. 固定资产	
中央基建投资		2. 流动资产	
财政专项资金		3. 无形资产	
政府性基金		（二）在建工程	
国有资本经营预算安排的基建项目资金		1. 建筑安装工程投资	
2. 地方财政资金		2. 设备投资	
其中：一般公共预算资金		3. 待摊投资	
地方基建投资		4. 其他投资	
财政专项资金		（三）待核销基建支出	
政府性资金基金		（四）转出投资	
国有资本经营预算安排的基建项目资金		二、货币资金合计	
二、部门自筹资金（非负债性资金）		其中：银行存款	
三、项目资本		财政应返还额度	
1. 国家资本		其中：立接支付	
2. 法人资本		授权支付	
3. 个人资本		现金	
4. 外商资本		有价证券	
四、项目资本公积		三、预付及应收款合计	
五、基建借款		1. 预付备料款	
其中：企业债券资金		2. 预付工程款	
六、待冲基建支出		3. 预付设备款	
七、应付款合计		4. 应收票据	
1. 应付工程款		5. 其他应收款	
2. 应付设备款		四、固定资产合计	
3. 应付票据		固定资产原价	
4. 应付工资及福利费		减：累计折旧	
5. 其他应付款		固定资产净值	
八、未交款合计		固定资产清理	
1. 未交税金		待处理固定资产损失	
2. 未交结余财政资金			

续表

资金来源	金额	资金占用	金额
3.未交基建收入			
4.其他未交款			
合计		合计	

补充资料：
基建借款期末余额：
基建结余资金：
注：资金来源合计扣除财政资金拨款与国家资本、资本公积重叠部分。

基本建设项目竣工财务决算表具体编制方法如下。

a.资金来源包括基建拨款、部门自筹资（非负债性资金）、项目资本、项目资本公积、基建借款、待冲基建支出、应付款和未交款，其中：

A.项目资本金是指经营性项目投资者按国家有关项目资本金的规定，筹集并投入项目的非负债资金，在项目竣工后，相应转为生产经营企业的国家资本金、法人资本金、个人资本金和外商资本金。

B.项目资本公积金是指经营性项目对投资者实际缴付的出资额超过其资金的差额（包括发行股票的溢价净收入）、资产评估确认价值或者合同协议约定价值与原账面净值的差额，以及接收捐赠的财产、资本汇率折算差额，在项目建设期间作为资本公积金、项目建成交付使用并办理竣工决算后，转为生产经营企业的资本公积金。

值得注意的是，资金来源合计应扣除财政资金拨款与国家资本、资本公积重叠部分。

b.表中“交付使用资产”“中央财政资金”“地方财政资金”“部门自筹资金”“项目资本”“基建借款”等项目，是指自开工建设至竣工的累计数，上述有关指标应根据历年批复的年度基本建设财务决算和竣工年度的基本建设财务决算中资金平衡表相应项目的数字进行汇总填写。

c.表中其余项目费用办理竣工验收时的结余数，根据竣工年度财务决算中资金平衡表的有关项目期末数填写。

d.资金支出反映建设项目从开工准备到竣工全过程资金支出的情况，内容包括基建支出、货币资金、预付及应收款、固定资产等，资金支出总额应等于资金来源总额。

e.补充资料当中，基建借款期末余额是指工程项目竣工时尚未偿还的基建投资借款数，应根据竣工年度资金平衡表内的“基建借款”项目期末数填列；应收生产单位投资借款期末数，应根据竣工年度资金平衡表内的“应收生产单位投资借款”项目的期末数填列。基建结余资金是指竣工时的结余资金，应根据竣工财务决算表中有关项目计算填列，其计算公式为：

基建结余资金＝基建拨款＋项目资本＋项目资本公积＋基建借款
＋企业债券资金＋待冲基建支出－基本建设支出

③ 基本建设项目交付使用资产总表（表8-3）。该表反映建设项目建成后新增固定资产、流动资产、无形资产价值的情况，作为财产交接、检查投资计划完成情况和分析投资效果的依据。

表8-3　基本建设项目支付使用资产总表　　单位：

序号	单项工程名称	总计	固定资产				流动资产	无形资产
			合计	建筑物及构筑物	设备	其他		

续表

序号	单项工程名称	总计	固定资产				流动资产	无形资产
			合计	建筑物及构筑物	设备	其他		

交付单位： 负责人： 接收单位： 负责人：

基本建设项目交付使用资产总表具体编制方法如下。

a. 表中各栏目数据根据“交付使用资产明细表”的固定资产、流动资产、无形资产的各相应项目的汇总数分别填写，表中总计栏的总计数应与竣工财务决算表中的交付使用资产的金额一致。

b. 表中第 3 栏、第 4 栏、第 8 栏和第 9 栏的合计数，应分别与竣工财务决算表交付使用的固定资产、流动资产、无形资产、其他资产的数据相符。

④ 基本建设项目交付使用资产明细表（表 8-4）。该表反映交付使用的固定资产、流动资产、无形资产价值的明细情况，是办理资产交接和接收单位登记资产账目的依据，是使用单位建立资产明细账和登记新增资产价值的依据。编制时要做到齐全完整，数字准确，各栏目价值应与会计账目中相应科目的数据保持一致。基本建设项目交付使用资产明细表具体编制方法如下。

表 8-4 建设项目交付使用资产明细表 单位

序号	单项工程项目名称	固定资产										流动资产		无形资产	
		建筑工程				设备、工具、器具、家具									
		结构	面积	金额	其中：分摊待摊投资	名称	规格型号	数量	金额	其中：设备安装费	其中：分摊待摊投资	名称	价值	名称	价值

a. 表中“建筑工程”项目应按单项工程名称填列其结构、面积和价值。其中“结构”是指项目按钢结构、钢筋混凝土结构、混合结构等结构形式填写；面积则按各项目实际完成面积填写；金额按交付使用资产的实际价值填写。

b. 表中“固定资产”部分要在逐项盘点后，根据盘点实际情况填写，工具、器具和家具等低值易耗品可分类填写。

c. 表中“流动资产”“无形资产”项目应根据建设单位实际交付的名称和价值分别填列。

⑤ 竣工财务决算报表其他表如下：待摊投资明细表（表 8-5）、待核销基建支出明细表（表 8-6）、转出投资明细表（表 8-7）。

表 8-5 待摊投资明细表

项目名称： 单位

项目	金额	项目	金额
1.勘察费		25.社会中介机构审计(查)费	
2.设计费		26.工程检测费	
3.研究试验费		27.设备检验费	
4.环境影响评价费		28.负荷联合试车费	
5.监理费		29.固定资产损失	
6.土地征用及迁移补偿费		30.器材处理亏损	
7.土地复垦及补偿费		31.设备盘亏及毁损	
8.土地使用税		32.报废工程损失	
9.耕地占用税		33.(贷款)项目评估费	
10.车船税		34.国外借款手续费及承诺费	
11.印花税		35.汇兑损益	
12.临时设施费		36.坏账损失	
13.文物保护费		37.借款利息	
14.森林植被恢复费		38.减:存款利息收入	
15.安全生产费		39.减:财政贴息资金	
16.安全鉴定费		40.企业债券发行费用	
17.网络租赁费		41.经济合同仲裁费	
18.系统运行维护监理费		42.诉讼费	
19.项目建设管理费		43.律师代理费	
20.代建管理费		44.航道维护费	
21.工程保险费		45.航标设施费	
22.招投标费		46.检测费	
23.合同公证费		47.其他待摊投资性质支出	
24.可行性研究费		合计	

表 8-6 待核销基建支出明细表

项目名称： 单位：

不能形成资产部分的财政投资支出				用于家庭或个人的财政补助支出			
支出类别	单位	数量	金额	支出类别	单位	数量	金额
1.江河清障				1.补助群众造林			
2.航道清淤				2.户用沼气工程			
3.飞播造林				3.户用饮水工程			
4.退耕还林(草)				4.农村危房改造工程			
5.封山(沙)育林(草)							
6.水土保持				……			
7.城市绿化							
8.毁堤道路修复							
9.护坡及清理							
10.取消项目可行性研究费							
11.项目报废							
……				合计			

表 8-7 转出投资明细表

项目名称： 单位：

序号	单项工程项目名称	固定资产										流动资产		无形资产	
		建筑工程				设备、工具、器具、家具									
		结构	面积	金额	其中：分摊待摊投资	名称	规格型号	数量	金额	设备安装费	其中：分摊待摊投资	名称	价值	名称	价值
1															
2															
3															
4															
5															
6															
7															
8															
	合计														

交付单位： 负责人： 接收单位： 负责人：
盖章： 年 月 日 盖章： 年 月 日

需注意的是，在编制项目竣工财务决算时，项目建设单位应当按照规定将待摊投资支出按合理比例分摊计入交付使用资产价值、转出投资价值和待核销基建支出。

(3) 建设工程竣工图 建设工程竣工图是真实地记录各种地上、地下建筑物、构筑物等情况的技术文件，是工程进行交工验收、维护、改建和扩建的依据，是国家的重要技术档案。全国各建设、设计、施工单位和各主管部门都要认真做好竣工图的编制工作。国家规定：各项新建、扩建、改建的基本建设工程，特别是基础、地下建筑、管线、结构、井巷、桥梁、隧道、港口、水坝以及设备安装等隐蔽部位，都要编制竣工图。为确保竣工图质量，必须在施工过程中（不能在竣工后）及时做好隐蔽工程检查记录，整理好设计变更文件。编制竣工图的形式和深度，应根据不同情况区别对待，其具体要求包括：

① 凡按图竣工没有变动的，由承包人（包括总包和分包承包人，下同）在原施工图上加盖“竣工图”标志后，即作为竣工图。

② 凡在施工过程中，虽有一般性设计变更，但能将原施工图加以修改补充作为竣工图的，可不重新绘制，由承包人负责在原施工图（必须是新蓝图）上注明修改的部分，并附以设计变更通知单和施工说明，加盖“竣工图”标志后作为竣工图。

③ 凡结构形式改变、施工工艺改变、平面布置改变、项目改变以及有其他重大改变，不宜再在原施工图上修改、补充时，应重新绘制改变后的竣工图。由原设计原因造成的，由设计单位负责重新绘制；由施工原因造成的，由承包人负责重新绘图；由其他原因造成的，由建设单位自行绘制或委托设计单位绘制。承包人负责在新图上加盖“竣工图”标志，并附以有关记录和说明，作为竣工图。

④ 为了满足竣工验收和竣工决算需要，还应绘制反映竣工工程全部内容的工程设计平面示意图。

⑤ 重大的改建、扩建工程项目涉及原有的工程项目变更时，应将相关项目的竣工图资料统一整理归档，并在原图案卷内增补必要的说明一起归档。

(4) 工程造价对比分析 对控制工程造价所采取的措施、效果及其动态的变化需要进行认真的对比，总结经验教训。批准的概算是考核建设工程造价的依据。在分析时，可先对比整个项目的总概算，然后将建筑安装工程费、设备工器具费和其他工程费用逐一与竣工决算表中所提供的实际数据和相关资料及批准的概算、预算指标，实际的工程造价进行对比分析，以确定项目总造价是节约还是超支，并在对比的基础上，总结先进经验，找出节约和超支的内容和原因，提出改进措施。在实际工作中，应主要分析以下内容：

① 考核主要实物工程量。对于实物工程量出入比较大的情况，必须查明原因。

② 考核主要材料消耗量。在建筑安装工程投资中，材料费一般占直接工程费70%左右，所以要按照竣工决算表中所列明的三大材料实际超概算的消耗量，查明是在工程的哪个环节超出量最大，再进一步查明超耗的原因。

③ 考核建设单位管理费、措施费和间接费的取费标准。建设单位管理费、措施费和间接费的取费标准要按照国家和各地的有关规定，根据竣工决算报表中所列的建设单位管理费与概预算所列的建设单位管理费数额进行比较，依据规定查明多列或少列的费用项目，确定其节约、超支的数额，并查明原因。

④ 主要工程子目的单价和变动情况。在工程项目的投标报价或施工合同中，项目的子目单价早已确定，但由于施工过程或设计的变化等原因，经常会出现单价变动或新增加子目单价如何确定的问题。因此，要对主要工程子目的单价进行核对，对新增子目的单价进行分析检查，如发现异常应查明原因。

2. 竣工决算的编制

(1) 建设项目竣工决算的编制条件　编制工程竣工决算应具备下列条件：

① 经批准的初步设计所确定的工程内容已完成；

② 单项工程或建设项目竣工结算已完成；

③ 收尾工程投资和预留费用不超过规定的比例；

④ 涉及法律诉讼、工程质量纠纷的事项已处理完毕；

⑤ 其他影响工程竣工决算编制的重大问题已解决；

(2) 建设项目竣工决算的编制依据　建设项目竣工决算应依据下列资料编制：

①《基本建设财务规则》(财政部令第81号) 等法律、法规和规范性文件；

② 项目计划任务书及立项批复文件；

③ 项目总概算书、单项工程概算书文件及概算调整文件；

④ 经批准的可行性研究报告、设计文件及设计交底、图纸会审资料；

⑤ 招标文件、最高投标限价及招标投标书；

⑥ 施工、代建、勘察设计、监理及设备采购等合同，政府采购审批文件、采购合同；

⑦ 工程结算资料；

⑧ 工程签证、工程索赔等合同价款调整文件；

⑨ 设备、材料调价文件记录；

⑩ 有关的会计及财务管理资料；

⑪ 下达的项目年度财政资金投资计划、预算；

⑫ 其他有关资料。

(3) 竣工决算的编制要求　为了严格执行建设项目竣工验收制度，正确核定新增固定资产价值，考核分析投资效果，建立健全经济责任制，所有新建、扩建和改建等建设项目竣工后，都应及时、完整、正确地编制好竣工决算。建设单位要做好以下工作。

① 按照规定组织竣工验收，保证竣工决算的及时性。对建设工程全面考核，所有的建设项目（或单项工程）按照批准的设计文件所规定的内容建成后，具备了投产和使用条件的，都要及时组织验收。对竣工验收中发现的问题，应及时查明原因，采取措施加以解决，

以保证建设项目按时交付使用和及时编制竣工决算。

② 积累、整理竣工项目资料，特别是项目的造价资料，保证竣工决算的完整性。积累、整理竣工项目资料是编制竣工决算的基础工作，它关系到竣工决算的完整性和质量的好坏。因此，在建设过程中，建设单位必须随时收集项目建设的各种资料，并在竣工验收前，对各种资料进行系统整理，分类立卷，为编制竣工决算提供完整的数据资料，为投产后加强固定资产管理提供依据。在工程竣工时，建设单位应将各种基础资料与竣工决算一起移交给生产单位或使用单位。

③ 核对各项账目，清理各项财务、债务和结余物资，保证竣工决算的正确性。工程竣工后，建设单位要认真核实各项交付使用资产的建设成本；完成各项账务处理及财产物资的盘点核实，做到账账、账证、账实、账表相符。项目建设单位应当逐项盘点核实，填列各种材料、设备、工具、器具等清单并妥善保管，应变价处理的库存设备、材料以及应处理的自用固定资产要公开变价处理，不得侵占、挪用；对竣工后的结余资金，要按规定上交财政部门或上级主管部门。在完成上述工作，核实了各项数字的基础上，正确编制从年初起到竣工月份止的竣工年度财务决算，以便根据历年的财务决算和竣工年度财务决算进行整理汇总，编制建设项目竣工决算。

（4）竣工决算的编制程序　基本建设项目完工可投入使用或者试运行合格后，应当在3个月内编报竣工财务决算，特殊情况确需延长的，中小型项目不得超过2个月，大型项目不得超过6个月。项目竣工财务决算经审核前，项目建设单位一般不得撤销，项目负责人及财务主管人员、重大项目的相关工程技术主管人员、概（预）算主管人员一般不得调离。确需撤销的，项目有关财务资料应当转入其他机构承接、保管；人员确需调离的，应当继续承担或协助做好竣工财务决算相关工作。竣工决算的编制程序分为前期准备、实施、完成和资料归档四个阶段。

① 前期准备工作阶段的主要工作内容如下：

a. 了解编制工程竣工决算建设项目的基本情况，收集和整理、分析基本的编制资料。在编制竣工决算文件之前，应系统地整理所有的技术资料、工料结算的经济文件、施工图纸和各种变更与签证资料，并分析它们的准确性。完整、齐全的资料是准确而迅速编制竣工决算的必要条件。

b. 确定项目负责人，配置相应的编制人员。

c. 制定切实可行、符合建设项目情况的编制计划。

d. 由项目负责人对成员进行培训。

② 实施阶段主要工作内容如下：

a. 收集完整的编制程序依据资料。在收集、整理和分析有关资料时，要特别注意建设工程从筹建到竣工投产或使用的全部费用的各项账务，债权和债务的清理，做到工程完毕账目清晰，既要核对账目，又要查点库存实物的数量，做到账与物相等，账与账相符，对结余的各种材料、工器具和设备，要逐项清点核实，妥善管理，并按规定及时处理，收回资金。对各种往来款项要及时进行全面清理，为编制竣工决算提供准确的数据和结果。

b. 协助建设单位做好各项清理工作。

c. 编制完成规范的工作底稿。

d. 对过程中发现的问题应与建设单位进行充分沟通，达成一致意见。

e. 与建设单位相关部门一起做好实际支出与批复概算的对比分析工作。重新核实各单位工程、单项工程造价，将竣工资料与原设计图纸进行查对、核实，必要时可实地测量，确认实际变更情况；根据经审定的承包人竣工结算等原始资料，按照有关规定对原概、预算进行增减调整，重新核定工程造价。

③ 完成阶段主要工作内容如下：

a. 完成工程竣工决算编制咨询报告、基本建设项目竣工决算报表及附表、竣工财务决算说明书、相关附件等。清理、装订好竣工图。做好工程造价对比分析。

b. 与建设单位沟通工程竣工决算的所有事项。

c. 经工程造价咨询企业内部复核后，出具正式工程竣工决算编制成果文件。

④ 资料归档阶段主要工作内容如下：

a. 工程竣工决算编制过程中形成的工作底稿应进行分类整理，与工程竣工决算编制成果文件一并形成归档纸质资料。

b. 对工作底稿、编制数据、工程竣工决算报告进行电子化处理，形成电子档案。将上述编写的文字说明和填写的表格经核对无误，装订成册，即为建设工程竣工决算文件。将其上报主管部门审查，并把其中财务成本部分送交开户银行签证。竣工决算在上报主管部门的同时，抄送有关设计单位。

第三节　建筑工程竣工结算审核

建筑工程竣工结算审查是竣工结算阶段的一项重要工作，经审查核定的工程竣工结算是核定建设工程造价的依据，也是建设项目验收后编制竣工决算和核定新增固定资产价值的依据。因此，建设单位、监理公司以及审计部门等都十分重视竣工结算的审核。

1. 核对合同条款

① 核对竣工工程内容是否符合合同条件要求，工程是否竣工验收合格，只有按合同要求完成全部工程并验收合格后才能竣工结算。

② 按合同约定的结算方法、计价定额、取费标准、主材价格和优惠条款等，对工程竣工结算进行审核，若发现合同开口或有漏洞，应请建设单位与施工单位认真研究，明确结算要求。

2. 检查隐蔽验收记录

所有隐蔽工程均需进行验收，两人以上签证，实行工程监理的项目应经监理工程师签证确认。审核竣工结算时应该对隐蔽工程进行施工记录和验收签证，当手续完整，工程量与竣工图一致时方可列入结算。

3. 落实设计变更签证

设计修改变更应由原设计单位出具设计变更通知单和修改图纸，设计、校审人员签字并加盖公章，经建设单位和监理工程师审查同意并签证。重大设计变更应经原审批部门审批，否则不应列入结算。

4. 按图核实工程数量

竣工结算的工程量应依据竣工图、设计变更单和现场签证等进行核算，并按国家统一规定的计算规则计算工程量。

5. 认真核实单价

结算单价应按现行的计价原则和计价方法确定，不得违反。

6. 注意各项费用计取

建筑安装工程的取费标准应按合同要求或项目建设期间与计价定额配套使用的建筑安装工程费用定额及有关规定执行，先审核各项费率，要注意各项费用的计取基数，如安装工程间接费等是以人工费为基数，这个人工费是定额人工费与人工费调整部分之和。防止各种计算误差。工程竣工结算子目多、篇幅大，往往有计算误差，应认真核算，防止因计算误差多计算或少计算。

第九章

影响工程造价的因素

第一节　工程质量与造价

（一）质量对造价的影响

质量是指项目交付后能够满足业主或客户需求的功能特性与指标。一个项目的实现过程就是该项目质量的形成过程，在这一过程中达到项目的质量要求，需要开展两个方面的工作。一是质量的检验与保障工作，二是项目质量失败的补救工作。这两项工作都要消耗和占用资源，从而都会产生质量成本。

知识拓展

项目质量检验与保障成本，它是为保障项目的质量而发生的成本；项目质量失败补救成本，它是由于质量保障工作失败后为达到质量要求而采取各种质量补救措施所发生的成本。

（二）工程造价与质量的管理问题

项目质量是构成项目价值的本原，所以任何项目质量的变动都会给工程造价带来影响并造成变化。同样，现有工程造价管理方法也没有全面考虑项目质量与造价的集成管理问题，实际上现有方法对于项目质量和造价的管理也是相互独立和相互割裂的。另外，现有方法在造价信息管理方面也存在着项目质量变动对造价变动的影响信息与其他因素对造价的影响信息混淆的问题。

（三）如何控制工程质量

在施工阶段影响工程质量的因素很多，因此必须建立起有效的质量保证监督体系，认真贯彻检查各种规章制度的执行情况，及时检验质量目标和实际目标的一致性，确保工程质量达到预定的标准和等级要求。工程质量对整个工程建设的效益起着十分重要的作用，为降低工程造价，必须抓好工程施工阶段的工程质量。在建设施工阶段要确保工程质量，使工程造价得到全面控制以达到降低造价、节约投资、提高经济效益的目的，就必须抓好事前、事中、事后的质量控制。

1. 事前质量控制

事前质量控制的具体内容见表 9-1。

表 9-1　事前质量控制

事前控制的措施	内容
人的控制	人是指参与工程施工的组织者和操作者，人的技术素质、业务素质、工作能力直接关系到工程质量的优劣，必须设立精干的项目组织机构，优选施工队伍
对原材料、构配件的质量控制	原材料、构配件是施工中必不可少的物质条件，材料的质量是工程质量的基础，原材料质量不合格就造不出优质的工程，即工程质量也就不会合格，所以加强材料的质量控制是提高工程质量的前提条件。因此，除监理单位把关外，项目部也要设立专门的材料质量检查员，确保原材料的进场合格

续表

事前控制的措施	内容
编制科学合理的施工组织设计	这是工程质量及工程进度的重要保证。施工方案的科学、正确与否，是关系到工程的工期、质量目标能否顺利实现的关键。因此，确保优选施工方案在技术上先进可行，在经济上合理，有利于提高工程质量
对施工机械设备的控制	施工机械设备对工程的施工进程和质量安全均有直接影响，从保证项目施工质量角度出发，应着重从机械设备的选型，主要性能参数和操作要求三方面予以控制
对环境因素的控制	影响工程项目质量的环境因素很多，有工程地质、水文、气象等；工程管理环境，如质量保证体系、质量管理制度等；劳动环境，如劳动组合、劳动工具、工作面等。因此，应根据工程特点和具体条件，对影响工程质量的因素采取有效的控制

2. 事中质量控制

工程质量是靠人的劳动创造出来的，不是靠最后检验出来的，要坚持预防为主方针，将事故消灭在萌芽状态，应根据施工组织中确定的施工工序、质量监控点的要求严格质量控制，做到上道工序完工通过验收合格后方可进行下道工序的操作，重点部位隐蔽工程要实行旁站，同时要做好已完工序的保护工作，从而达到控制工程质量的目的。

3. 事后质量控制

严格执行国家颁布的有关工程项目质量验评标准和验收标准，进行质量评定和办理竣工验收和交接工作，并做好工程质量的回访工作。

第二节　工程工期与造价

（一）工期对造价的影响

工期是指项目或项目的某个阶段、某项具体活动所需要的，或者实际花费的工作时间周期。在一个项目的全过程中，实现活动所消耗或占用的资源发生以后就会形成项目的成本，这些成本不断地沉淀下来、累积起来，最终形成了项目的全部成本（工程造价），因此工程造价是时间的函数。由于在项目管理中，时间与工期是等价的概念，所以造价与工期是直接相关的，造价是随着工期的变化而变化的。

知识拓展

造价与工期的关系

形成这种相关与变化关系的根本原因有两个，一是项目所耗资源的价值会随着时间的推移而不断地沉淀成为项目的造价，二是项目消耗与占用的各种资源都具有一定的时间价值。确切地说，造价与工期的关系是由时间（工期）这种特殊资源本身所具有的价值造成的。

项目消耗或占用的各种资源都可以被看成是对资金的占用，因为这些资源消耗的价值最终都会通过项目的收益而获得补偿。因此，工程造价实际上可以被看成是在工程项目全生命周期中整个项目实现阶段所占用的资金。这种资金的占用，不管占用的是自有资金还是银行贷款，都有其自身的时间价值。这种资金的时间价值最根本的表现形式就是占用银行贷款所应付的利息。资金的时间价值既是构成工程造价的主要科目之一，又是造成工程造价变动的根本原因之一。

一个工程建设项目在不同的基本建设阶段，其造价作用，计价办法也不尽相同。但是无论在哪个阶段，影响工程造价的因素除了人工工资水平、材料价格水平、机械费用以及费用标准外，还有工期对其影响较大，工期是计算投资的重要依据。在工程建设过程中，要缩短工程工期必然要增加工程直接费用，因为要缩短工期，则要重新组织施工，加大劳动强度，加班加点，必然降低效率，增加工程直接费用，而工期缩短却节省了工程管理费。无故拖延工期，将增加人工费用以及机械租赁费用的开支，也会引起直接费用的增加，同时还增加管理人员费用的开支。工程及工程造价的关系曲线见图 9-1。

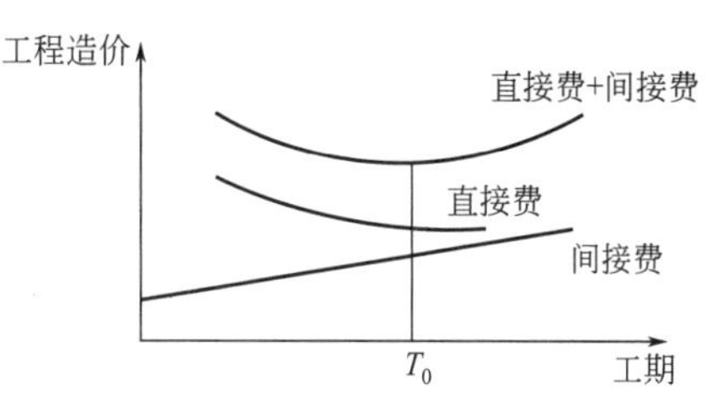

图 9-1　工期与工程造价的关系

从图 9-1 中可以看出，工期在 T_0 点（理想工期）时，对应的工程投资最好。

（二）工程造价与工期的管理问题

在项目管理中，“时间（工期）就是金钱”是因为工程造价的发生时间、结算时间、占用时间等有关因素的变动都会给工程造价带来变动。但是现有造价管理方法并没有全面考虑项目工期与造价的集成管理问题，实际上现有方法对于项目工期与造价的管理是相互独立和相互割裂的。同时，现有方法无法将项目工期变动对造价的影响，和项目所耗资源数量及所耗资源价格变动的影响进行科学的区分，这些不同因素对项目造价变动的影响信息是混淆在一起的。

（三）工期长短对造价的影响

缩短工程工期的作用：

① 能使工程早日投产，从而提高经济效益；

② 能使施工企业的管理费用、机械设备及周转材料的租赁费降低，从而降低建筑工程的施工费用；

③ 能减少施工资金的银行贷款利息，有利于施工企业降低造价成本。

因此缩短工期、降低工程成本是提高施工企业的效益的重要途径，应该看到，不合理地缩短工期，亦是不可取的，主要表现在以下几个方面：

① 施工资金流向过于集中，不利于资金的合理流动；

② 施工各工序间穿插困难，成品、半成品保护费用增加；

③ 合理的组织易被打乱，造成工程质量的控制困难，工程质量不易保证，进而返修率提高，成本加大。

（四）造成工期延期的原因

目前，在建设工程项目中普遍存在工期拖延的问题，造成这种现象的原因通常有以下几种：

① 对工程的水文、地质等条件估计不足，造成施工组织中的措施无针对性，从而使工期推迟；

② 施工合同的履行出现问题，主要表现为工程款不能及时到位等情况；

③ 工程变更、设计变更及材料供应等方面的问题也是造成工期延误很重要的原因。

（五）缩短工期的措施

由于以上诸多因素的影响，要想合理地缩短工期，只有采取积极的措施，主要包括组织措施、技术措施、合同措施、经济措施和信息管理措施等，在实际工作中，应着重做好如下方面的工作。

① 建立健全科学合理、分工明确的项目班子。

② 做好施工组织设计工作。运用网络计划技术，合理安排各阶段的工作进度，最大限

度地组织各项工作的同步交叉作业，抓关键线路，利用非关键线路的时差，更好地调动人力、物力，向关键线路要工期，向非关键线路要节约，从而达到又快又好的目的。

③ 组织均衡施工。施工过程中要保持适当的工作面，以便合理地组织各工种在同一时间配合施工并连续作业，同时使施工机械发挥连续使用的效率。组织均衡施工能最大限度地提高工效、设备利用率，降低工程造价。

④ 确保工程款的资金供应。

⑤ 通过计划工期与实际工期的动态比较，及时纠偏，并定期向建设方提供进度报告。

第三节 工程索赔与造价

（一）索赔的依据与范围

1. 索赔的依据

工程索赔的依据是索赔工作成败的关键。有了完整的资料，索赔工作才能进行。因此，在施工过程中基础资料的收集积累和保管是很重要的，应分类、分时间进行保管。具体资料内容如表 9-2 所示。

表 9-2 索赔依据的内容

索赔依据	具体内容
建设单位有关人员的口头指示	包括建筑师、工程师和工地代表等的指示。每次建设单位有关人员来工地的口头指示和谈话以及与工程有关的事项都需做记录，并将记录内容以书面信件形式及时送交建设单位。如有不符之处，建设单位应以书面回信，七天以内不回信则表示同意
施工变更通知单	将每张工程施工变更通知单的执行情况做好记录。照片和文字应同时保存妥当，便于今后取用
来往文件和信件	有关工程的来信文件和信件必须分类编号，按时间先后顺序编排，保存妥当
会议记录	每次甲乙双方在施工现场召开的会议（包括建设单位与分包的会议）都需记录，会后由建设单位或施工企业整理签字印发。如果记录有不符之处，可以书面提出更正。会议记录可用来追查在施工过程中发生的某些事情的责任，提醒施工企业及早发现和注意问题
施工日志（备忘录）	施工中发生影响工期或工程付款的所有事项均须记录存档
工程验收记录（或验收单）	由建设单位驻工地工程师或工地代表签字归档
工人和干部出勤记录表	每日编表填写，由施工企业工地主管签字报送建设单位
材料、设备进场报表	凡是进入施工现场的材料和设备，均应及时将其数量、金额等数据送交建设单位驻工地代表，在月末收取工程价款（又称工程进度款）时，应同时收取到场材料和设备价款
工程施工进度表	开工前和施工中修改的工程进度表和有关的信件应同时保存，便于以后解决工程延误时间问题
工程照片	所有工程照片都应标明拍摄的日期，妥善保管
补充和增加的图纸	凡是建设单位发来的施工图纸资料等，均应盖上收到图纸资料等的日期印章

2. 工程索赔的范围

凡是根据施工图纸（含设计变更、技术核定或洽商）、施工方案以及工程合同、预算定额（含补充定额）、费用定额、预算价格、调价办法等有关文件和政策规定，允许进入施工图预算的全部内容及其费用，都不属于施工索赔的范围。

例如，图纸会审记录，材料代换通知等设计的补充内容，施工组织设计中与定额规定不符的内容，原预算的错误、漏项或缺陷，国家关于预算标准的各项政策性调整等，都可以通过编制增减、补充、调整预算的正常途径来解决，均不在施工索赔之列。反之，凡是超出上述范围，由非施工责任导致乙方付出额外的代价损失，向甲方办理索赔（但采用系数包干方式的工程，属于合同包干系数所包含的内容，则不需再另行索赔）。

（二）索赔费用的计算

1. 可索赔的费用

可索赔的费用的具体内容如下。

（1）人工费　包括增加工作内容的人工费、停工损失费和工作效率降低的损失费等累计，但不能简单地用计日工费计算。

（2）设备费　可采用机械台班费、机械折旧费、设备租赁费等几种形式。

（3）材料费

（4）保函手续费　工程延期时，保函手续费相应增加；反之，取消部分工程且发包人与承包人达成提前竣工协议时，承包人的保函金额相应折减，则计入合同价内的保函手续费也应相应扣减。

（5）贷款利息

（6）保险费

（7）利润

（8）管理费　此项又可分为现场管理费和公司管理费两部分，由于两者的计算方法不一样，所以在审核过程中应区别对待。

2. 索赔费用的计算

索赔费用的计算方法有实际费用法、修正总费用法等。

（1）实际费用法　实际费用法是按照每个索赔事件所引起损失的费用项目分别计算索赔值，然后将各费用项目的索赔值汇总，即可得到总索赔费用值。

知识拓展

实际费用法

这种方法以承包商为某项索赔工作所支付的实际开支为依据，但仅限于由索赔事项引起的、超过原计划的费用，故也称额外成本法。在这种计算方法中，需要注意的是不要遗漏费用项目。

（2）修正总费用法　修正总费用法是对总费用法的改进，即在总费用计算的基础上，去掉一些不确定的可能因素，对总费用法进行相应的修改和调整，使其更加合理。

第四节　营改增对工程造价的影响

营改增对工程造价的影响详见二维码中文件。

扫码看文件

营改增对工程造价的影响

第十章 工程签证

第一节　工程签证的分类

一、工程签证的概念

按承发包合同约定，工程签证一般由甲乙双方代表就施工过程中涉及合同价款之外的责任事件所作的签认证明。它不属于洽商范畴，但属于受洽商变更影响而额外（超正常）发生的费用，或由一方受另一方要求（委托），或受另一方工作影响造成一方完成超出合约规定工作而发生的费用。工程签证从另一角度讲，是建设工程合同的当事人在实际履行工程合同中，按照合同的约定对涉及工程的款项、工程量、工程期限、赔偿损失等达成的意见表示一致的协议，从法律意义上讲是原工程合同的补充合同。建设工程合同在实际履行过程中，往往会进行部分变更，这是因为合同签约前考虑的问题再全面，在实际履行中往往免不了要发生根据工程进展过程中出现的实际情况而对合同事先约定事项的部分变动，这些变动都需要通过工程签证予以确认。

知识拓展

签认证明

目前一般以技术核定单和业务联系单的形式反映者居多。

二、工程签证的一般分类

从工程签证的表现形式来分，施工过程中发生的签证主要有三类，见图 10-1。

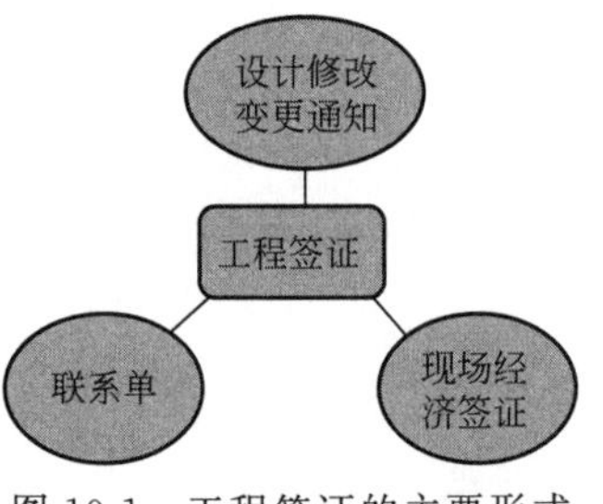

图 10-1　工程签证的主要形式

这三类签证的内容、主体（出具人）和客体（使用人）都不一样，其所起的作用和目的也不一样，而在结算时的重要程度（可信度）也不一样。此外，在工程实践中，工程签证的形式还可能有会议纪要、经济签证单、费用签证单、工期签证单等形式。

知识拓展

虽然签证上直接标明金额比较直接，但是在实际工作中，一般很少直接签出金额。因为如果签证上有了直接金额，在后期结算审计的时候，监理或者造价工程师就不需要按照签证或者洽商记录进行计算得出金额了，这样工作的可变化余地就很小了，在一定程度上，不利于他们工作的开展。

（一）设计修改变更通知

由原设计单位出具的针对原设计所进行的修改和变更，一般不可以对规模（如建筑面积、生产能力等）、结构（如砖混结构改框架结构等）、标准（如提高装修标准，降低或提高抗震、防洪标准等）做出修改和变更，否则要重新进入设计审查程序。

在工程实践中，监理（造价工程师）一般对于设计变更较为信任。在很多工程的设计合同中，设计修改和变更引起的费用超过一定金额后，会核减设计费，因此设计单位对于设计变更会十分谨慎或尽量不出。

此外，有些管理较严格的公司，要求设计变更也要重新办理签证，设计变更不能直接作为费用结算的依据，当合同有此规定时应遵从合同规定。设计变更通知单参考格式见表 10-1。

表 10-1　设计变更通知单

设计单位		设计编号	
工程名称			
内容：			
设计单位(公章)： 代表：	建设单位(公章)： 代表：	监理单位(公章)： 代表：	施工单位(公章)： 代表：

（二）联系单

对于联系单，建设单位、施工单位以及第三方都可以使用，其较其他指令形式缓和，易于被对方接受。常见的有设计联系单、工程联系单两种。

1. 设计联系单

主要指设计变更、技术修改等内容。设计联系单需经建设单位审阅后再下发施工单位、监理单位。其签证流程如图 10-2 所示。

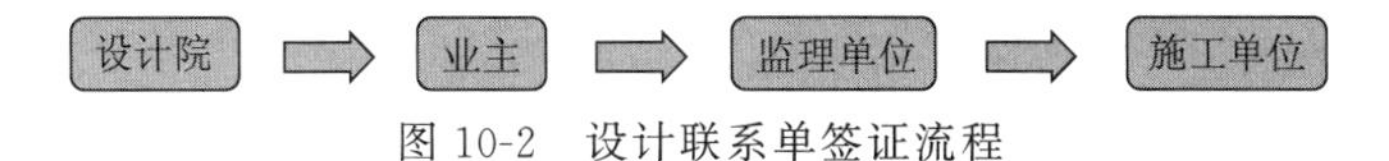

图 10-2　设计联系单签证流程

2. 工程联系单

一般是在施工过程中由建设单位提出的，亦可由施工单位提出，主要指无价材料、土方、零星点工签证等内容。主要是解决建设单位提出的一些需要更改或变化的事项。对工程联系单的签发要慎重把握，应按建设单位内控程序逐级请示领导。其签证流程有两种，如图 10-3 所示。

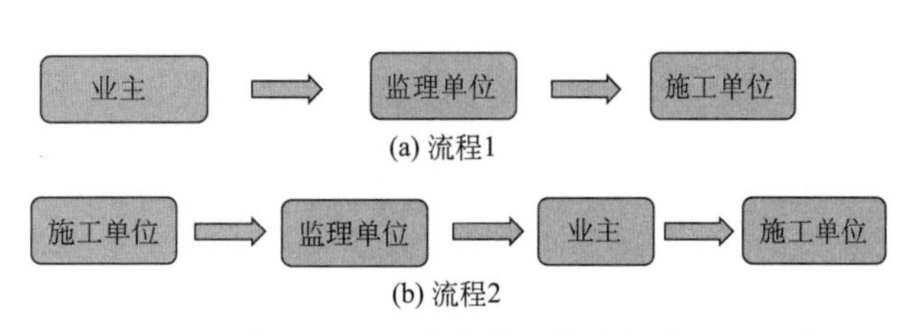

图 10-3　工程联系单签证流程

工程联系单的参考形式见表 10-2。

表 10-2 工程联系单

工程名称		施工单位	
主送单位		联系单编号	
事由		日期	
内容：			
建设单位： 年 月 日		施工单位： 年 月 日	

（三）现场经济签证

一般现场经济签证都是由施工单位提出的，针对在施工过程中，现场出现的问题和原施工内容、方法出入，以及额外的零工或材料二次倒运等，经建设单位（或监理）、设计单位同意后作为调价依据。

知识拓展

现场签证

工程量清单计价的现场签证，是指非工程量清单项目的用工、材料、机械台班、零星工程等数量及金额的签证。

定额计价的现场签证，是指预算定额（或估价表）、费用定额项目内不包括的及规定可以另行计算（或按实计算）的项目和费用的签证。

凡由甲乙双方授权的现场代表及工程监理人员签字（盖章）的现场签证（规定允许的签证），即使在工程竣工结算时原来签字（盖章）的人已经调离该项目，其所签具的签证仍然有效。

设计变更与现场签证是有严格的划分的。属于设计变更范畴的应该由设计部门下发通知单，所发生的费用按设计变更处理，不能由于设计部门怕设计变更数量超过考核指标或者怕麻烦，而把应该发生变更的内容变为现场签证。

现场签证应由甲乙双方现场代表及工程监理人员签字（盖章）的书面材料为有效签证。施工现场签证单的格式可参考表 10-3。

表 10-3 施工现场签证单

施工单位：

单位工程名称	建设单位名称	
分部分项工程名称		
内容： 施工负责人： 年 月 日		

续表

建设单位意见：   建设单位代表(签章) 年　月　日

现场签证单如果涉及材料的话，还得办理材料价格签证单，具体格式可以参考表10-4。

表10-4　材料价格签证单

工程名称：

序号	材料名称	部位	规格	数量	单位	购买日期	购买申报价	签证价格
施工单位意见			监理单位意见				建设单位意见	
签字(盖章)			签字(盖章)				签字(盖章)	
日期			日期				日期	

第二节　各种形式变更、签证、索赔之间的关系

一、相互关系

在单位工程施工过程中，各种形式的变更、签证、索赔经常出现，它们对于后期结算的影响是有差异的，相互之间也存在一定的关联，具体可以见表10-5所列内容。

表10-5　变更、签证、索赔相互关系与工程结算价款构成

项目价款关系	各种形式的变更、签证
合同内价款及调整	合同价款:原合同金额
	变更增减金额:设计变更、设计变更洽商
	索赔增减金额
	工程奖惩金额
合同外项目价款: 签证增减金额	经济洽商
	工程签证:技术核定单、工程联系单、现场经济签证

二、洽商

洽商按其形式可分为设计变更洽商、经济洽商。

（一）设计变更洽商

设计变更洽商（记录）又称工程洽商，是指设计单位（或建设单位通过设计单位）对原设计修改或补充的设计文件，洽商一般均伴随费用发生。一般有基础变更处理洽商、主体部位变更洽商的结构洽商、有改变原设计工艺的洽商。工程洽商一般是由施工单位提出的，必须经设计单位、建设单位、施工单位三方签字确认，有监理单位的项目，同时需要监理单位签字确认，参考格式见表 10-6。

表 10-6　设计变更、洽商记录

年　月　日　　　　第　号

工程名称：		
记录内容：		
建设单位	施工单位	设计单位

（二）经济洽商

经济洽商是正确解决建设单位、施工单位经济补偿的协议文件。

三、技术核定单

在施工过程中，因施工条件、材料规格、品种和质量不能满足设计要求以及合理化建议等原因，需要进行施工图修改时，由施工单位提出技术核定单。技术核定单由项目内业技术人员负责填写，并经项目技术负责人审核，重大问题须报施工单位总工审核，核定单应正确、填写清楚、绘图清晰，变更内容要写明变更部位、图别、图号、轴线位置、原设计和变更后的内容和要求等。

 **知识拓展**

技术核定单

凡在图纸会审时遗留或遗漏的问题以及新出现的问题，属于设计产生的，由设计单位以变更设计通知单的形式通知有关单位（建设单位、施工单位、监理单位）；属建设单位原因产生的，由建设单位通知设计单位出具工程变更通知单，并通知有关单位。

技术核定单由项目内业技术人员负责送设计单位、建设单位办理签证，经认可后方生效。经过签证认可后的技术核定单交项目资料员登记发放施工班组、预算员、质检员（技术、经营预算、质检等部门），见表 10-7。

表 10-7 技术核定单

工程名称：________________ 地址：________________ 第 页 共 页

<table>
<tr><td colspan="2">建设单位</td><td colspan="2"></td><td colspan="2">编号</td><td></td></tr>
<tr><td colspan="2">分部工程名称</td><td colspan="2"></td><td colspan="2">图号</td><td></td></tr>
<tr><td>核定内容</td><td colspan="6"></td></tr>
<tr><td>核对意见</td><td colspan="6"></td></tr>
<tr><td colspan="3">复核单位：</td><td colspan="4">技术负责人：</td></tr>
<tr><td>建设（监理）单位</td><td>现场负责人：
（公章）
年 月 日</td><td>施工单位</td><td>专职质检员：
项目经理：
（公章）
年 月 日</td><td>设计单位</td><td colspan="2">代表：
（公章）
年 月 日</td></tr>
</table>

四、索赔

（一）索赔程序

广义的索赔是指在经济合同的实施过程中，合同一方因对方不履行或未能正确履行或不能完全履行合同规定的义务而受到损失，向对方提出赔偿损失的要求。目前国内实际项目施工过程中，一般理解的索赔仅是指施工单位在合同实施过程中，根据合同及法律规定，对应由建设单位承担责任的干扰事件所造成的损失，向建设单位提出请求给予经济补偿和工期延长的要求。索赔程序见图 10-4。

（二）索赔原因

1. 当事人违约

当事人违约常常表现为没有按照合同约定履行自己的义务。发包人违约常常表现为没有为承包人提供合同约定的施工条件、未按照合同约定的期限和数额付款等。

工程师未能按照合同约定完成工作，如未能及时发出图纸、指令等也视为发包人违约。

承包人违约的情况则主要是没有按照合同约定的质量、期限完成施工，或者由于不当行为给发包人造成其他损害。

2. 不可抗力事件

不可抗力事件又可分为自然事件和社会事件。自然事件主要是不利的自然条件和客观障碍，如在施工过程中遇到了经现场调查无法发现、业主提供的资料中也未提到的、无法预料的情况，如地下水、地质断层等。社会事件则包括国家政策、法律、法令的变更，战争，罢工等。

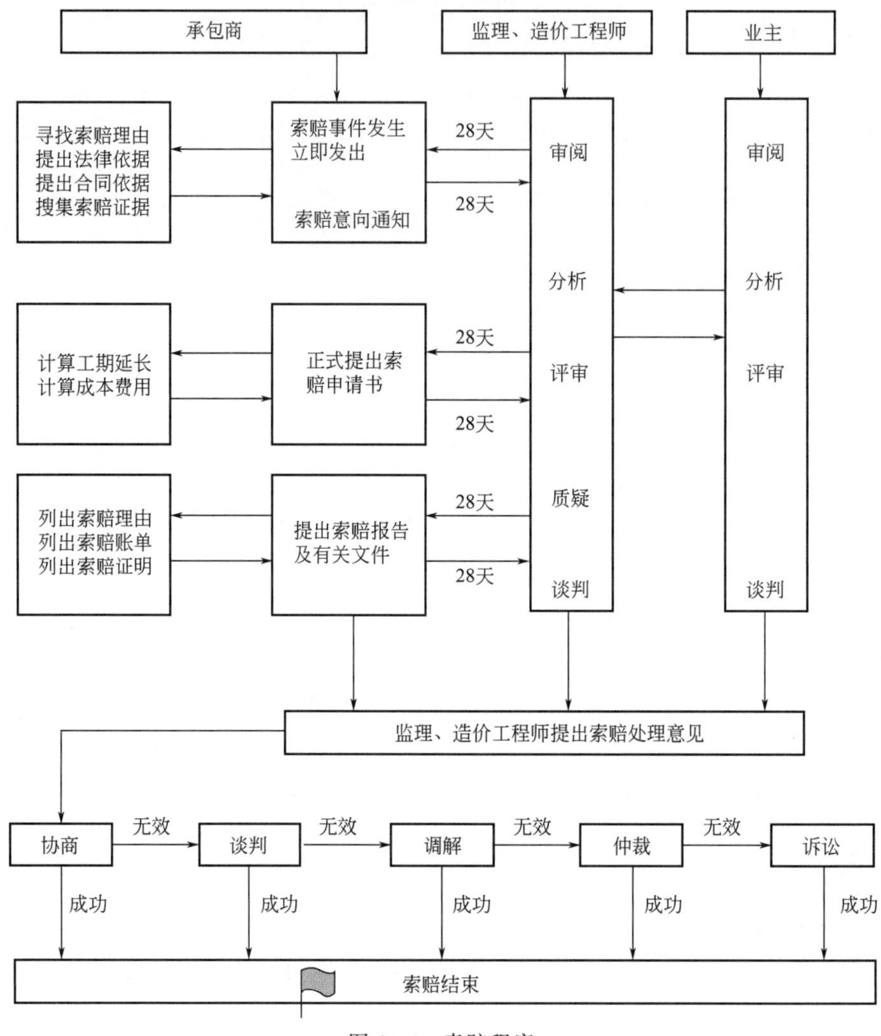

图 10-4 索赔程序

3. 合同缺陷

合同缺陷表现为合同文件规定不严谨甚至矛盾，合同中有遗漏或错误，在这些情况下，工程师应当给予解释，如果这种解释将导致成本增加或工期延长，发包人应当给予补偿。

4. 合同变更

合同变更表现为设计变更，施工方法变更，追加或者取消某些工作，合同其他规定的变更。

5. 工程师指令

工程师指令有时也会产生索赔，如工程师指令承包人加速施工、进行某项工作、更换某些材料、采取某些措施等。

6. 其他第三方原因

其他第三方原因常常表现为与工程有关的第三方的问题引起的对本工程的不利影响。

（三）工程建设过程中常用的索赔表格

表 10-8～表 10-11 为国内工程建设过程中常用的索赔表格形式。

表 10-8　费用索赔申请表

工程名称：　　　　　　　　　　　　　　　　　　　　　　　　编号：

致：________________________________（监理公司）

根据施工合同条款________条的规定，由于________________________原因，我方要求索赔金额（大写）____________，请予以批准。

1.索赔的详细理由及经过：

2.索赔金额的计算：

3.证明材料：

承包单位（章）
项目经理
日　　期

表 10-9　费用索赔审批表

工程名称：　　　　　　　　　　　　　　　　　　　　　　　　编号：

致：________________________________（承包单位）

根据施工合同条款________条的规定，你方提出的____________费用索赔申请（第______号），索赔（大写）____________，经我方审核评估：

□不同意此项索赔。

□同意此项索赔，金额为（大写）

同意/不同意索赔的理由：

索赔金额的计算：

项目监理机构
总监理工程师
日　　期

表 10-10　工程临时延期申请表

工程名称：　　　　　　　　　　　　　　　　　　　　　　　　编号：

致：________________（监理公司）

根据施工合同条款________条的规定，由于____________原因，我方申请工程延期，请予以批准。

附件：

1.工程延期的依据及工期计算

合同竣工日期：

申请延长竣工日期：

2.证明材料

承包单位（章）
项目经理
日　　期

表 10-11 工程最终延期审批表

工程名称： 编号：

致：______________________________（承包单位）

根据施工合同条款______条的规定，我方对你方提出的__________________工程延期申请（第 号）要求延长工期______日历天的要求，经过审核评估：

□最终同意工期延长______________日历天。使竣工日期（包括已指令延长的工期）从原来的____年____月____日延迟到____年____月____日。请你方执行。

□不同意延长工期，请按约定竣工日期组织施工。

说明：

项目监理机构

总监理工程师

日 期

第三节 工程签证常发生的情形

1. 工程地形或地质资料变化

最常见的是土方开挖时的签证、地下障碍物的处理，具体内容如下。

① 开挖地基后，如发现古墓、管道、电缆、防空洞等障碍物，施工单位应会同建设单位、监理工程师的处理结果做好签证，如能画图表示的尽量绘图，否则，用书面表示清楚。

② 地基如出现软弱地基处理，应做好所用的人工、材料、机械的签证并做好验槽记录。

③ 现场土方如为杂土，不能用于基坑回填时，土方的调配方案，如现场土方外运的运距、回填土方的购置及其回运运距均应签证。

④ 大型土方机械合理的进出场费、次数等。

工程开工前的施工现场“三通一平”、工程完工后的垃圾清运不应属于现场签证的范畴。

2. 地下水排水施工方案及抽水台班

地基开挖时，如果地下水位过高，排地下水所需的人工、机械及材料必须签证。

3. 现场开挖障碍处理

现场开挖管线或其他障碍处理（如要求砍伐树木和移植树木）。

4. 土石方转运

因现场环境限制，发生土石方场内转运、外运及相应运距。

5. 材料二次转运堆放

材料、设备、构件超过定额规定运距的场外运输，待签证后按有关规定结算；特殊情况的场内二次搬运，经建设单位驻工地代表确认后签证。

知识拓展

① 如果是自然雨水，特别是季节性雨水造成的基础排水费用已考虑在现场管理费中，不应再签证，而来自地下的水的抽水费用一般可以签证，因为来自地下的水更带有不可预见性。

② 一定要超过定额内已考虑的运距才可签证。

6. 场外运输

材料、设备、构件的场外运输。

7. 机械设备

① 备用机械台班的使用，如发电机等；

② 工程特殊需要的机械租赁；

③ 无法按定额规定进行计算的大型设备进退场或二次进退场费用。

8. 设计变更造成材料浪费及其他损失

工程开工后，工程设计变更给施工单位造成的损失。

① 如施工图纸有误，或开工后设计变更，而施工单位已开工或下料造成的人工、材料、机械费用的损失。

② 如设计对结构变更，而该部分结构钢筋已加工完毕等。

③ 工程需要的小修小改所需要人工、材料、机械的签证。

9. 停工或窝工损失

① 建设单位责任造成的停水、停电超过定额规定的范围。在此期间工地所使用的机械停滞台班、人工停窝工，以及周转材料的使用量都要签证清楚。

② 拆迁或其他建设单位、监理单位因素造成工期拖延。

10. 不可抗力造成的经济损失

工程实施过程中所出现的障碍物处理或各类工期影响，应及时以书面形式报告建设单位或监理单位，作为工程结算调整的依据。

11. 建设单位供料不及时或不合格给施工单位造成的损失签证

施工单位在包工包料工程施工中，由于建设单位指定采购的材料不符合要求，必须进行二次加工的签证以及设计要求而定额中未包括的材料加工内容的签证。建设单位直接分包的工程项目所需的配合费用。

12. 续建工程的加工修理签证

建设单位原发包施工的未完工程，委托另一施工单位续建时，对原建工程不符合要求的部分进行修理或返工的签证。

13. 零星用工

施工现场发生的与主体工程施工无关的用工，如定额费用以外的搬运拆除用工等。

14. 临时设施增补项目

临时设施增补项目应当在施工组织设计中写明，按现场实际发生的情况签证后，才能作为工程结算依据。

15. 隐蔽工程签证

由于工程建设自身的特性，很多工序会被下一道工序覆盖，涉及费用增减的隐蔽工程，一些管理较严格的建设单位也要求工程签证。

16. 工程项目以外的签证

建设单位在施工现场临时委托施工单位进行工程以外的项目的签证。

第四节　工程签证的技巧

（一）不同签证的优先顺序

在施工过程中施工单位最好把有关的经济签证通过艺术、合理、变通的手段变成由设计单位签发的设计修改变更通知单，实在不行也要成为建设单位签发的工程联系单，最后才是现场经济签证。对这个优先顺序，施工单位的造价人员一定要非常清楚，这会涉及您提供的经济签证的可信程度，其优先顺序如下所示。

设计变更（设计单位发出）＞工程联系单（建设单位发出）＞现场经济签证（施工单位发起）

知识拓展

现场经济签证

现在利用签证多结工程款的说法已是施工过程中经常出现的问题，所以审计人员对现场经济签证多采用一种不信任的眼光看待，在很多人的印象中现场经济签证就代表着有猫腻。

设计单位、建设单位出具的手续在工程审价时可信度要高于施工单位发起出具的手续。

（二）施工单位办理签证的技巧

1. 尽量明确签证内容

在填写签证单时，施工单位要使所签内容尽量明确，能确定价格最好。这样竣工结算时，建设单位审减的空间就大大减少，施工单位的签证成果就能得到有效固定。

2. 注意签证的优先顺序

施工企业填写签证时按图 10-5 所示的优先顺序确定填写内容。

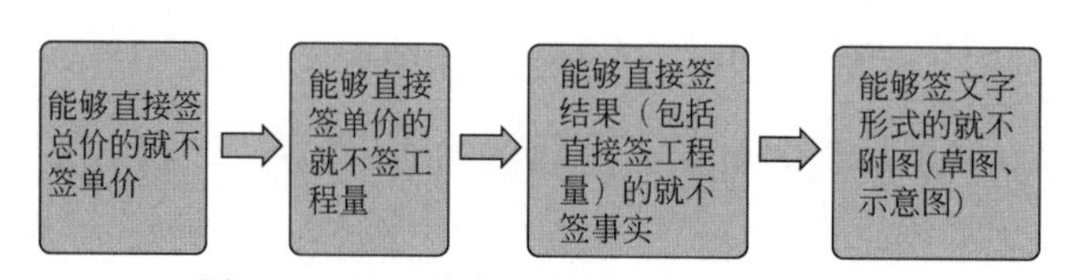

图 10-5 施工单位签证内容填写优先顺序

3. 签证填写的有利原则

施工企业按有利于计价、方便结算的原则填写涉及费用的签证。如果有签证结算协议，填列内容与协议约定计价口径一致；如果没有签证协议，按原合同计价条款或参考原协议计价方式计价。另外，签证方式要尽量围绕计价依据（如定额）的计算规则办理。

4. 不同类型签证内容的填写

根据不同合同类型签证内容，施工企业尽量有针对性地细化填写，具体内容如下：

① 可调价格合同至少要签到量；

② 固定单价合同至少要签到量、单价；

③ 固定总价合同至少要签到量、价、费；

④ 成本加酬金合同至少要签到工、料（材料规格要注明）、机（机械台班配合人工问题）、费；

⑤ 有些签证中还要注明列入税前造价或税后造价。

第五节 工程量签证

工程量签证相关内容见二维码中文件。

工程量签证

第六节　材料价格签证

材料价格签证详见二维码中文件。

材料价格签证

第七节　综合单价签证

综合单价签证详见二维码文件。

综合单价签证

第八节　合理利用设计变更

合理利用设计变更详见二维码文件。

合理利用设计变更

附录

附录 1　工程造价实施中必须掌握的知识点

工程造价实施中必须掌握的知识点详见二维码中文件。

扫码看文件

工程造价实施中必须掌握的知识点

附录 2　造价预算中容易遗漏的 100 项内容

造价预算中容易遗漏的 100 项内容详见二维码中文件。

扫码看文件

造价预算中容易遗漏的 100 项内容

附录 3　钢材理论重量简易计算公式

钢材理论重量简易计算公式详见二维码中文件。

扫码看文件

钢材理论重量简易计算公式

附录 4　允许按实际调整价差的材料品种

允许按实际调整价差的材料品种详见二维码中文件。

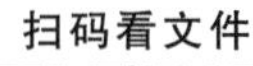

允许按实际调整价差的材料品种

附录 5　常见工程造价指标参考

常见工程造价指标参考详见二维码中文件。

扫码看文件

常见工程造价指标参考

参考文献

[1] 全国统一建筑基础定额（土建工程）：GJD-101—95 [S]. 北京：中国计划出版社，1995.
[2] 全国统一安装工程预算定额：GYD-208—2000 [S]. 北京：中国计划出版社，2001.
[3] 建设工程工程量清单计价规范：GB 50500—2013 [S]. 北京：中国计划出版社，2013.
[4] 闵玉辉. 建筑工程造价速成与实例详解 [M]. 2 版. 北京：化学工业出版社，2013.
[5] 张毅. 工程建设计量规则 [M]. 2 版. 上海：同济大学出版社，2003.
[6] 张晓钟. 建设工程量清单快速报价实用手册 [M]. 上海：上海科学技术出版社，2010.
[7] 戴胡杰，杨波. 建筑工程预算入门 [M]. 合肥：安徽科学技术出版社，2009.
[8] 苗曙光. 建筑工程竣工结算编制与筹划指南 [M]. 北京：中国电力出版社，2006.
[9] 袁建新，朱维益. 建筑工程识图及预算快速入门 [M]. 北京：中国建筑工业出版社，2008.